U0247395

丰富清晰的步骤图片，
让您一看就想学，一学就会

初学者的第一堂手工课

棒针编织教科书

从基本的编织方法，到扭花花样、嵌入花样等，
详尽的步骤图片和插图说明，保证让您零失败！

[日] 濑端靖子　著
何凝一　译

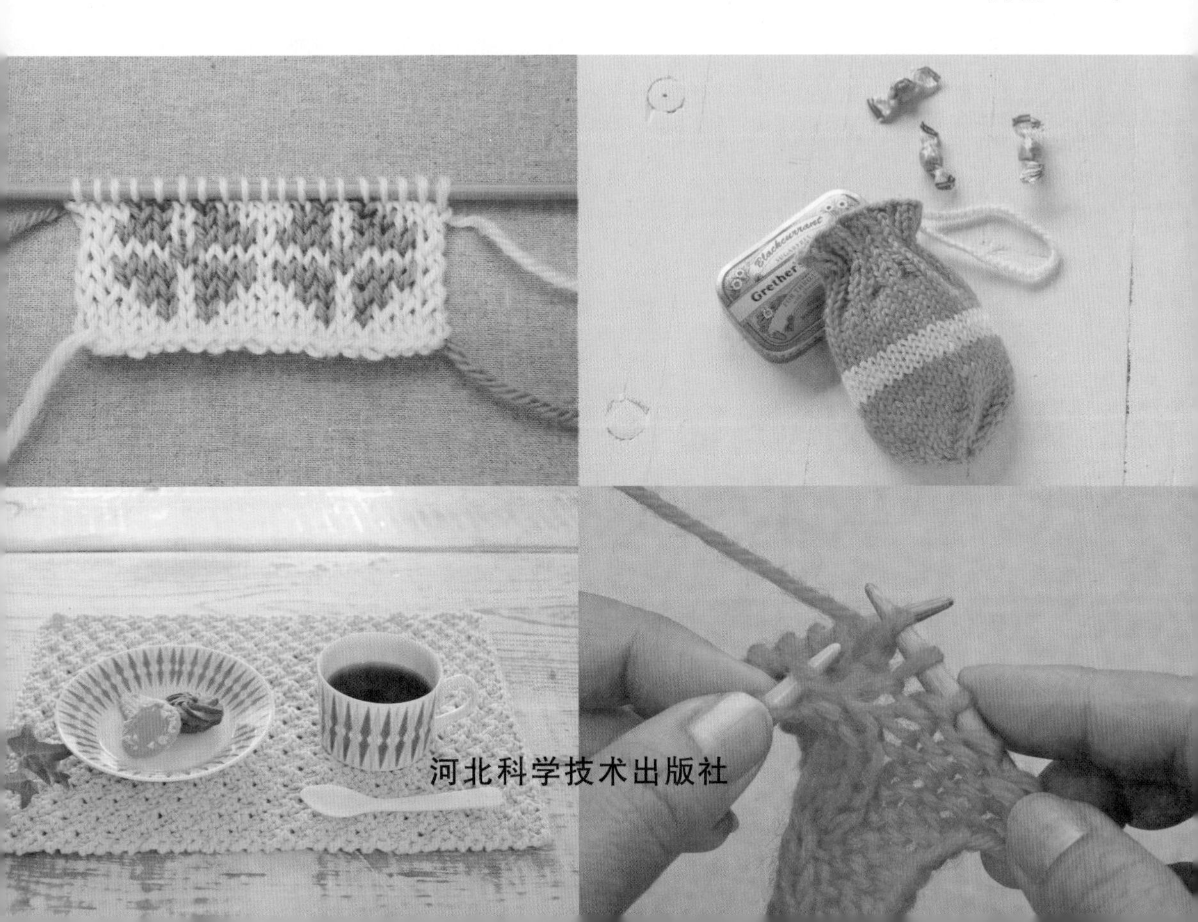

河北科学技术出版社

目录 CONTENTS

基础篇

技法篇

10 编织纽扣眼

11 缝纽扣

12 制作绒球、线穗、流苏、线绳

13 遇到这种情况怎么办?

词典篇

作品篇

编织作品中的常用技法

基础篇

本章不仅介绍了棒针编织的工具和棒针的拿法，还介绍了基本的编织方法和技巧，清晰明了，让初学者也能感受到棒针编织的乐趣。读者通过两个课程的学习和实际动手操作之后，便能掌握基本的编织方法，并能轻松编织出小作品。

双桂花针餐垫（编织方法和编织图见P.154~P.155）

单桂花针杯垫（编织方法和编织图见P.154）

1 关于线和棒针

棒针编织开始之前，先要准备好线和棒针，熟知它们的种类和特性，选择与作品匹配的线和棒针。

线的材质

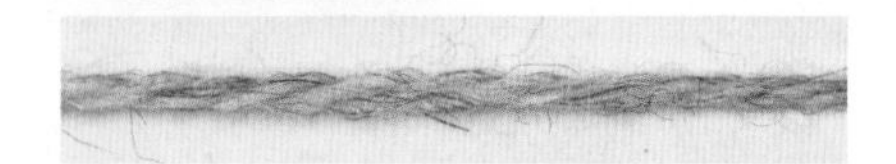

毛

以羊毛为代表，包括开司米、羊驼毛、马海毛、驼毛等动物毛制成的线，具有出色的保暖性和吸水性，不易变形。

棉、麻

都是由植物纤维制成的线。所谓夏线，指的是用纤维制成的没有毛绒的线。

腈纶

触感类似羊毛的合成纤维，具有保暖性好、染色性佳和耐久性强等特点，有时也与其他纤维混纺。

丝

从蚕茧中获取的纤维，富有光泽，十分轻柔，保暖性和透气性出色。

线的种类

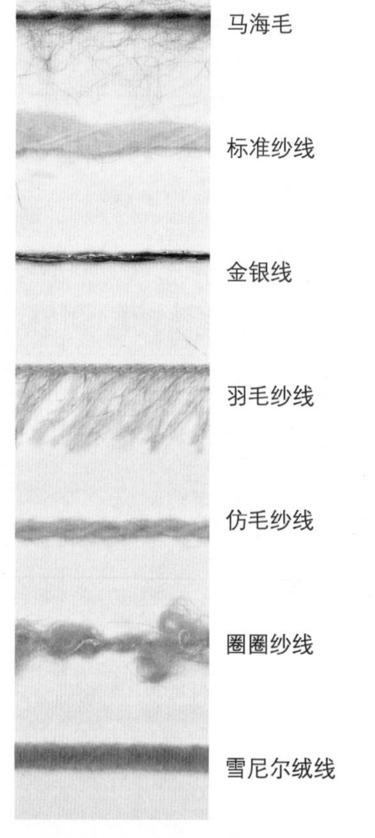

线的粗细

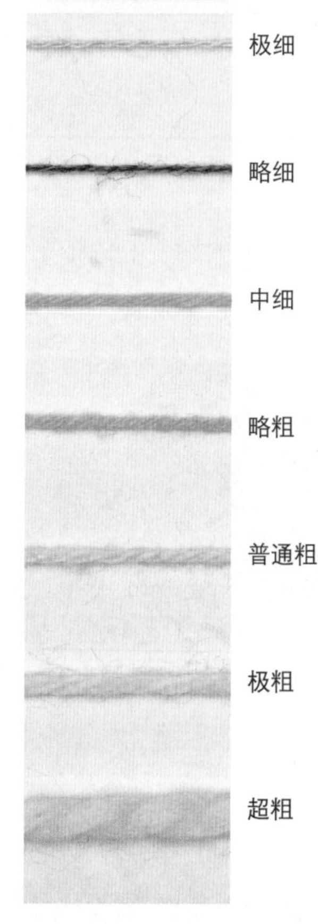

检查线的标签

棉100%——表示线的材质。

每卷20g（约56m）——表示1卷线的质量和长度。

4/0~5/0号——此线适合的钩针号数。

5~6号　上下针编织标准织片10×10　21~23针　29~31行——此线适合的棒针号数和用相应棒针编织出边长10cm的正方形的标准针数和行数。

手洗30°　中温熨烫　干洗　平晾——洗涤时的注意事项（参照P.88）。

此外，标签上还有色号和批号（染色的生产号）。线不足时，可以根据这两个号购买新线，以保证色泽一致。

针的种类

带圆头的2根棒针

棒针一端带有圆头防止针目滑落。往返编织时使用。

4根针、5根针

棒针两端是尖的，从哪边开始编织都可以。环形编织时使用。

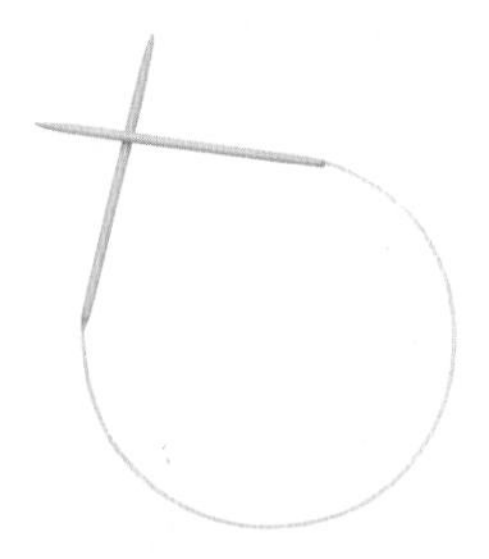

环形针

用塑料丝将两根针连接而成。环形编织时使用。

钩针

一端或两端的针尖呈钩状，锁针起针、接缝、订缝时使用。

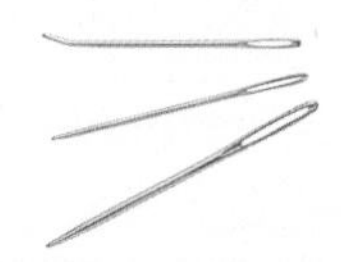

缝纫针

毛线专用的粗针，针尖呈圆形，针孔也比缝衣针大。接缝、订缝织片、处理线头时使用。

棒针的粗细

<table>
<tr><th rowspan="2">实物大</th><th rowspan="2">号数</th><th colspan="6">线</th></tr>
<tr><th>极细</th><th>略细</th><th>中细</th><th>普通粗</th><th>极粗</th><th>超粗</th></tr>
<tr><td></td><td>0</td><td rowspan="2">1股线</td><td></td><td></td><td></td><td></td><td></td></tr>
<tr><td></td><td>1</td><td rowspan="2">1股线</td><td></td><td></td><td></td><td></td></tr>
<tr><td></td><td>2</td><td rowspan="2">1~2股线</td><td rowspan="2">1股线</td><td></td><td></td><td></td></tr>
<tr><td></td><td>3</td><td rowspan="2">1~2股线</td><td rowspan="7">1股线</td><td></td><td></td></tr>
<tr><td></td><td>4</td><td></td><td rowspan="2">1~2股线</td><td></td><td></td></tr>
<tr><td></td><td>5</td><td></td><td>2股线</td><td></td><td></td></tr>
<tr><td></td><td>6</td><td></td><td></td><td rowspan="2">2股线</td><td></td><td></td></tr>
<tr><td></td><td>7</td><td></td><td></td><td></td><td></td></tr>
<tr><td></td><td>8</td><td></td><td></td><td></td><td rowspan="8">1股线</td><td></td></tr>
<tr><td></td><td>9</td><td></td><td></td><td></td><td></td></tr>
<tr><td></td><td>10</td><td></td><td></td><td></td><td rowspan="4">1~2股线</td><td></td></tr>
<tr><td></td><td>11</td><td></td><td></td><td></td><td></td></tr>
<tr><td></td><td>12</td><td></td><td></td><td></td><td></td></tr>
<tr><td></td><td>13</td><td></td><td></td><td></td><td></td></tr>
<tr><td></td><td>14</td><td></td><td></td><td></td><td></td><td></td></tr>
<tr><td></td><td>15</td><td></td><td></td><td></td><td></td><td></td></tr>
<tr><td></td><td>超粗
7mm</td><td></td><td></td><td></td><td></td><td rowspan="4">1~2股线</td><td></td></tr>
<tr><td></td><td>超粗
8mm</td><td></td><td></td><td></td><td></td><td></td></tr>
<tr><td></td><td>超粗
9mm</td><td></td><td></td><td></td><td></td><td rowspan="6">1股线</td></tr>
<tr><td></td><td>超粗
10mm</td><td></td><td></td><td></td><td></td></tr>
<tr><td></td><td>超粗
11mm</td><td></td><td></td><td></td><td></td><td></td></tr>
<tr><td></td><td>超粗
12mm</td><td></td><td></td><td></td><td></td><td></td></tr>
<tr><td></td><td>超粗
15mm</td><td></td><td></td><td></td><td></td><td></td></tr>
<tr><td></td><td>超粗
20mm</td><td></td><td></td><td></td><td></td><td></td></tr>
</table>

※ 棒针的粗细根据针的直径区分并用针号表示。比超粗10mm的针细的均为实物大小。

2 便利工具

下面介绍的这些工具并不是必不可少的，但在它们的帮助之下，棒针编织会变得更容易更省时。

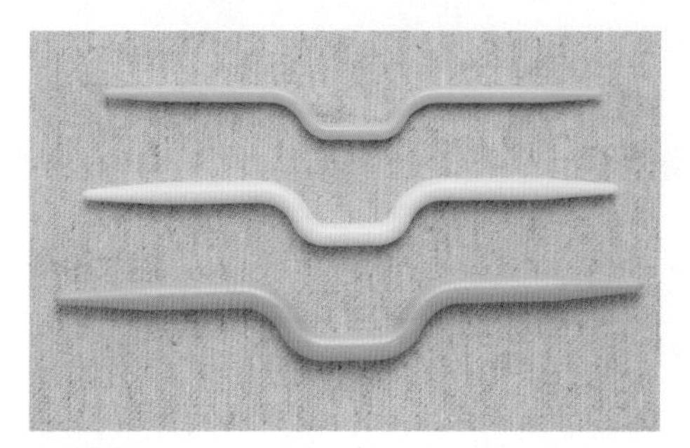

扭花针

编织扭花和阿伦花样等交叉花样时使用，可以将针目挂在扭花针的凹陷处。有的扭花针呈鱼钩状。

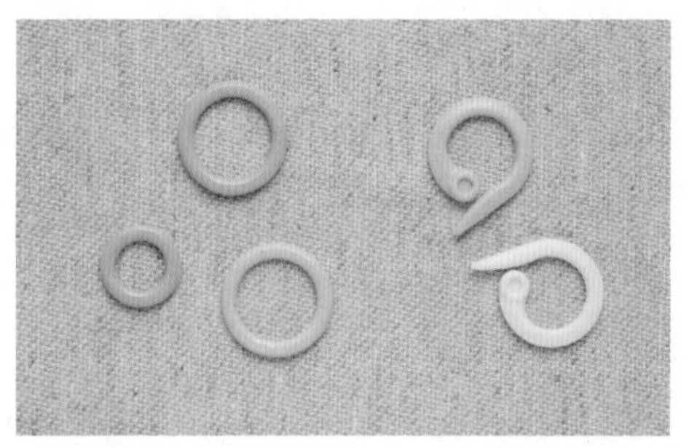

针数环、行数环

将针数环（图左）穿入棒针中，数针数时用做标记。行数环（图右）挂在针目中，数行数时用做标记。

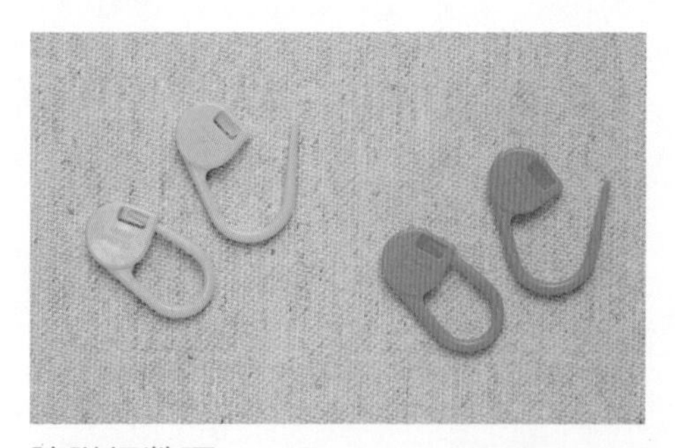

防脱行数环

与行数环一样，挂在针目中，数行数时做标记。如安全别针般的锁扣式，不会从针目中掉出来。

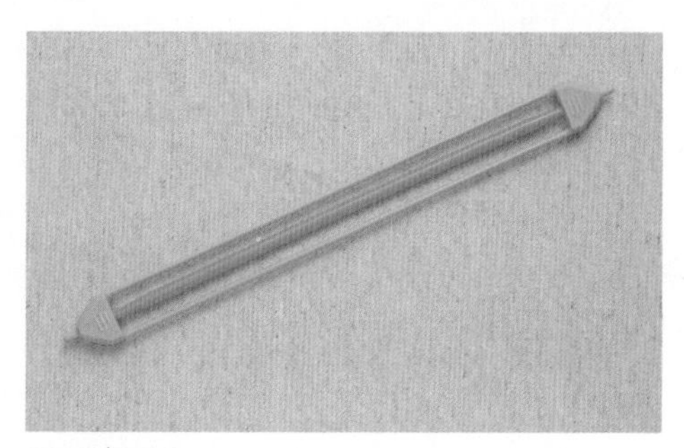

防脱别针

订缝毛衣肩部，留出针目暂时不织时，可以用此工具。有两侧开合的类型，如图片所示；还有像安全别针一样单侧开合的类型。

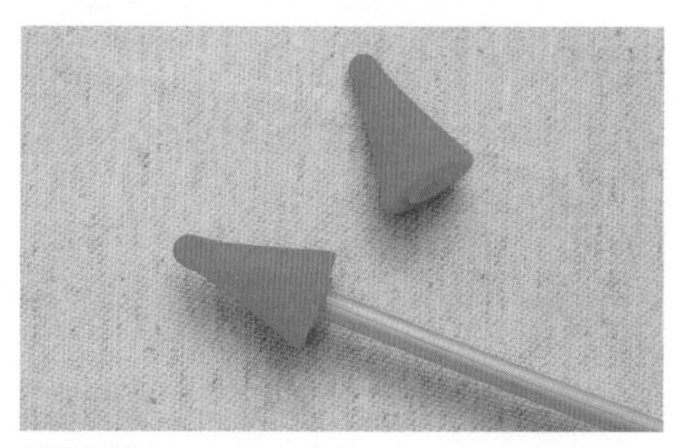

棒针帽

用在棒针顶端，防止针目从棒针上滑脱。暂时不织时使用，或者在用4根针、5根针编织时加上棒针帽，作用与带圆头的棒针一样。

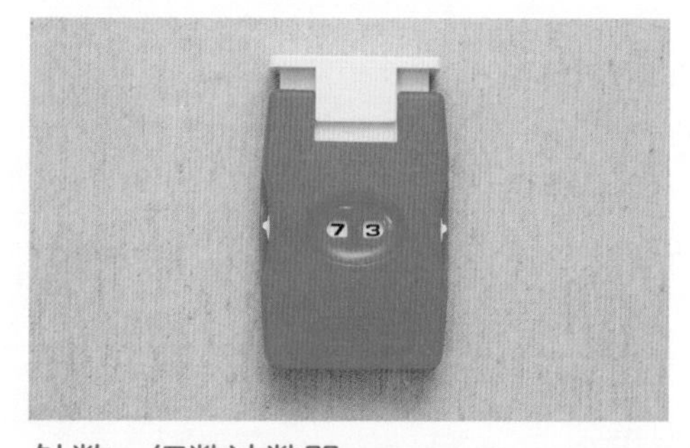

针数—行数计数器

用于记录针数和行数。按动按钮数字就会跳一格，如此计数。对于不习惯计数的初学者来说，这是编织大件物品时的便利工具。

3 棒针的拿法和挂线方法

棒针的拿法分为“法式”和“美式”两种，本书基本采用“法式”，但两种都非常简单，选其中任何一种都可以。编织配色线时，也可以用两种方法捏住两种颜色的线进行编织。

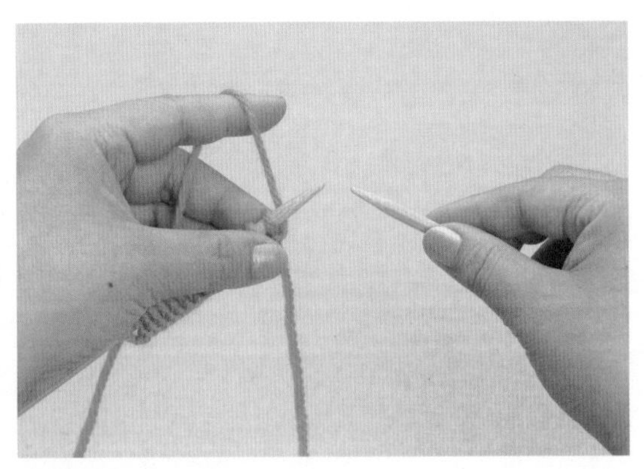

法式

编织线挂到左手的食指上，再夹在小指和无名指者中间，然后将线挂到右针上，进行编织。

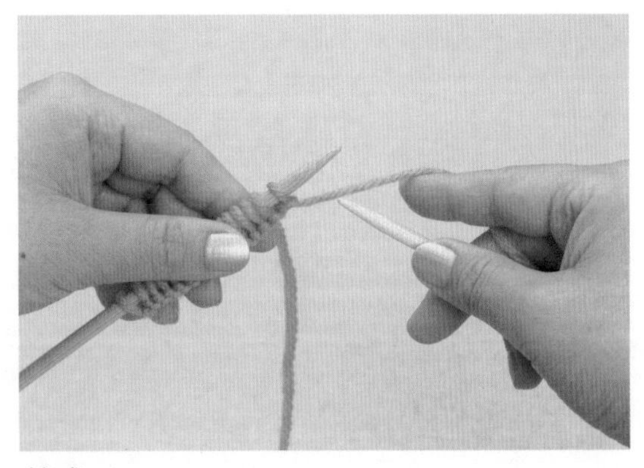

美式

编织线挂到右手食指上，每针都用右手挂线，如此继续编织。

专栏 怎样数针数?

横向排列针目的单位为“1针”，纵向排列针目的单位则为“1行”。

下针

上针

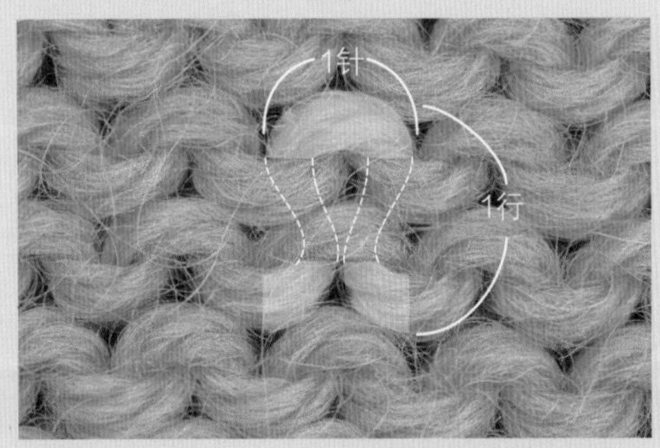

4 试试基本的编织方法吧

准备好线和棒针后，试着织一织吧。通过Lesson1和Lesson2两个课程，依照每个步骤做，尝试一下棒针编织吧。

Lesson 1　编织6块织片

棒针编织中最基本的6种编织方法，按照编织步骤试试吧。

一般的起针

※最常用的方法。

开始编织作品时所织的必要针目称为"起针"。下面介绍的是可以用于所有织片的最普通的起针方法。

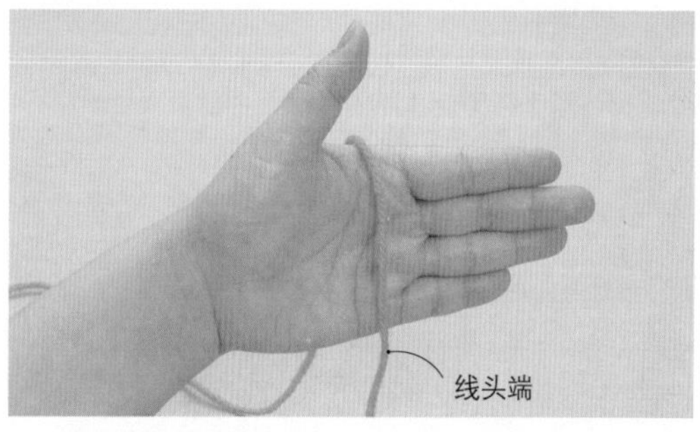

※此处编织的是宽7cm的花样，因此"7cm×3"+"处理线部分的7cm"，留出约30cm的线头。

1 编织线挂到左手上，线头的长度约是作品宽度的3倍（需订缝、接缝时还要增加相应的长度）。

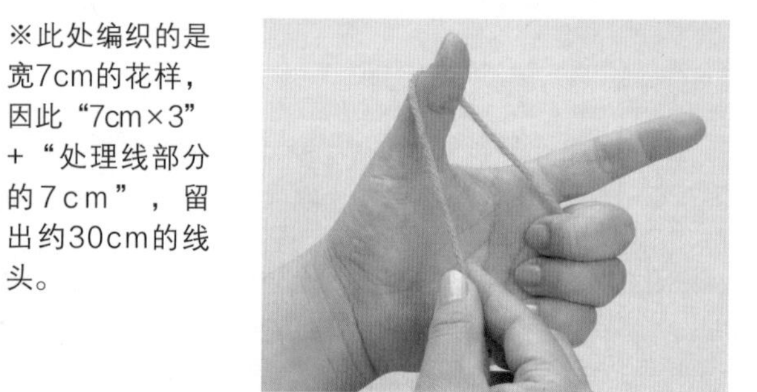

2 用中指、无名指、小指压住线头端，然后将线团端的线挂到大拇指上。

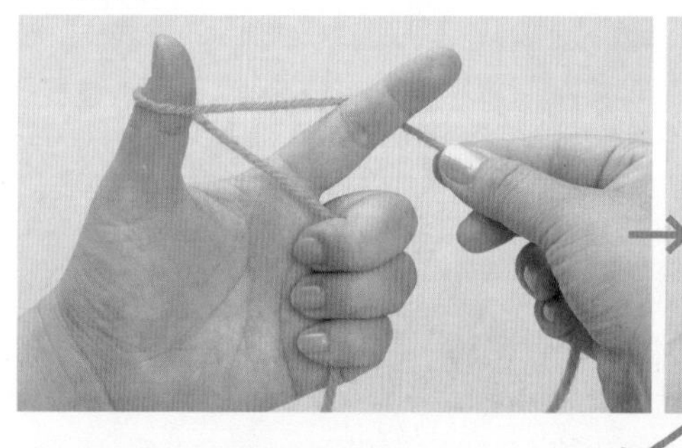

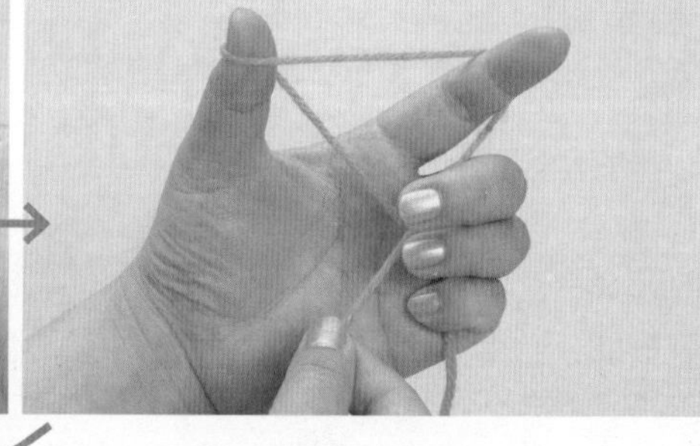

3 接着再挂到食指上。

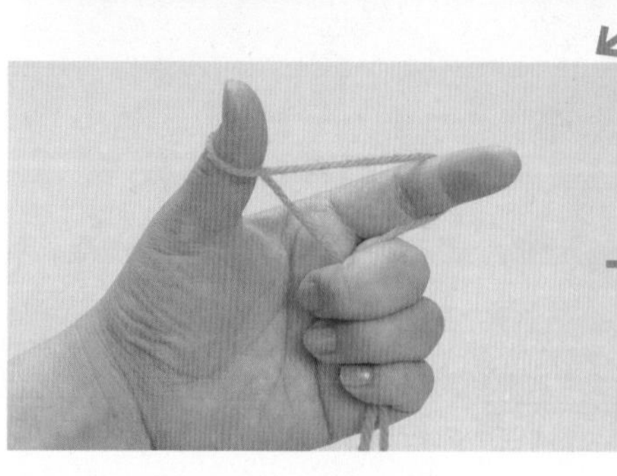

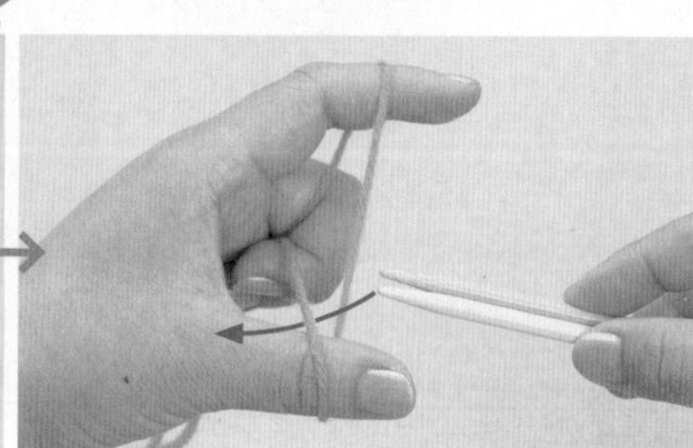

4 挂好的线用3根手指压住（左图），转动左手，再按照箭头所示，用两根对齐的棒针将挂在大拇指上的线挑起（右图）。

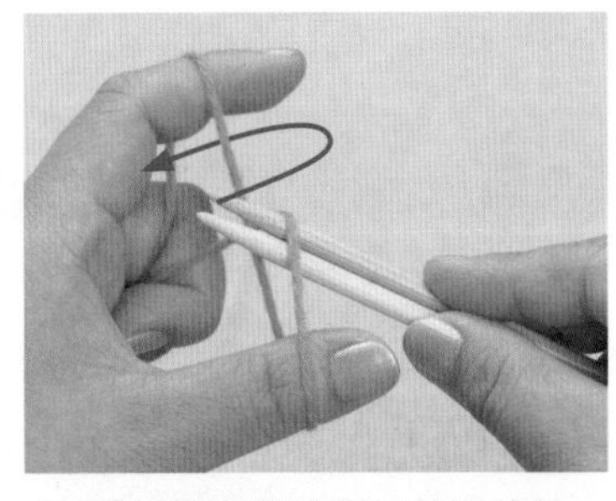

5 然后按照箭头所示转动棒针，将挂在食指上的线挑起。

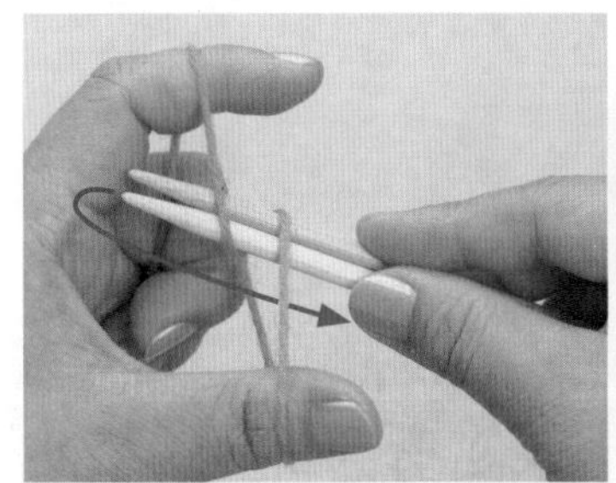

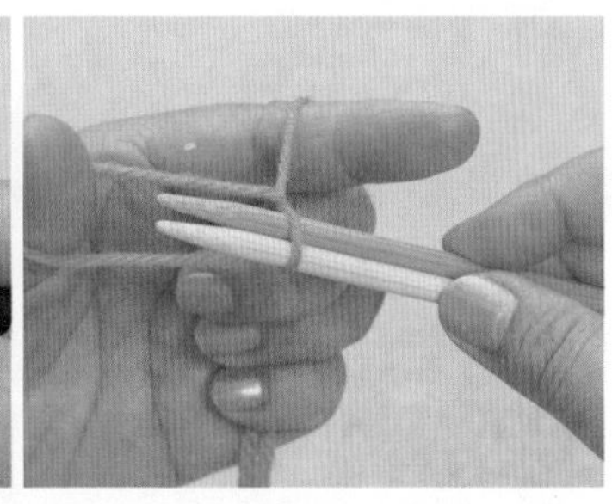

6 针尖按照箭头所示插入大拇指的线圈中，之后按照右图将左手转至横向。

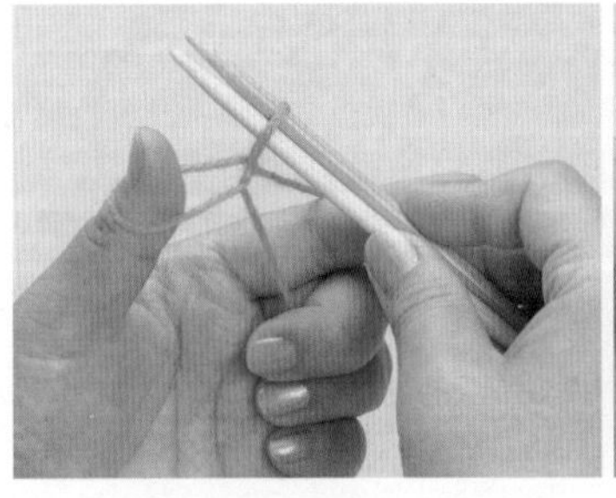

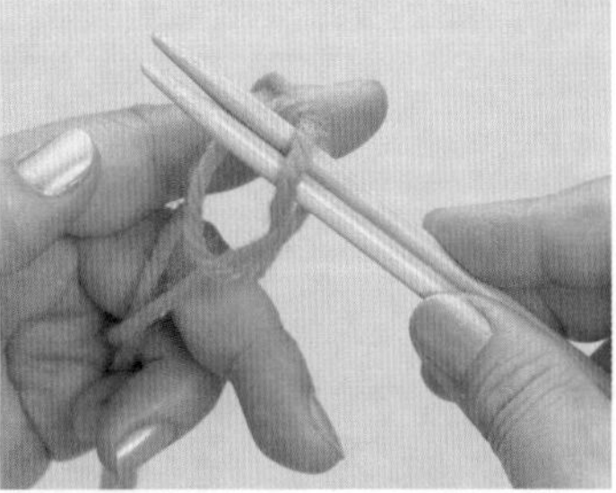

7 针尖从线圈中穿出（左图），再将挂在大拇指上的线滑脱（右图）。

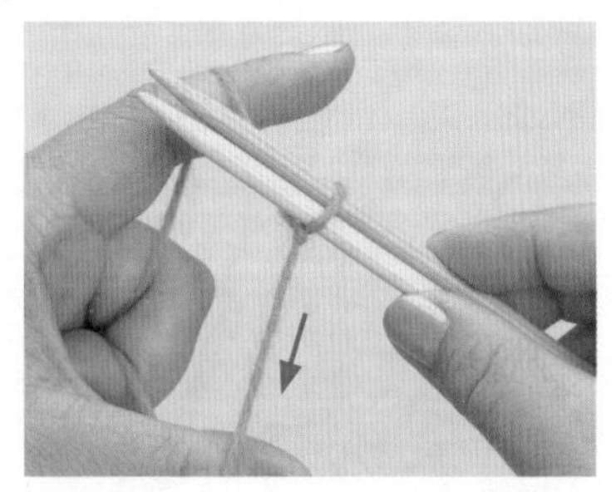

8 用大拇指拉紧线，完成1针起针。

还有这种方法 用手指起针

除了上面介绍的步骤1～8外，还有其他方法也可以起针，都非常简单，选用哪种都可以。

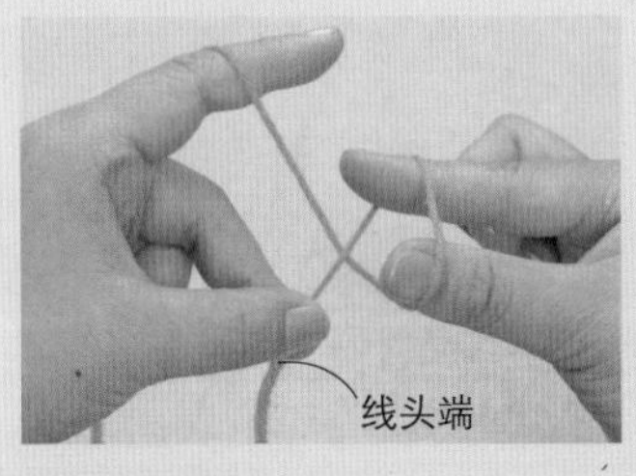

1 按照图示方法，将线挂到右手的大拇指和食指上，制作线圈。

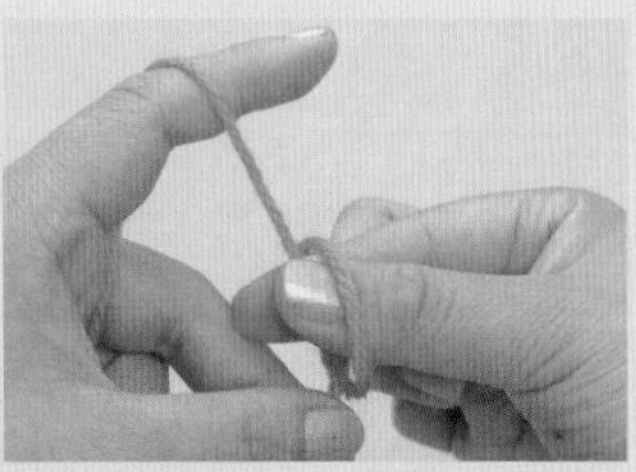

2 从线圈中捏住挂在左手食指上的线。

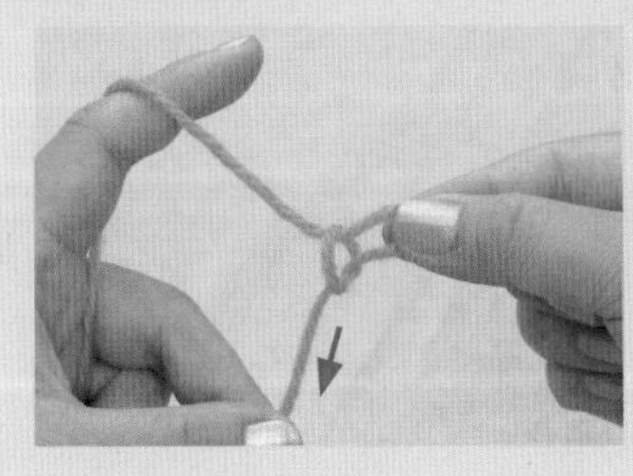

3 捏紧线从线圈中穿出，再拉动线头，缩紧线圈。

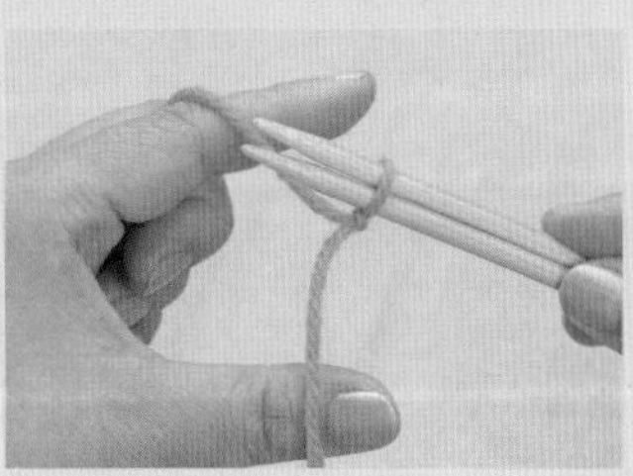

4 从线圈的外侧插入棒针，第1针起针完成（与本页步骤8的状态相同）。

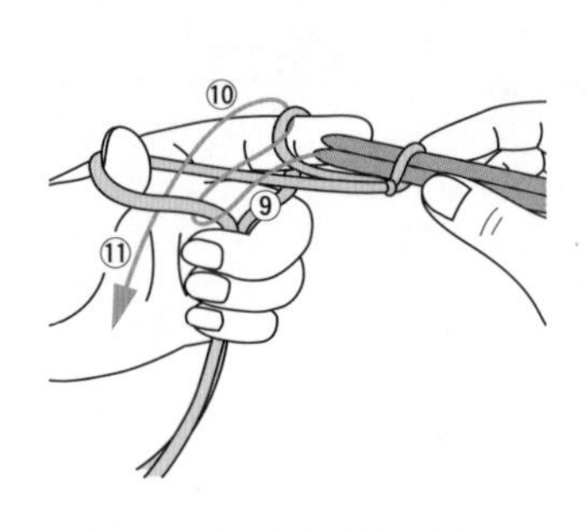

步骤9~11棒针转动的方法。

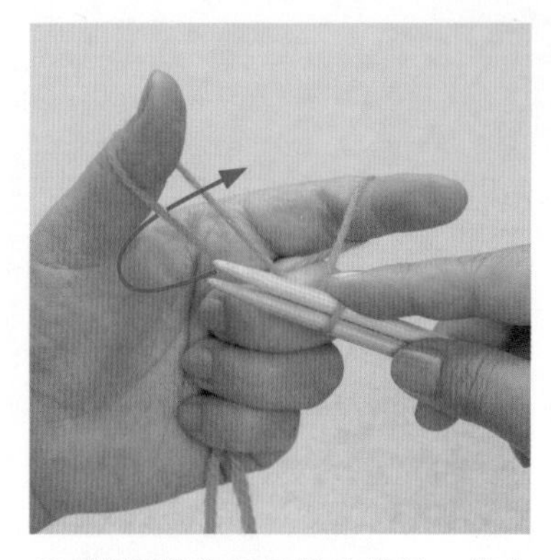

9 按照箭头所示转动棒针，将大拇指内侧的线挑起。

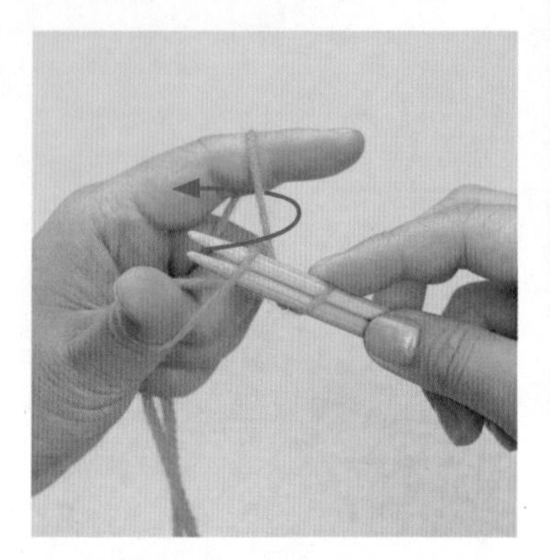

10 接着按照箭头所示将食指内侧的线挑起。

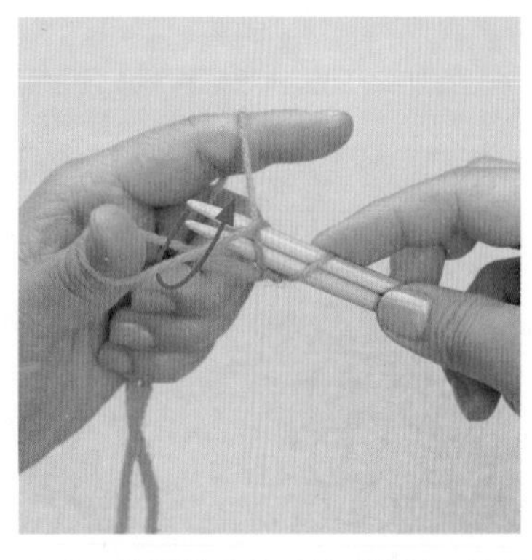

11 按照箭头所示转动棒针，再把棒针绕到大拇指的线圈中。

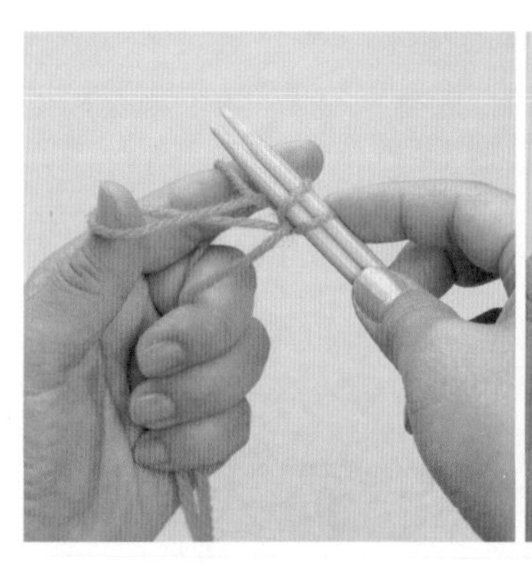

12 针尖从线圈中穿出（左图），然后将挂在大拇指上的线滑脱（右图）。

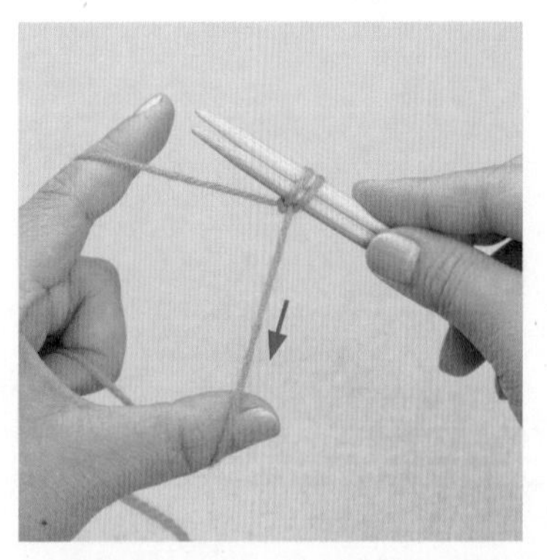

13 用大拇指拉紧线，第2针起针完成。

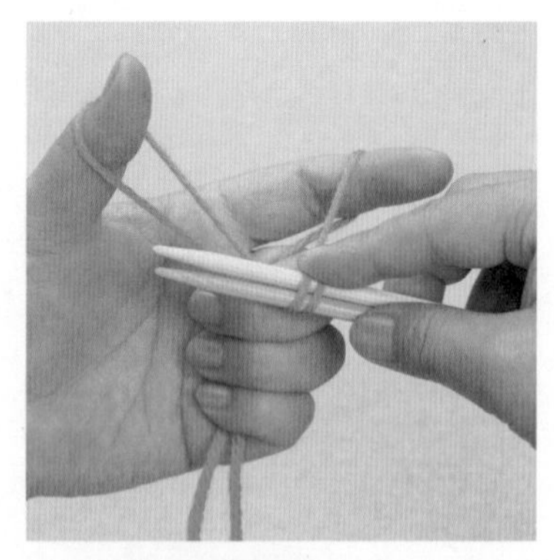

14 之后重复步骤9~14，完成必要数量的起针。

重点

在用两根棒针编织上下针、反上下针起针时，要用比指定棒针号数细2号的棒针，这样制作出的起针大小正好合适。比如主体是用10号棒针的话，就用两根8号棒针起针。平针编织时用同一号数的棒针即可。

专栏 起针时编织线散开……

连续起针时，有时线会散开（如左图内侧的线）。此时，大拇指离开编织线即能恢复原状（右图）。起针数较多时，需不时确认一下编织线是否散开。

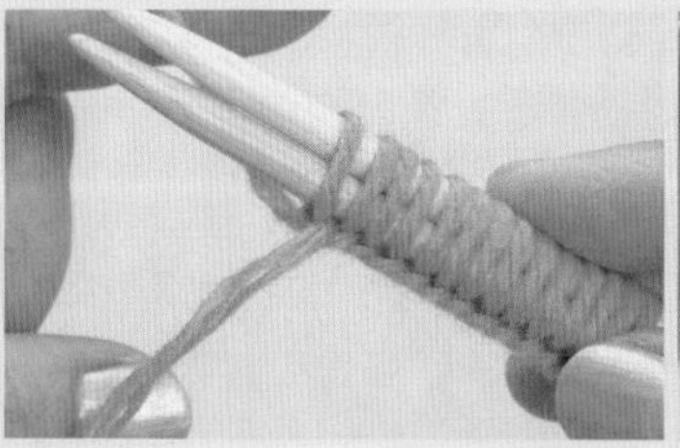

15 此处编织的是P.16的平针花样，起针数是16针，完成后如图。

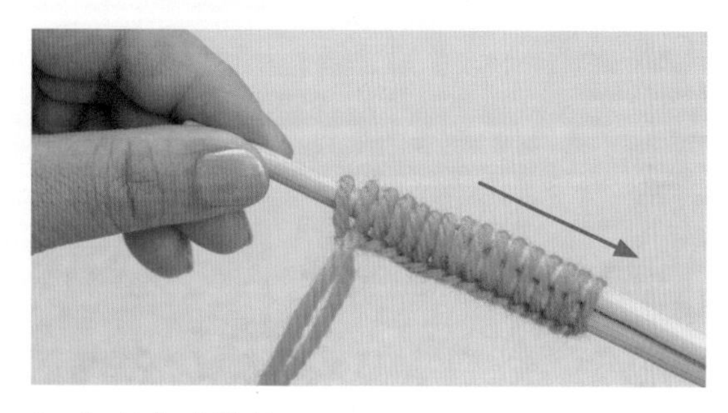

16 抽出1根棒针。

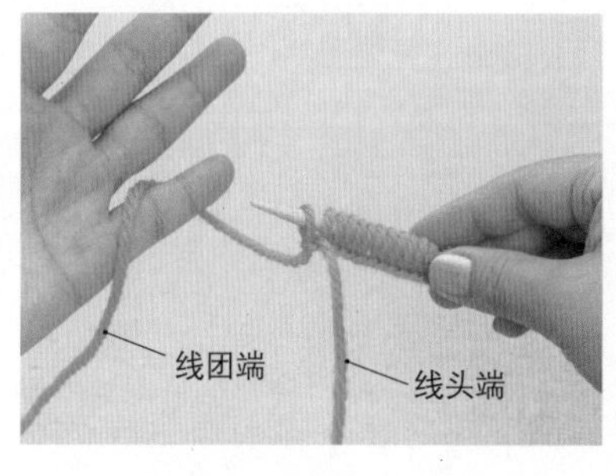

17 将线团端的线挂到小指上。

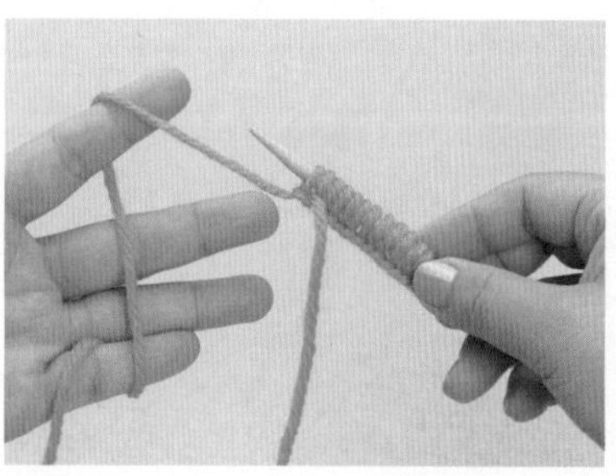

18 接着再将线挂到食指上。

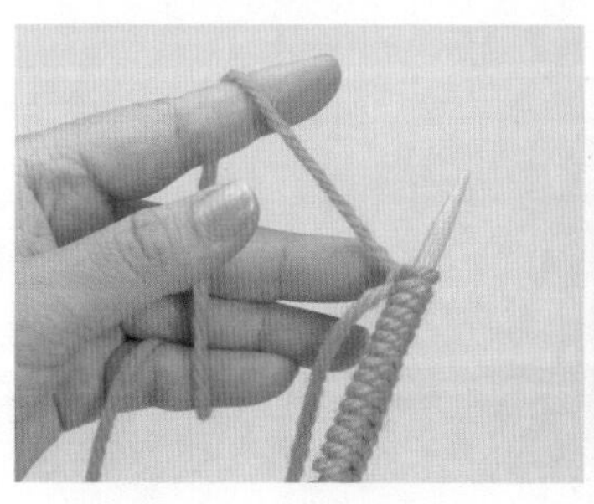

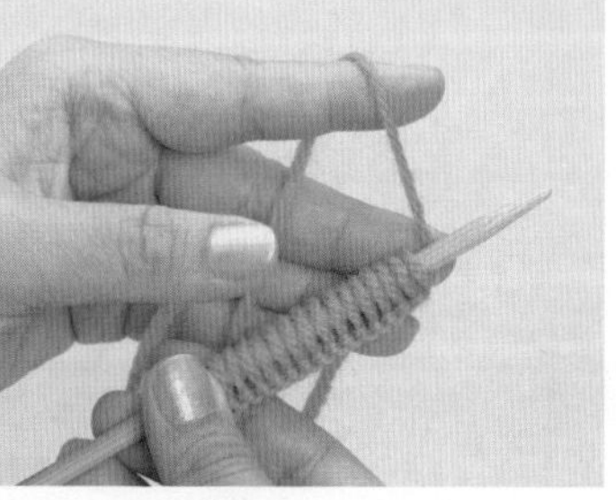

19 起针完成后变换棒针的方向，把针换到左手拿好。

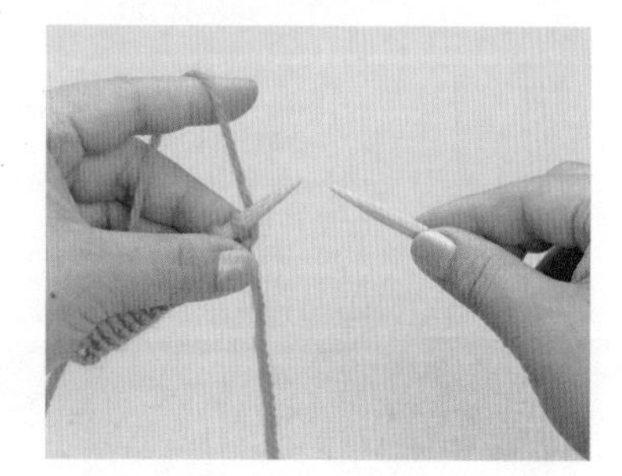

20 右手拿另外一根棒针，按照图示准备好后开始编织。

编织方法①
平针编织

从正面看，这是一种下针与上针逐行交错编织的织法。往返编织※（平织）时，每行都织下针。织片不分正反面，与上下针编织相比，更加平整且边缘不易翻卷，具有纵向伸缩性。

※往返编织（平织）= 平整编织织片的方法，也即从正反面编织每行的方法。

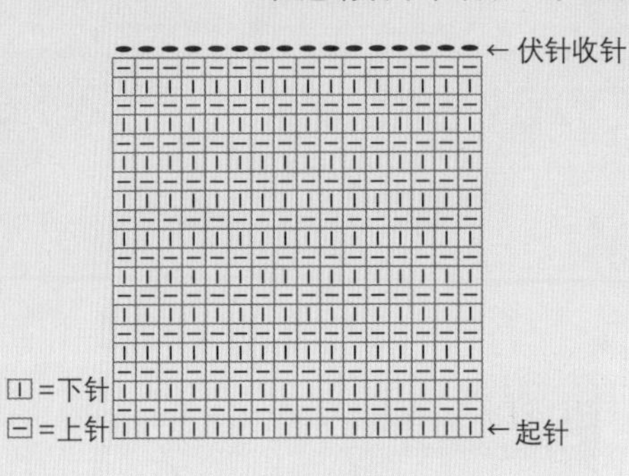

第2行：看着反面编织

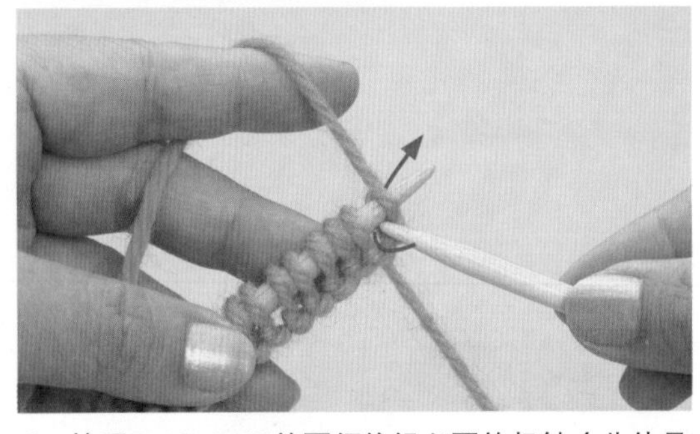

1 按照P.12~P.15的要领编织必要的起针（此处是16针），然后按照箭头所示从线圈内侧将右针插入第1针中。
※起针算做第1行，因此这是第2行。

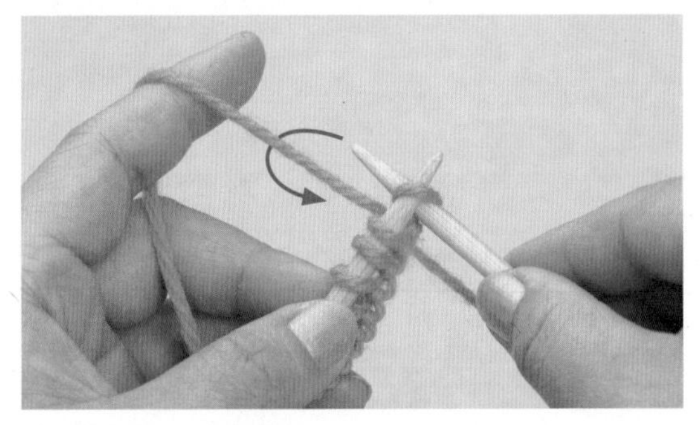

2 按照箭头所示转动右针，再在针上挂线。

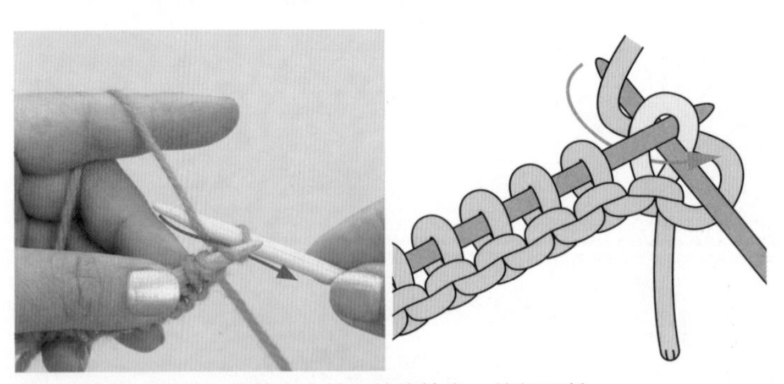

3 按照箭头所示，将挂在右针上的线抽出，编织下针。

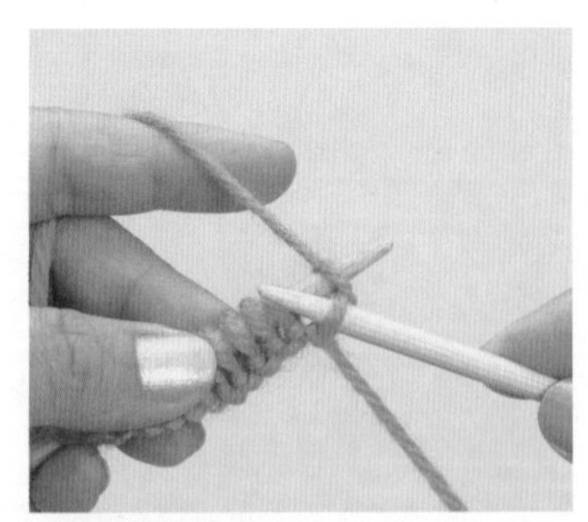

4 抽出线后如图。

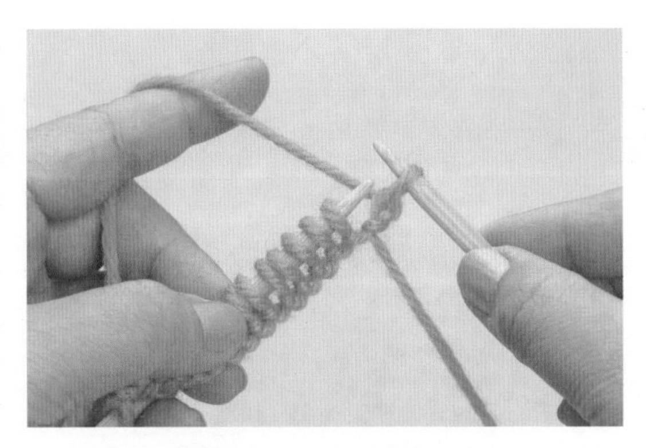

5 从左针上滑脱针目，编织完成1针下针。

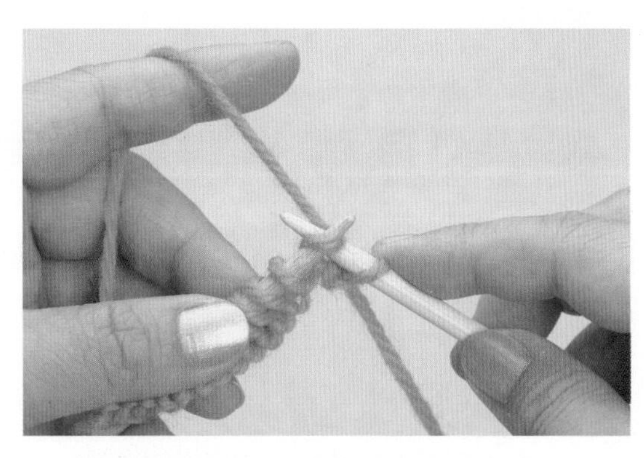

6 按照同样的方法重复编织下针至行末。

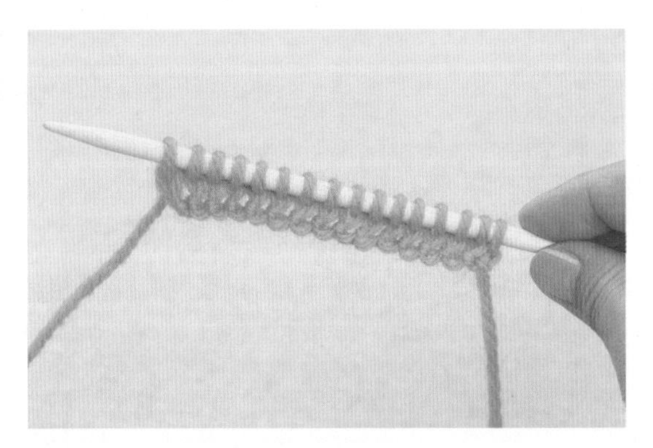

7 编织下针至第2行末端后如图。

第3行：看着正面编织

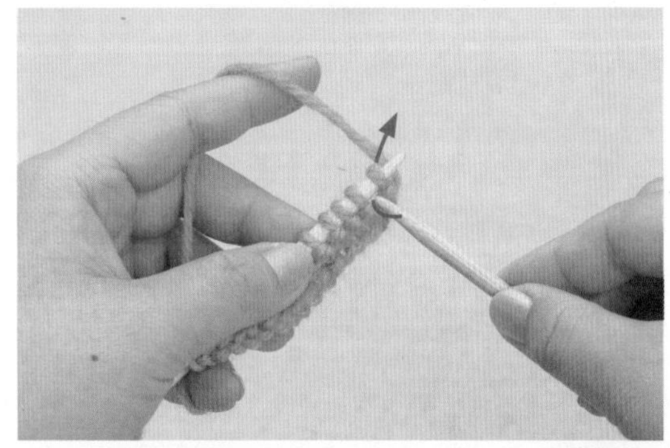

8 把织片翻到正面，按照步骤1的方法，从线圈内侧插入右针。

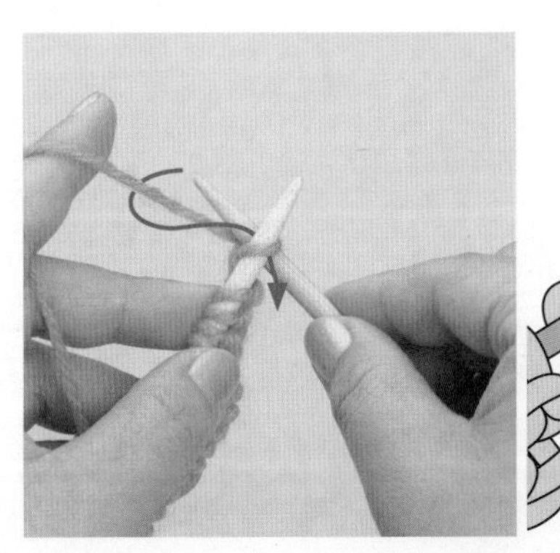

9 按照箭头所示，将挂在右针上的线抽出，编织下针。按照同样的方法重复编织下针至行末。

10 编织到第3行末端后如图。从下一行开始，按照步骤1~9的方法，每行重复编织下针。

编织方法②
上下针编织

这是棒针编织的一种基本编织方法，从正面看，所有针目均是下针。往返编织（平织）时是上针与下针逐行交替编织，环形编织时则是全部织下针。这种织法也被称做“正针编织”。

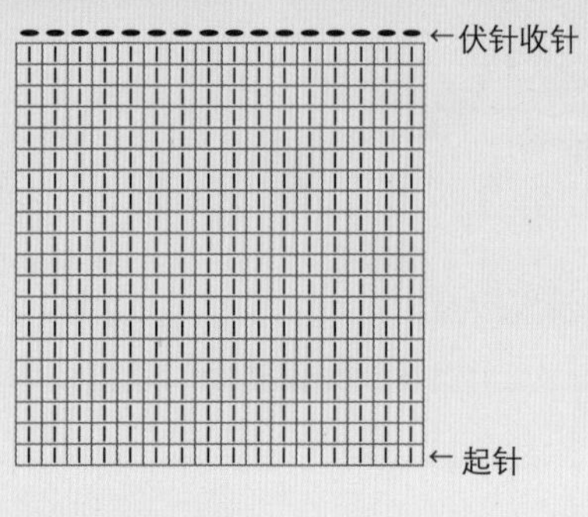

第2行：看着反面编织

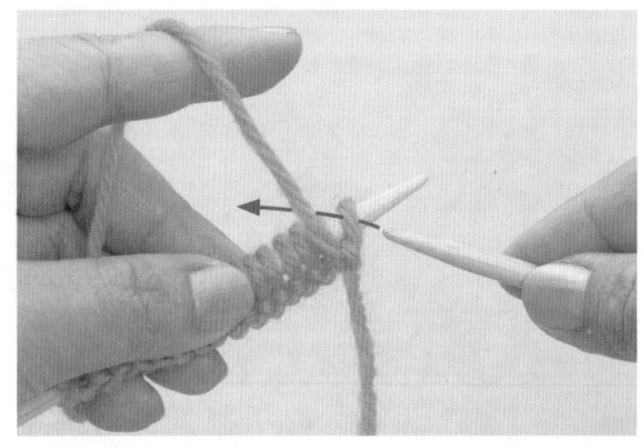

1 按照P.12~P.15的步骤编织必要数量的起针（此处为16针），然后按照箭头所示，从线圈外侧将右针插入第1针中。
※ 起针算做第1行，因此这是第2行。

2 按照箭头所示转动右针，挂线。

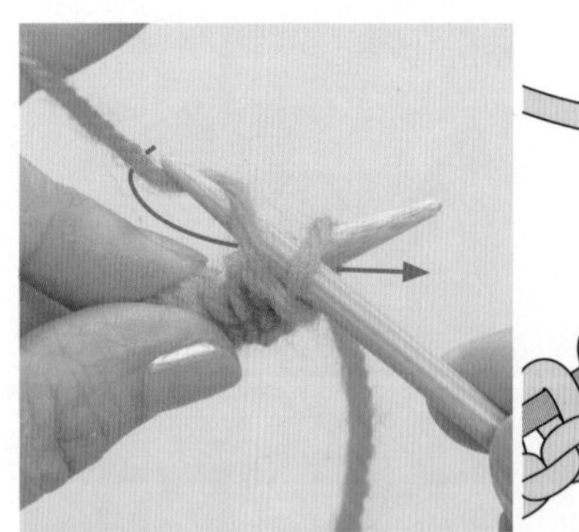

3 按照箭头所示，将针上的挂线引拔出，编织上针。

4 引拔出织线后如图。

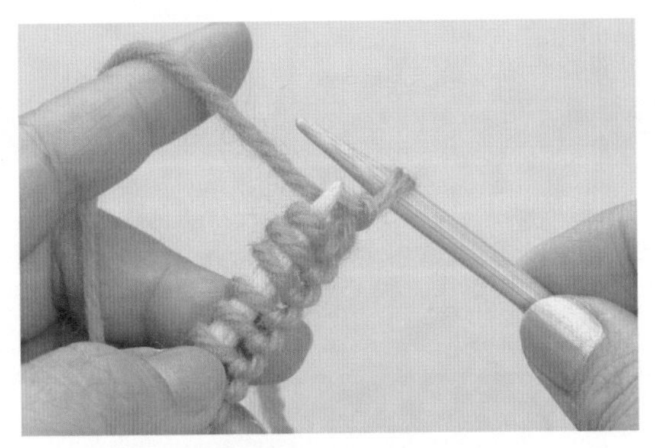

5 将针目从左针上滑脱，完成1针上针。

6 按照同样的方法重复编织上针至行末。

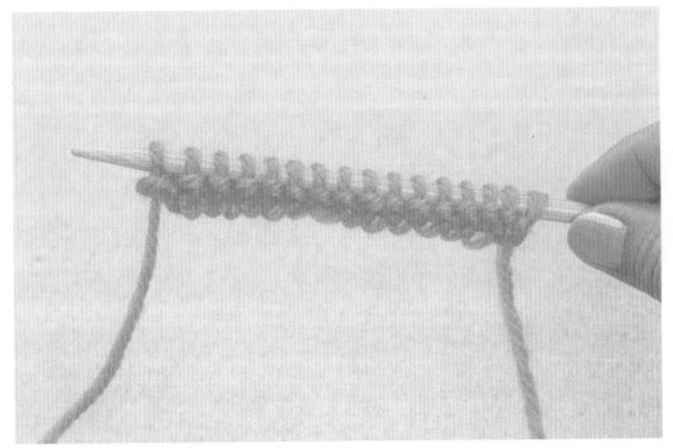

7 编织上针至第2行末端时如图。

第3行：看着正面编织

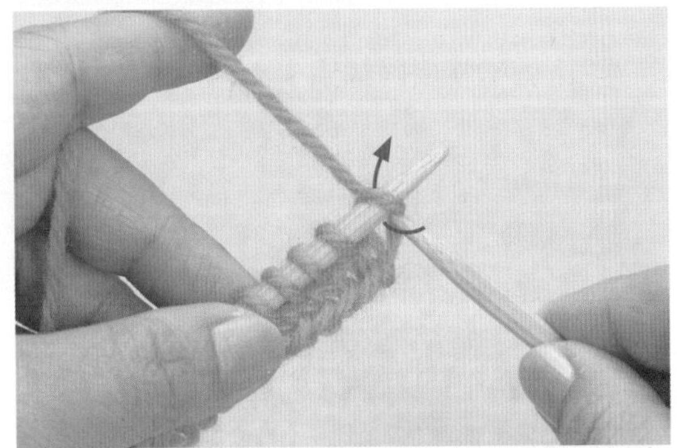

8 把织片翻到正面，沿步骤1的反方向，从线圈内侧插入右针。

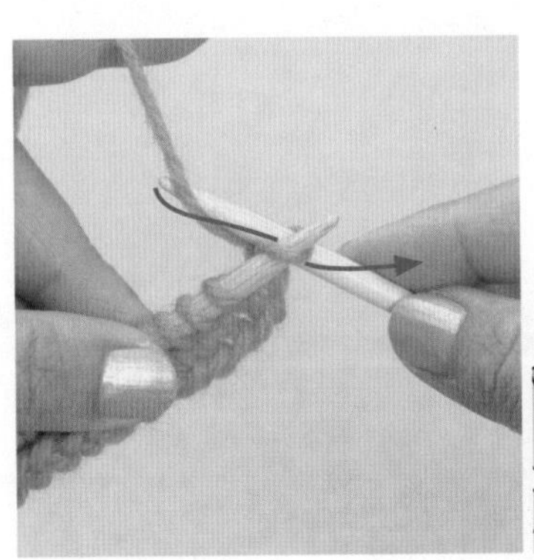

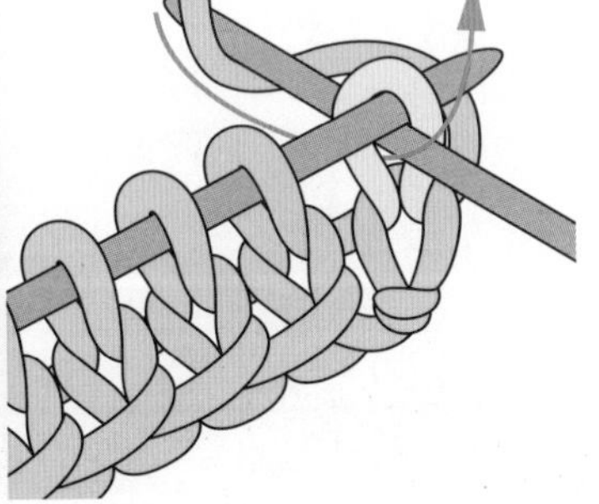

9 按照箭头所示，引拔出挂在右针上的线，编织下针。之后按照同样的方法重复编织下针至行末。

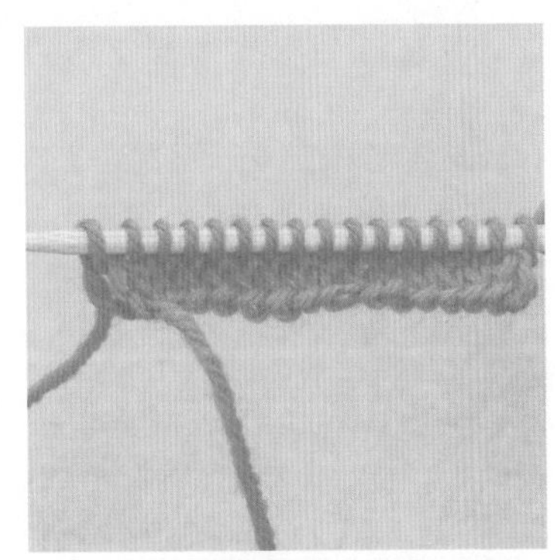

10 编织至第3行末端时如图。下面也按照步骤1~9的方法，在织片的反面编织上针、织片的正面编织下针，如此交替继续编织。

编织方法③
反上下针编织

与上下针编织相反，从正面看，所有针目均为上针。往返编织（平织）时下针与上针逐行交替编织。环形编织时则是全部织上针。这种织法也被称做“反针编织”。

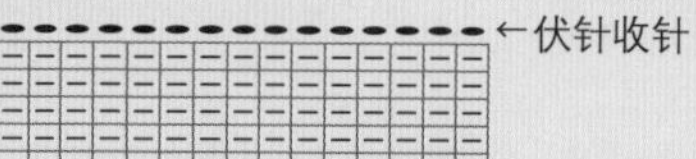

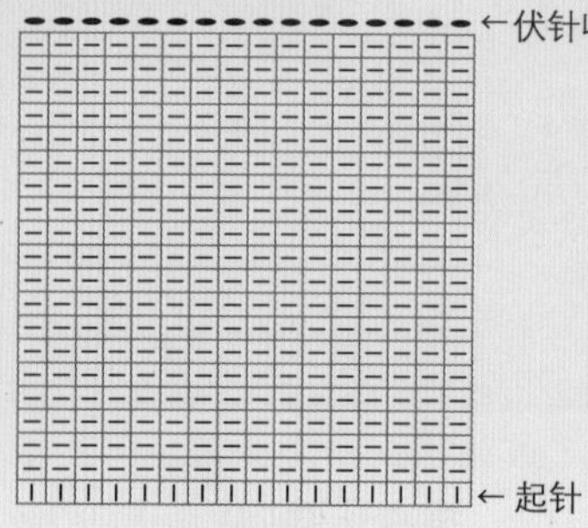

第2行：看着反面编织

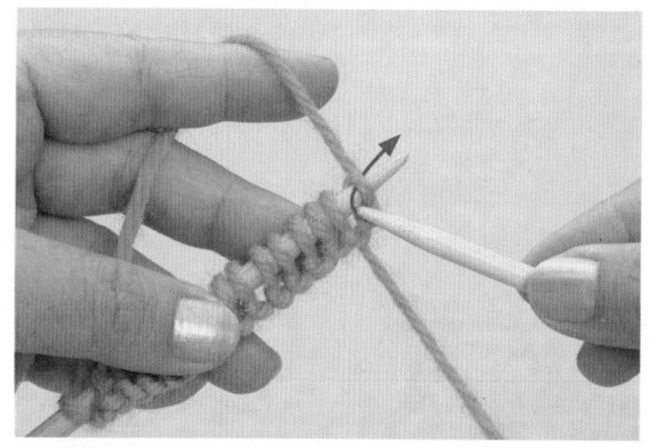

1 按照P.12~P.15的步骤编织必要数量的起针（此处为16针），然后按照图示方法从线圈内侧将右针插入第1针中。
※ 起针算做第1行，因此这是第2行。

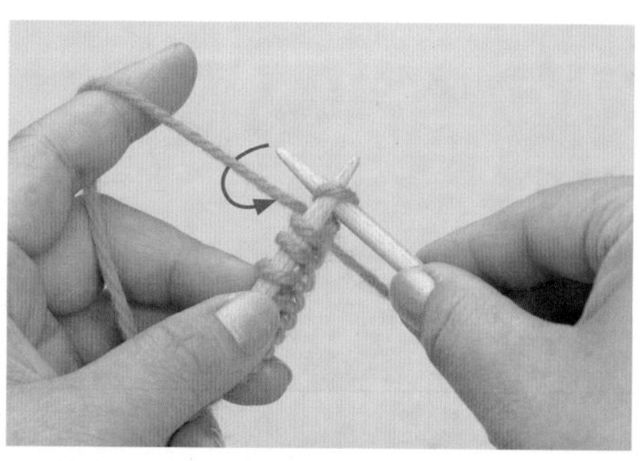

2 按照箭头所示转动右针，挂线。

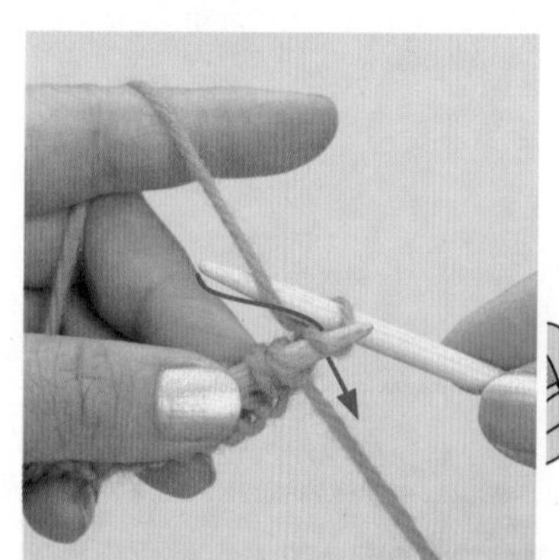

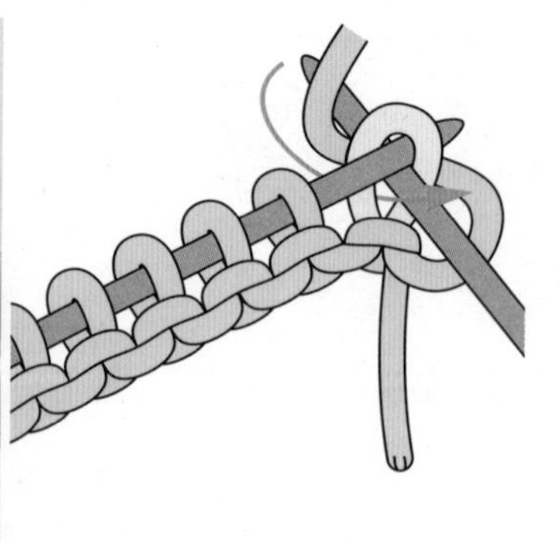

3 按照箭头所示，引拔出挂在右针上的线，编织下针。

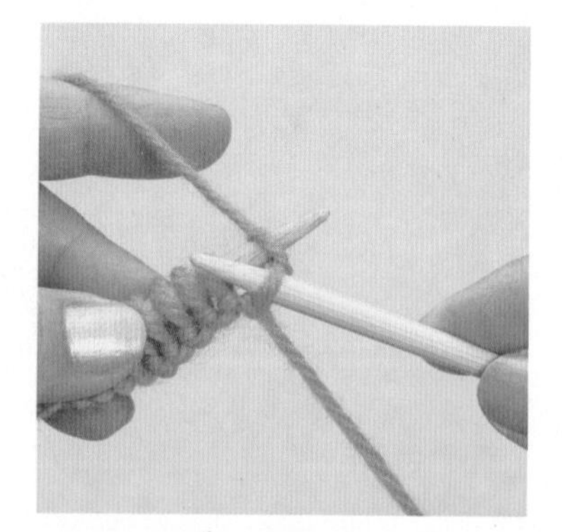

4 引拔出织线后如图。

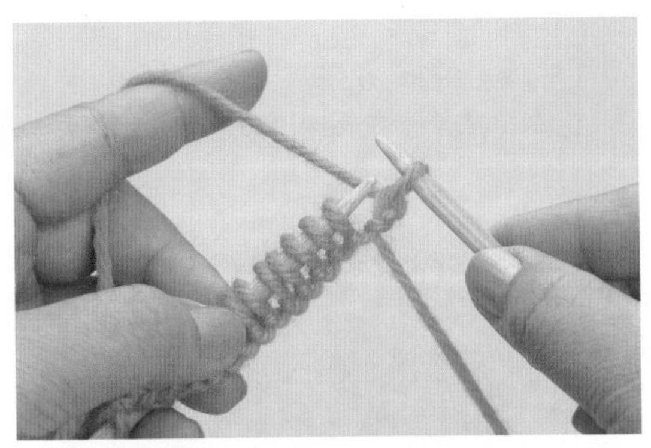

5 将针目从左针上滑脱，完成1针下针。

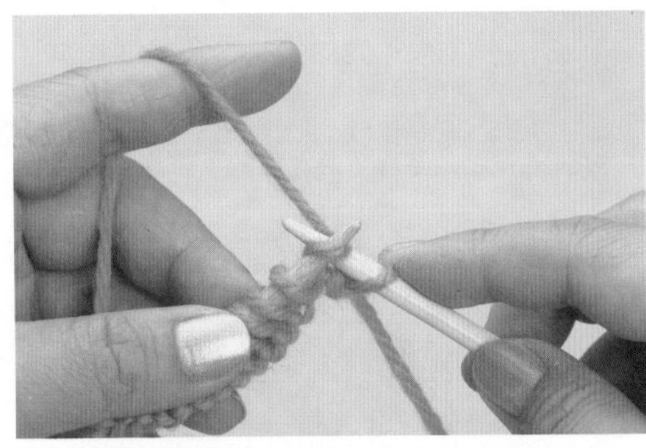

6 按照同样的方法，重复编织下针至行末。

第3行：看着正面编织

7 下针编织至第2行末端后如图。

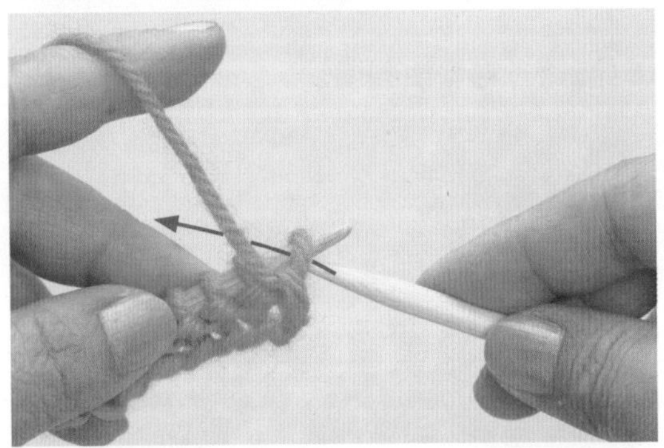

8 把织片翻到正面，与步骤1相反，从线圈外侧插入右针。

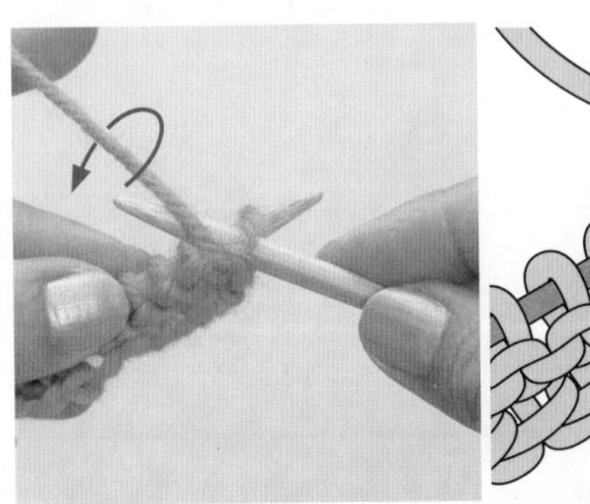

9 右针挂线后引拔出，编织上针。按照同样的方法重复编织上针至行末。

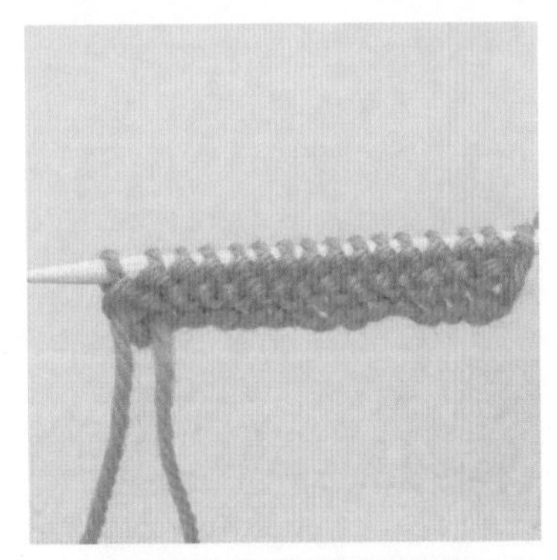

10 编织至第3行顶端后如图。从下一行开始，按照步骤1~9的方法，在织片反面编织下针、织片正面编织上针，如此交替重复编织。

编织方法④ 单罗纹针

这是下针与上针逐一交替，纵向排列整齐的织法，其特点是纵向的针目呈棱状。如同此针法的名字一样，织片具有出色的伸缩性，常用于编织毛衣的下摆、领口和袖口等。

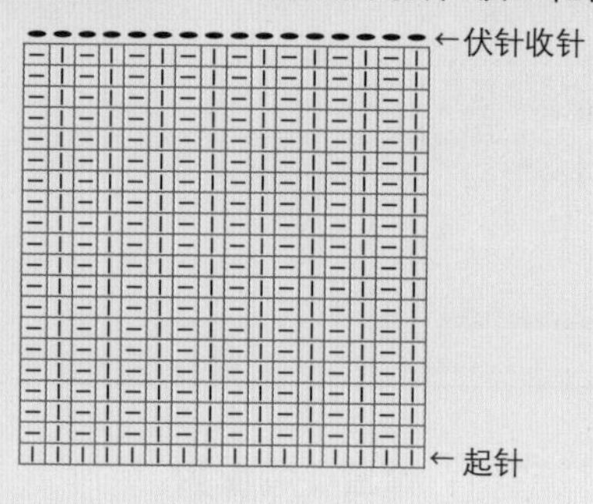

第2行：看着反面编织

1 按照P.12~P.15的步骤，编织必要数量的起针（此处是16针），然后按照图示方法从线圈内侧将右针插入第1针中，编织下针。

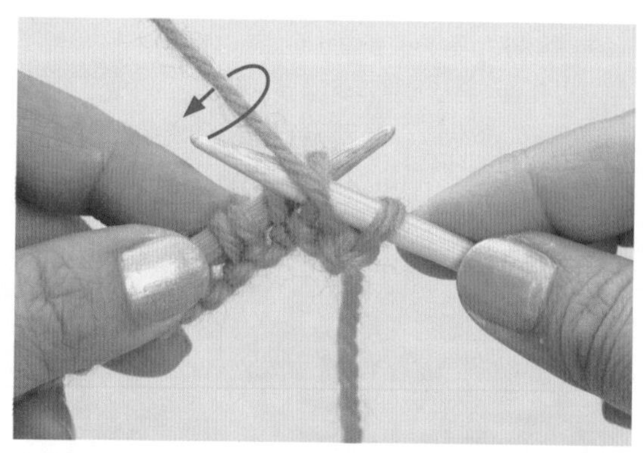

2 编织第2针时，从线圈外侧插入右针，编织上针。

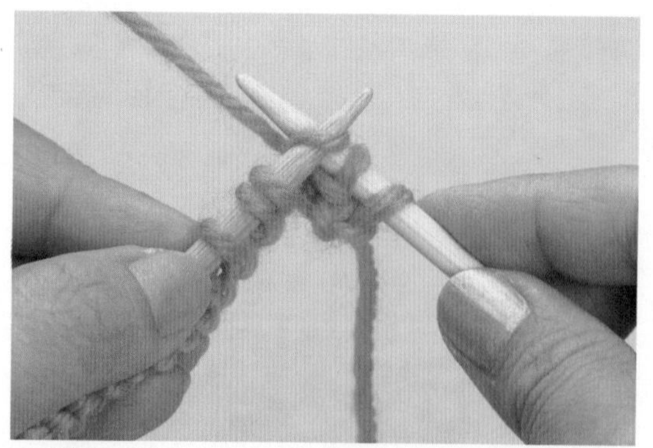

3 按照步骤1~2的方法重复交替编织下针和上针至行末。

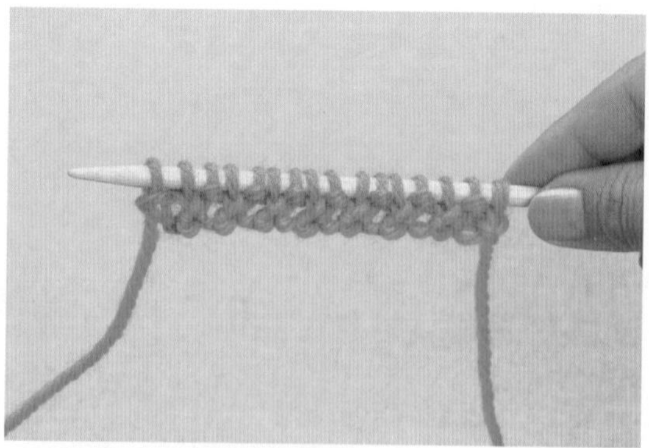

4 编织至第2行末端后如图。

第3行：看着正面编织

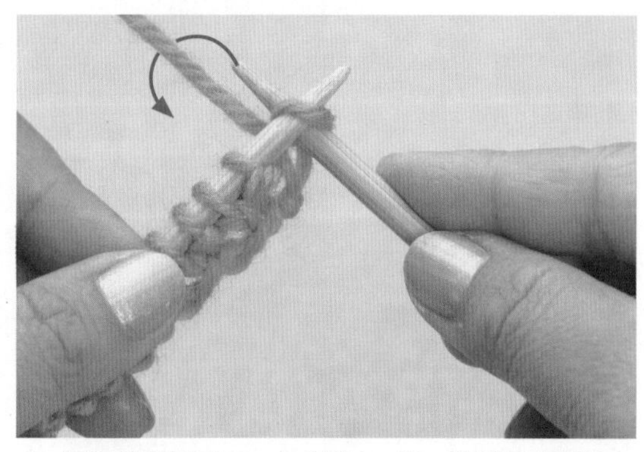

5 把织片翻到正面，与步骤1一样，从线圈内侧插入右针，编织下针。

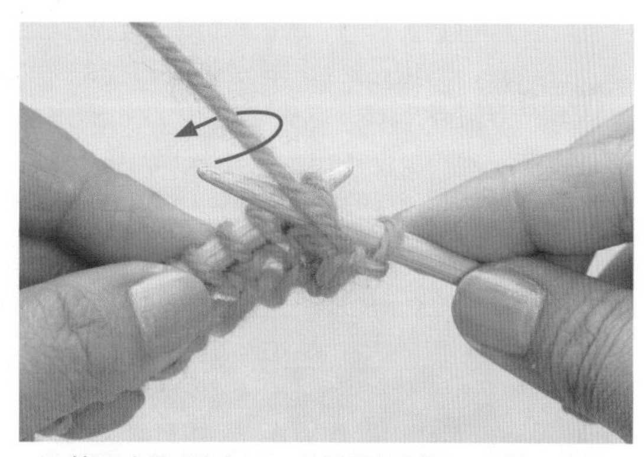

6 按照步骤2的方法，从线圈外侧插入右针，编织上针。

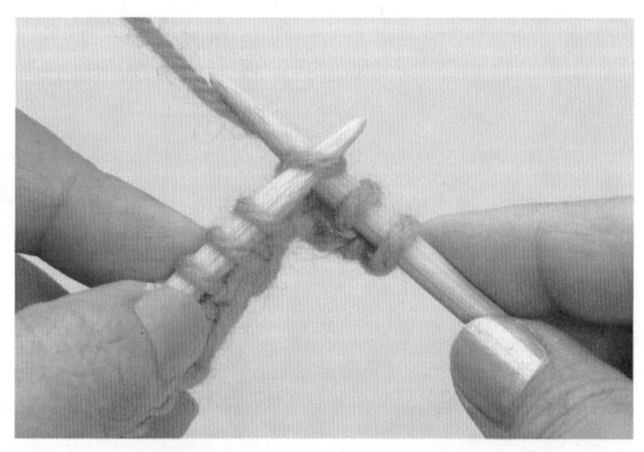

7 然后再按照步骤5~6的方法重复交替编织下针与上针至行末。

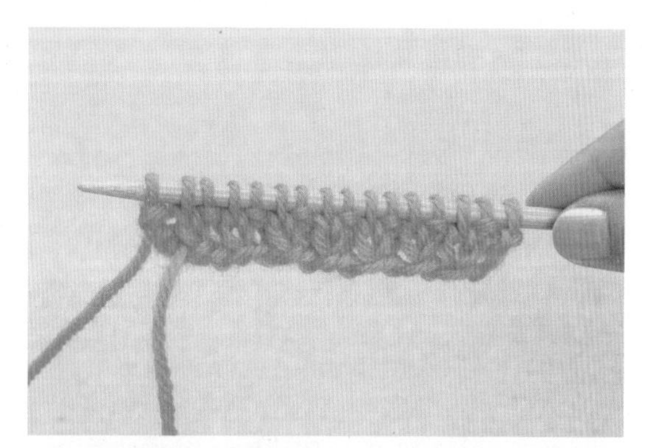

8 编织至第3行末端后如图。之后也按照步骤1~7的方法，重复交替编织下针和上针。

专栏 编织方法图的辨识

用编织符号组合而成的“编织方法图”表示的是从织片正面看到的针目状态。往返编织（平织）时，每行都要把织片翻到反面，因此奇数行（看着织片正面编织的行）是按照编织方法图编织，而在偶数行（看着织片反面编织的行）中，编织方法图的符号表示的是从织片反面看到的状态。比如，平针编织时，从正面看是下针行（奇数行）与上针行（偶数行）交替的状态，但实际上即便行数发生变化，织入的针目都是下针。

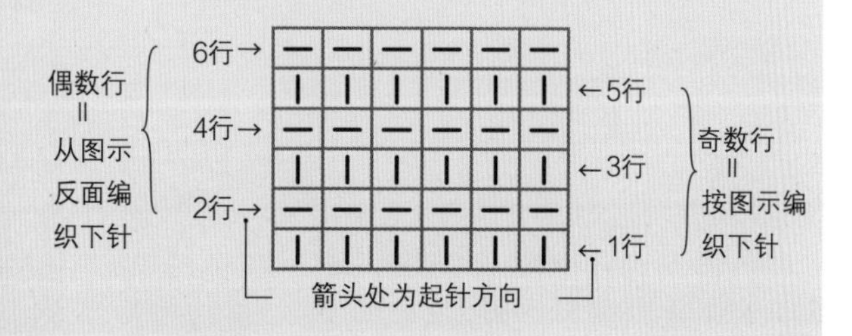

※ 编织记号和编织方法参见P.108词典篇。

编织方法⑤ 双罗纹针

这是两针下针与两针上针交替编织，纵向排列整齐的织法。与单罗纹针一样，具有出色的伸缩性，因此常用于编织毛衣的下摆、领口和袖口等。与单罗纹针相比，纵向的棱状针目更为清晰。

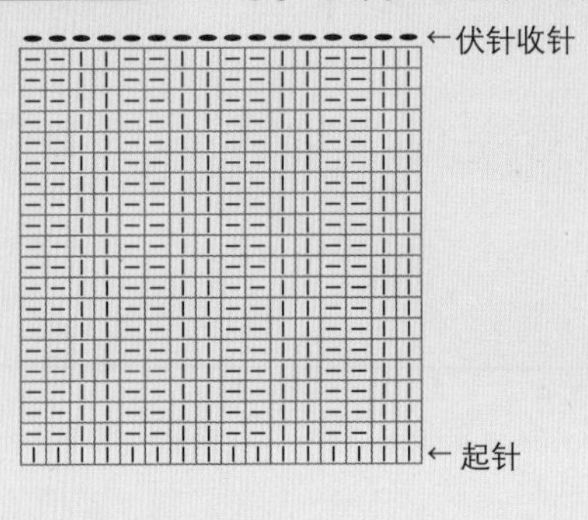

第2行：看着反面编织

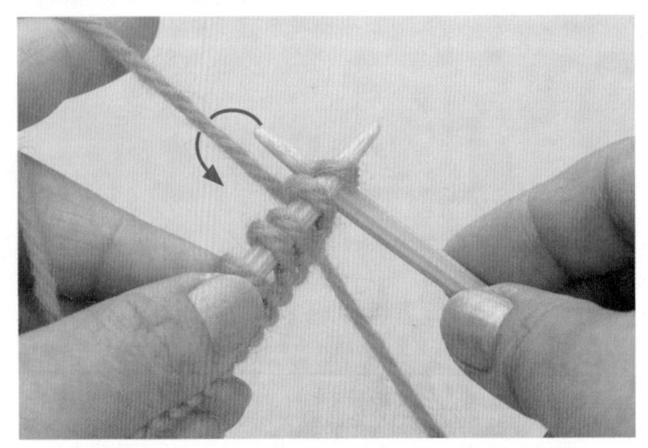

1 按照P.12~P.15的步骤，编织必要数量的起针（此处为16针），然后按照图片所示，从线圈内侧将右针插入第1针中，编织下针。

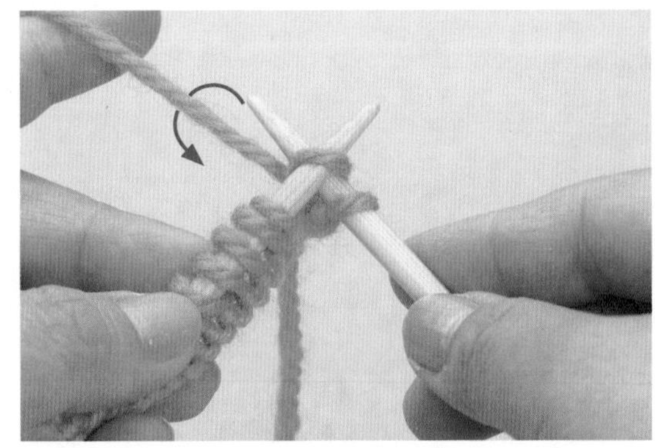

2 第2针也按步骤1的方法，编织下针。

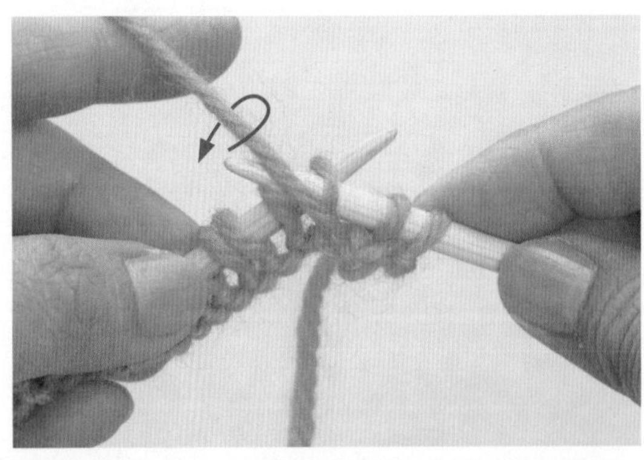

3 编织第3针时，从线圈外侧插入右针，编织上针。

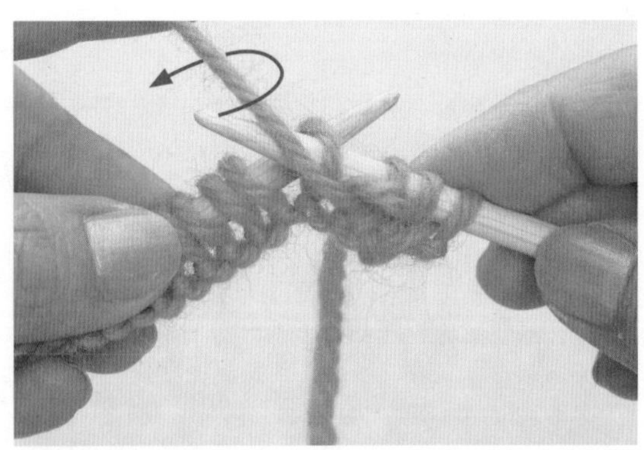

4 第4针同样按照步骤3的方法，编织上针。

5 重复步骤1~4，编织至行末。

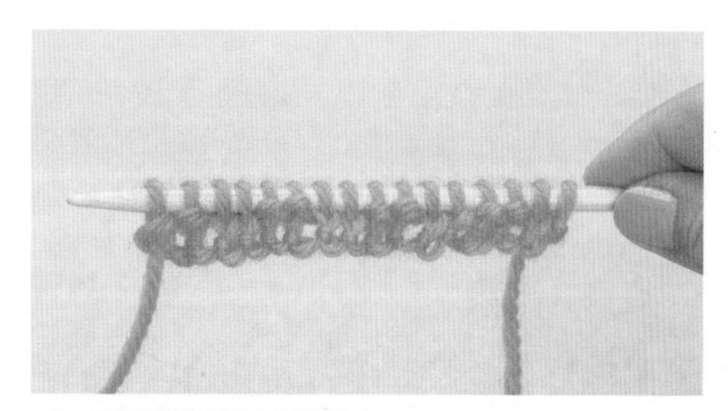

6 编织至第2行末端后如图。

第3行：看着正面编织

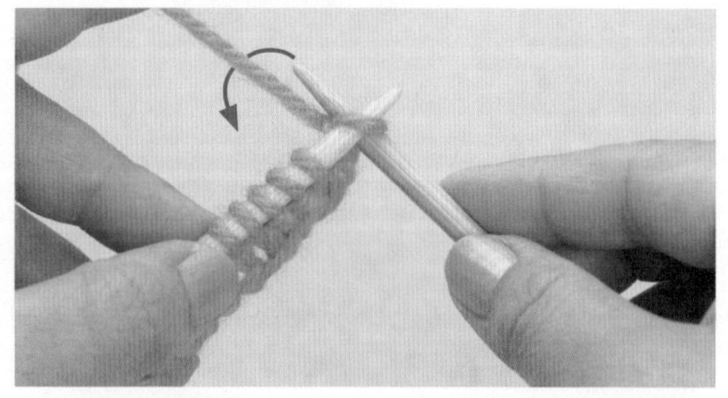

7 把织片翻到正面，按照步骤1的方法，从线圈内侧插入右针，编织下针。

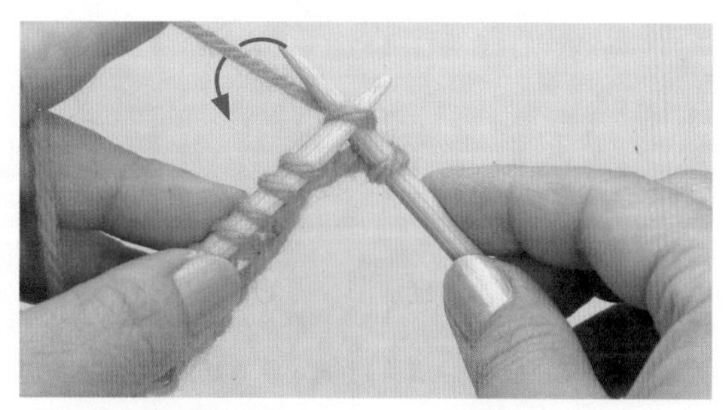

8 第2针也是按照步骤7的方法，编织下针。

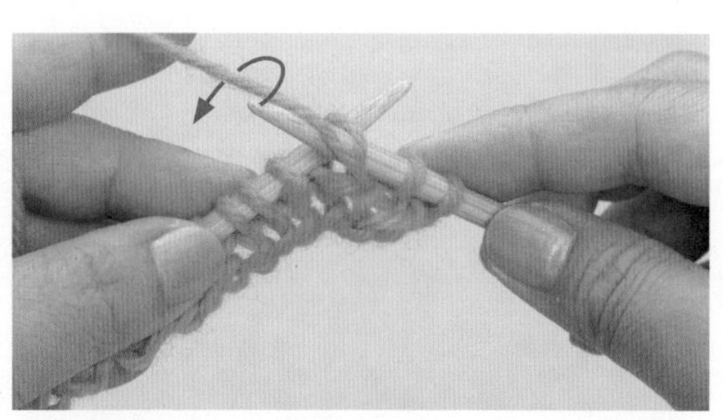

9 编织第3针时，从线圈外侧插入右针，编织上针。

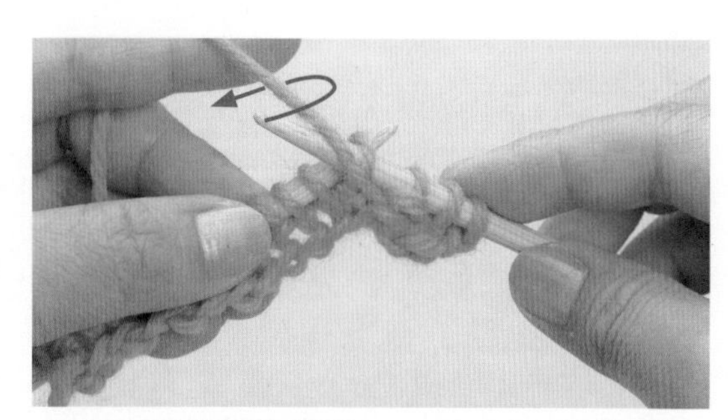

10 第4针按照步骤9的方法，再织上针。

11 重复步骤7~10，编织至行末。

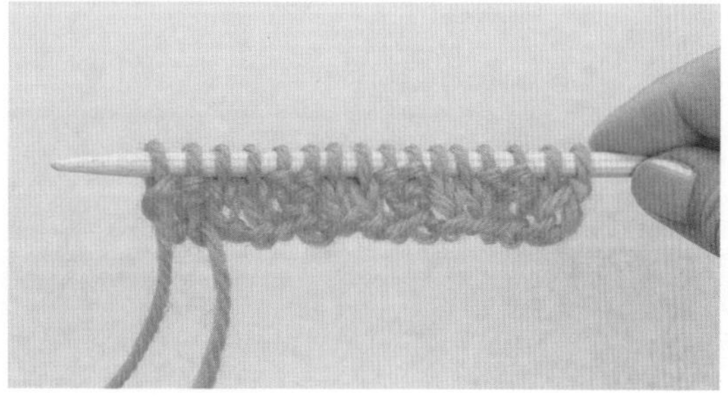

12 编织至第3行末端后如图。再按照步骤1~11的方法，按照下针、下针、上针、上针的顺序重复编织。

编织方法⑥ 单桂花针

这是逐一交替编织下针与上针，上下左右交错排列的织法。其特点是表面有凹凸不平的的花纹。此外，还有每两针交替排列的“双桂花针”。

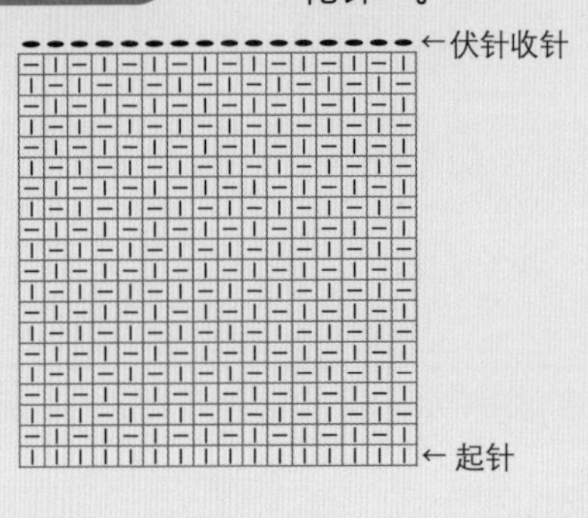

步骤1~4的编织方法与P.22“单罗纹针”的步骤1~4相同。

第3行：看着正面编织

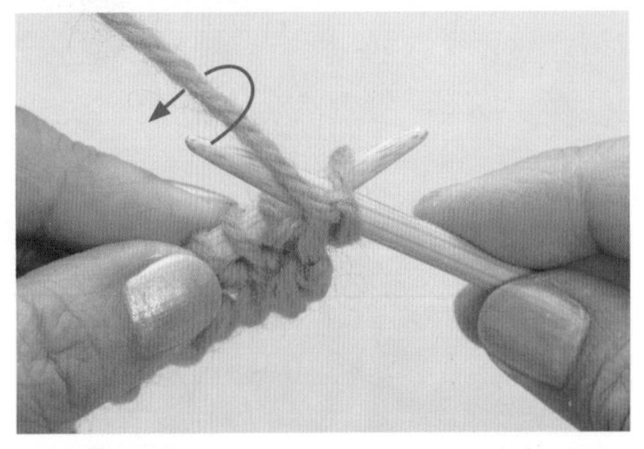

5 把织片翻到反面，与步骤1相反，从线圈外侧插入右针，编织上针。

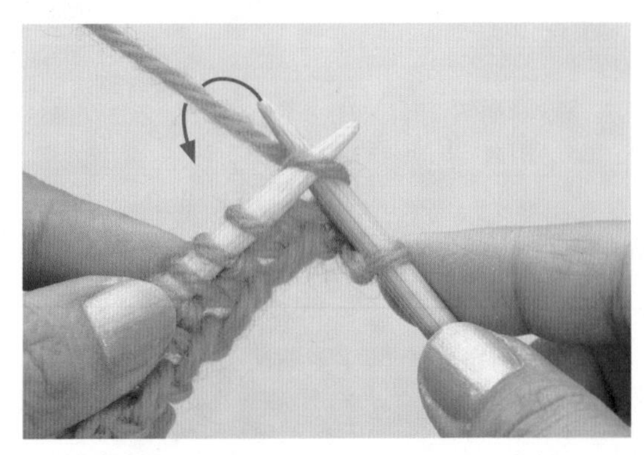

6 之后从线圈内侧插入右针，编织下针。

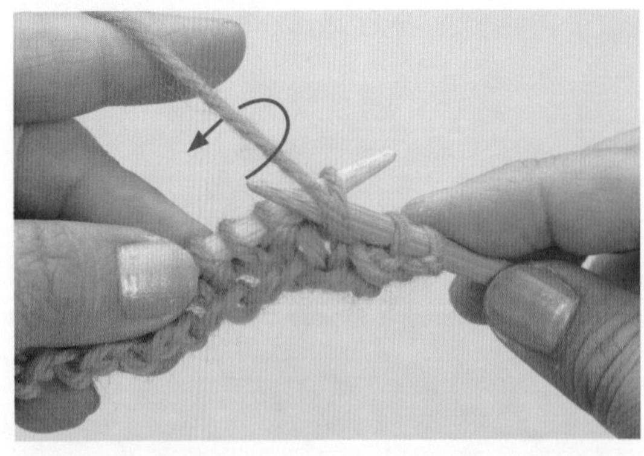

7 然后按照步骤5~6的方法，重复交替编织上针和下针至行末。

8 编织至第3行末端后如图。之后同样是按照步骤1~7的方法，每行交替编织下针和上针。

伏针收针

收针是编织完成后要处理终点处的针目，防止其散开的方法。“伏针收针”是收针方法中最常用的。

平针编织 · 上下针编织时（图片以上下针编织为例进行说明）

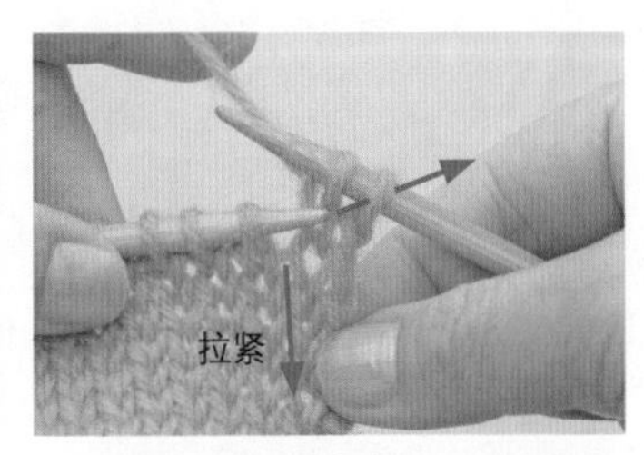

1 最初的2针织下针，然后按照箭头所示将左针插入右侧的针目中。此时，用右手将织片稍微向下拉紧，使针目间形成缝隙，更容易插入棒针。

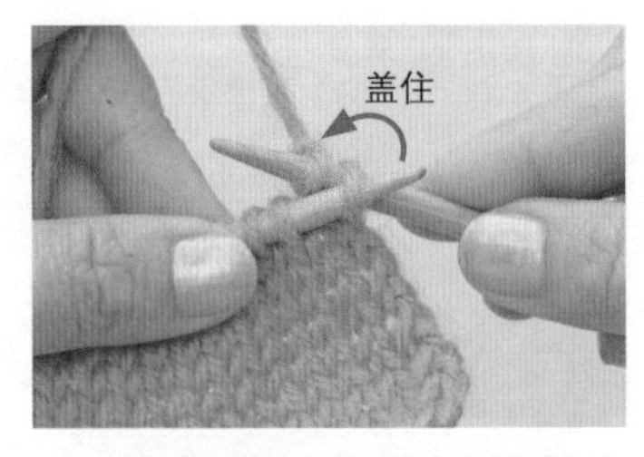

2 左针挑起针目，用右侧的针目盖住左侧的针目。

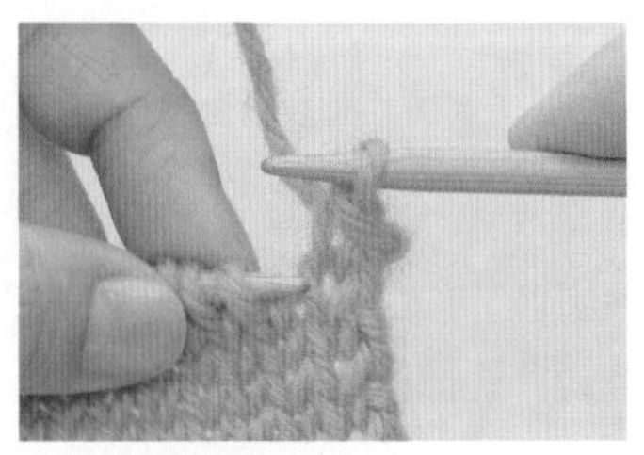

3 盖住后如图。

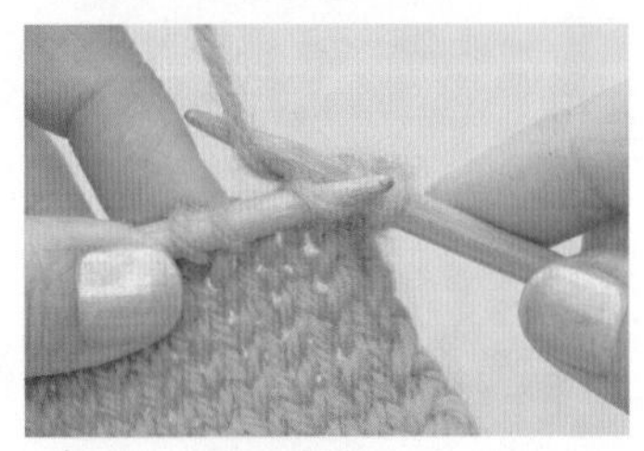

4 下一针编织下针。

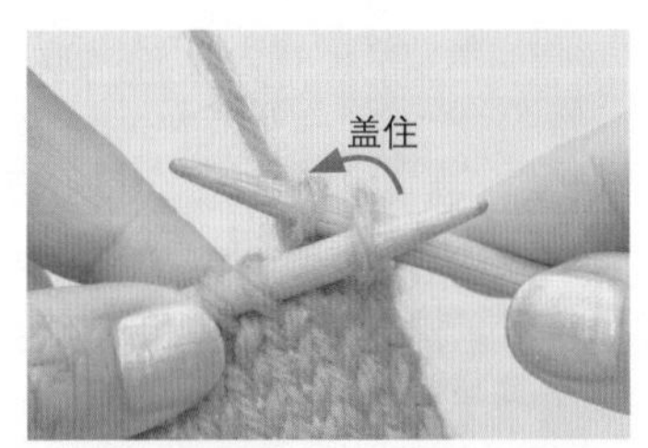

5 编织完下针后，按照步骤2的方法，再用左针挑起针目，将刚才编织的左侧针目盖住。之后按照步骤4~5的要领，不断重复“编织下针后再盖住”，编织至行末。

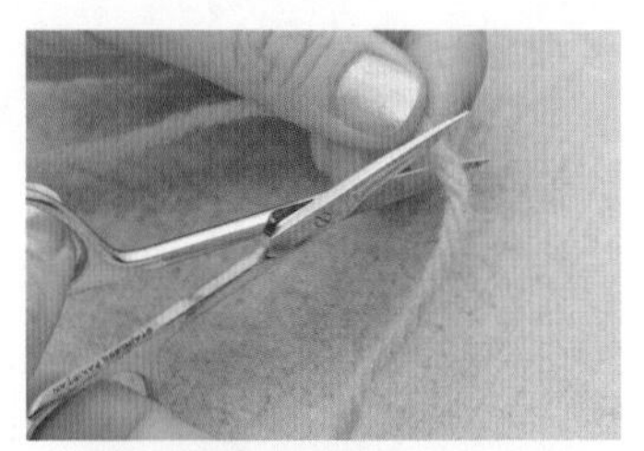

6 伏针收针至行末，留出10cm左右的线头后剪断。

7 抽出棒针，用收针将之前留在棒针上的针目收紧，稍稍拉大线圈。

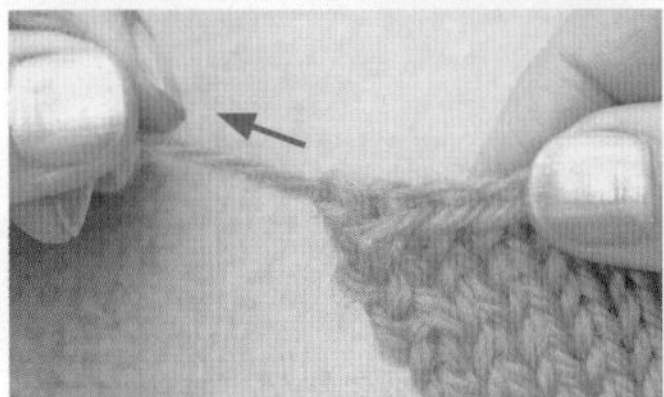

8 把剪断的线头从线圈中穿过，拉紧。

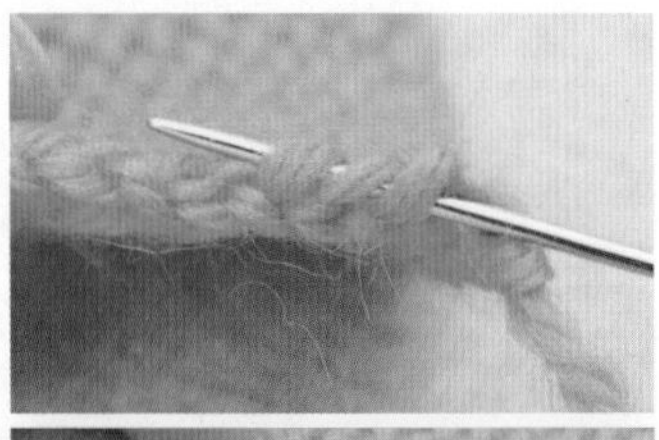

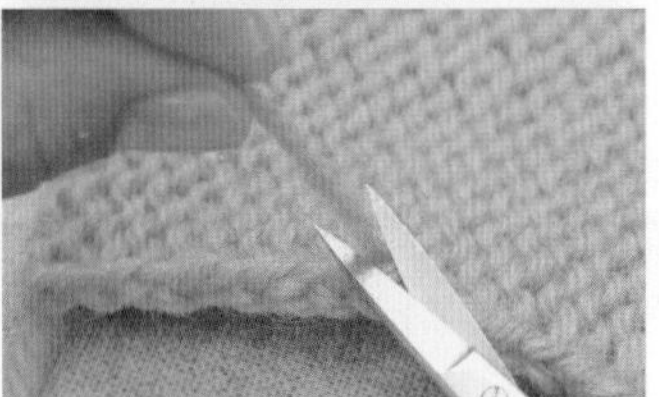

9 把线头穿入缝纫针中，在织片末端的针目中来回穿插几次，处理好线头。

反上下针编织时

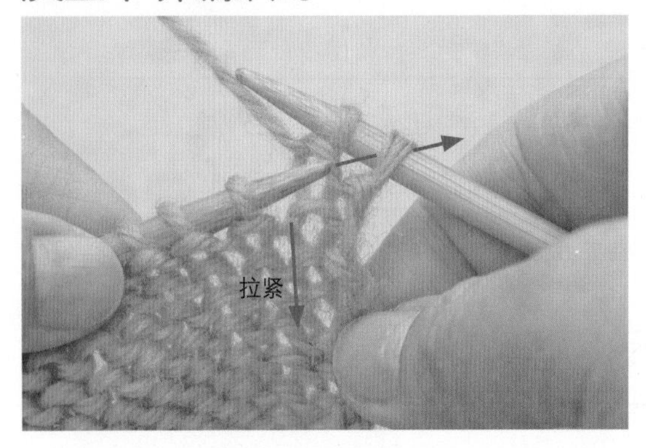

1 最初的2针织上针，然后按照箭头所示将左针插入右侧的针目中。此时，用右手将织片稍稍往下拉紧，使针目间形成缝隙，更容易插入棒针。

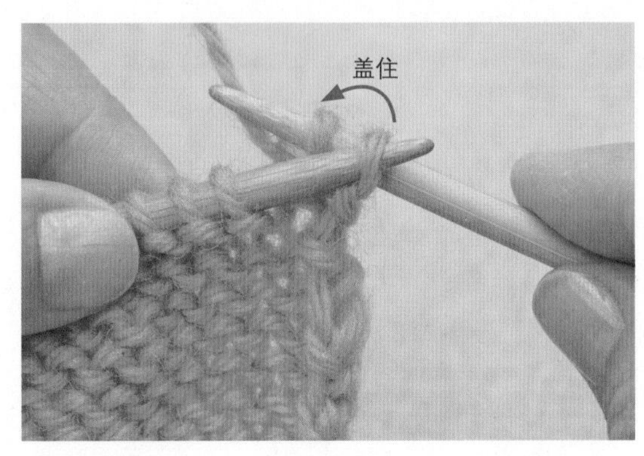

2 左针挑起针目，用右侧的针目盖住左侧的针目。

3 盖住后如图。

4 下一针编织上针。

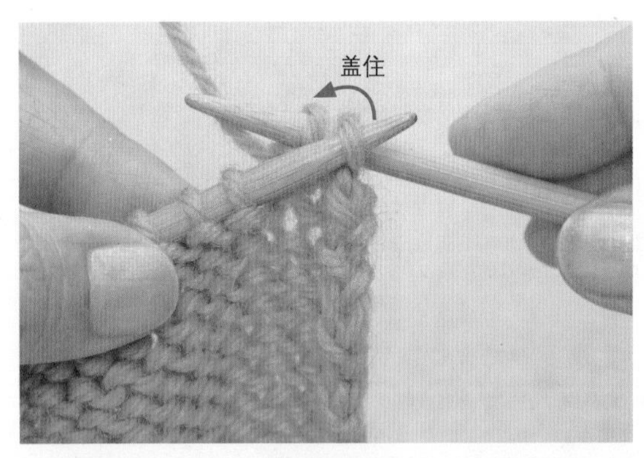

5 编织完上针后，按照步骤2的方法用左针挑起右侧的针目，将刚才编织的左侧针目盖住。之后，再按照步骤4~5的方法，重复“编织上针后盖住”至行末。

6 伏针收针至行末后，剪断线，将线头藏到最后的针目中，拉紧。再按P.27步骤9的方法处理线头。

还有这种方法 使用钩针作伏针收针的方法——引拔收针

针数较多时，使用钩针更方便一些，这种方法称为“引拔收针”。但是，使用钩针收针后的针目容易变紧，要注意力度。

平针编织・上下针编织时

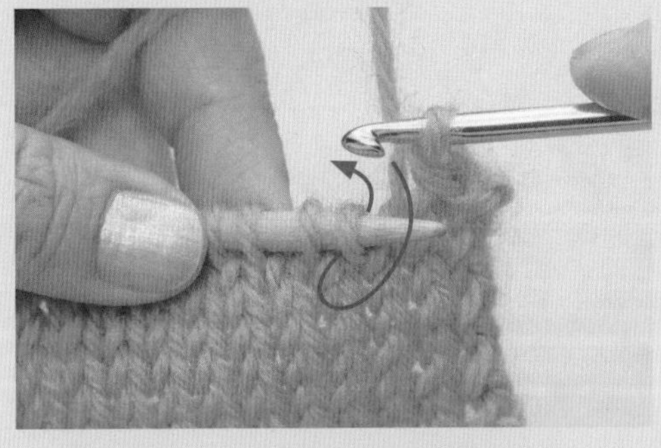

1 拿钩针的方法与棒针相同，按照编织下针的方法沿箭头所示方向从内侧插入钩针。

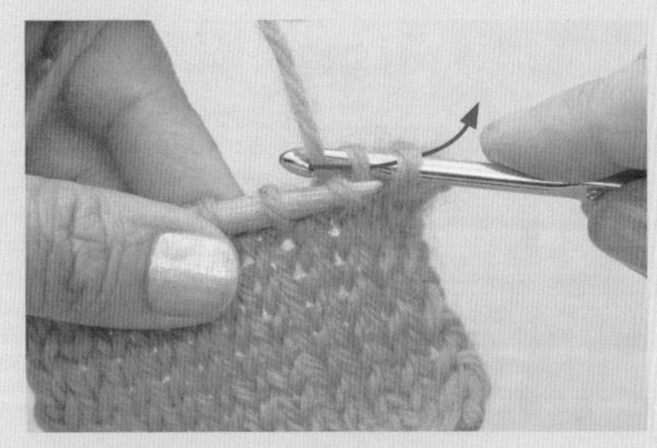

2 钩针上挂线，引拔钩织2针并1针。之后再重复步骤1~2。

反上下针编织时

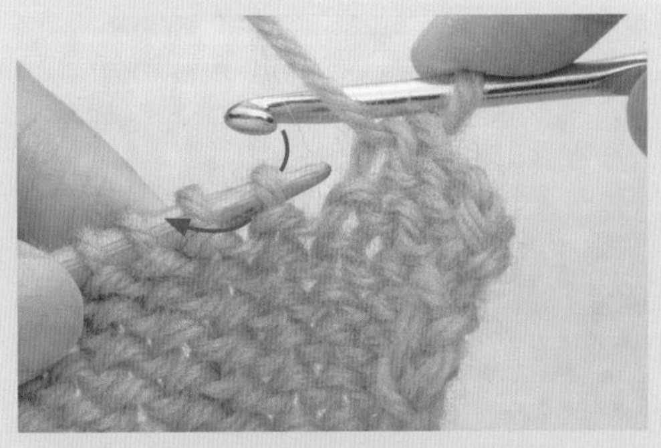

1 拿钩针的方法与棒针相同，按照编织上针的方法沿箭头所示方向从外侧插入钩针。

2 钩针上挂线，按照箭头所示方向引拔钩织，编织上针。

3 把左侧的针目穿到右侧的针目中。之后重复步骤1~3。

Lesson 2　编织小袋

挑战一下棒针编织中常用的技法，编织一个小袋吧。

准备材料

线：Puppy Mini Sports 蓝色 20g
　　Puppy Mini Sports 象牙白 5g
※起针处其他锁针使用的线不包含在内。
针：棒针 10号

尺寸

横向10cm，纵向15cm
标准织片（参照P.65）
10cm×10cm：上下针编织 18针，24行

一边参照此编织图，一边按照9个STEP编织。

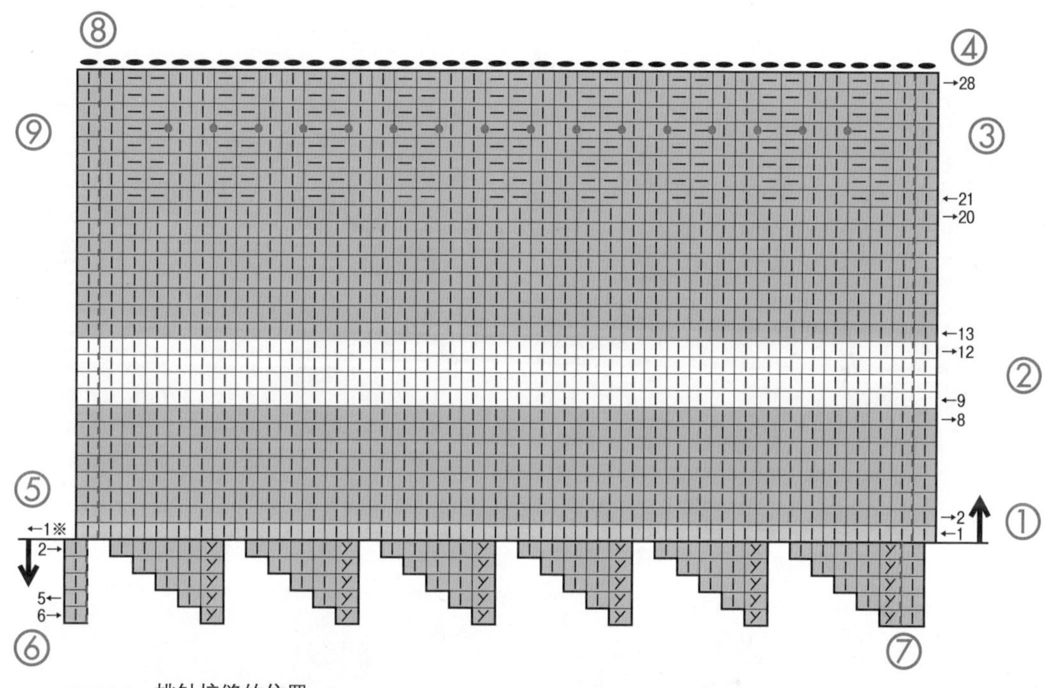

- - - - - 挑针接缝的位置
1※ 解开另线锁针的起针后再返回到棒针上
● 穿入锁针绳带的位置

STEP 1 用另线锁针起针

STEP 2 替换线的颜色

STEP 3 编织双罗纹针

STEP 4 双罗纹针的伏针收针

STEP 5 解开另线锁针的起针，再挑针

STEP 6 一边减针一边编织

STEP 7 用扭收针的方法挑针
接缝底边，再缝合侧边

STEP 8 处理线头

STEP 9 穿入锁针绳带

用另线锁针起针

编织完成后需要拆除起针时，可以用另线先织锁针，然后将锁针的里山挑起，再起针。

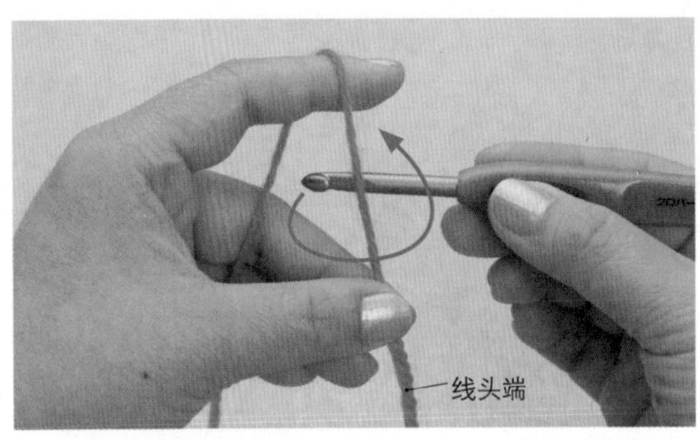

1 按照图示方法将线挂到左手，右手拿钩针，按照箭头所示转动钩针，挂线。

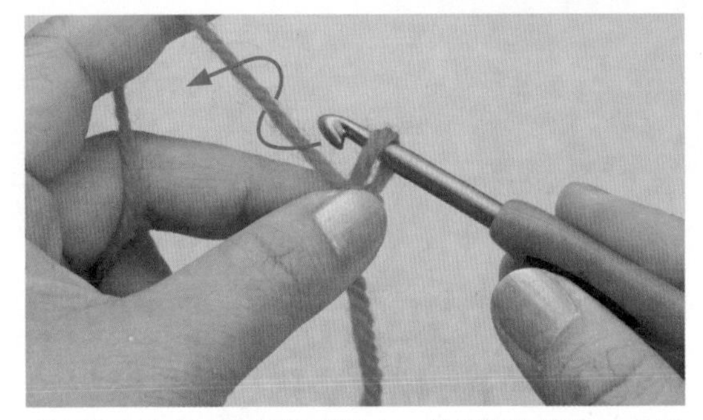

2 转动钩针，将线缠到针上，然后捏住线交叉的部分，同时再按箭头所示转动钩针，挂线。

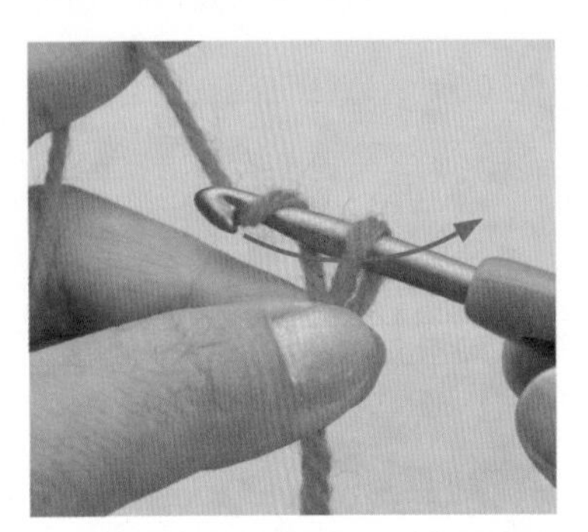

3 挂好的线按箭头所示引拔钩织。

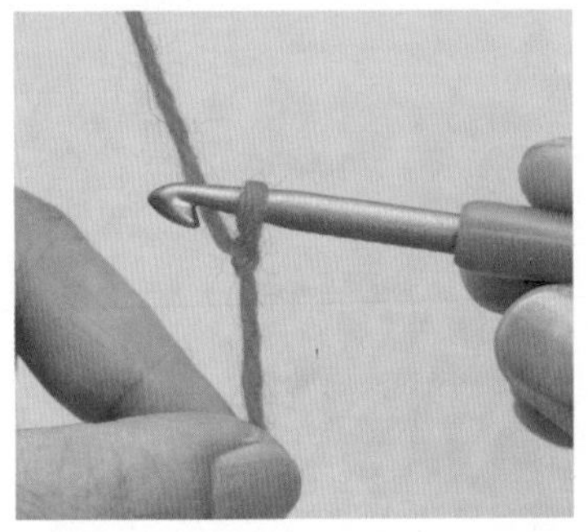

4 锁针的起针完成后如图。此针不算做1针。

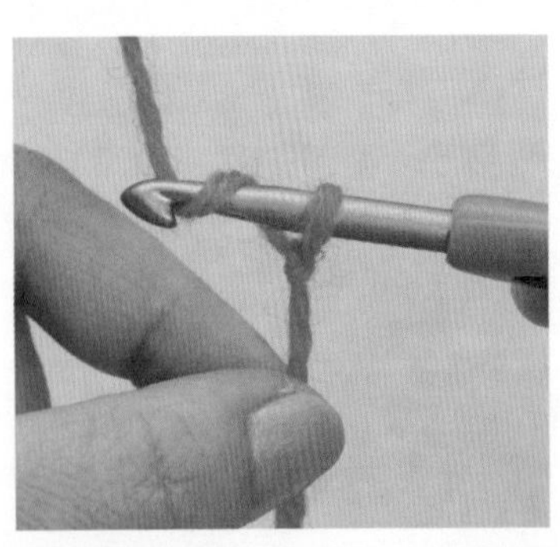

5 按照步骤2~3的方法，钩织必要数量的锁针。此处编织方法图中的起针为38针。

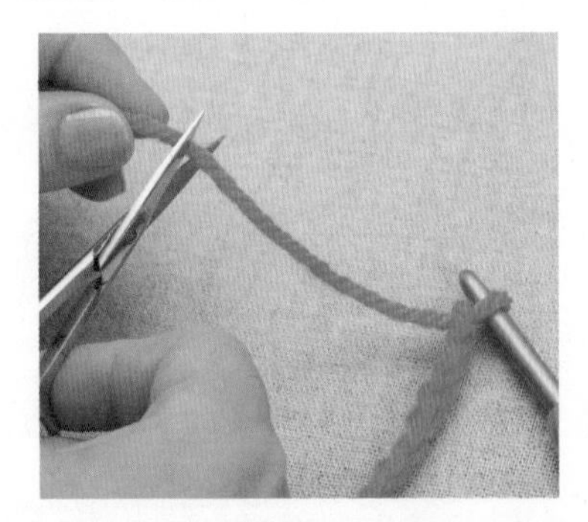

6 钩织必要数量的锁针后，留出5cm左右的线头，剪断线。

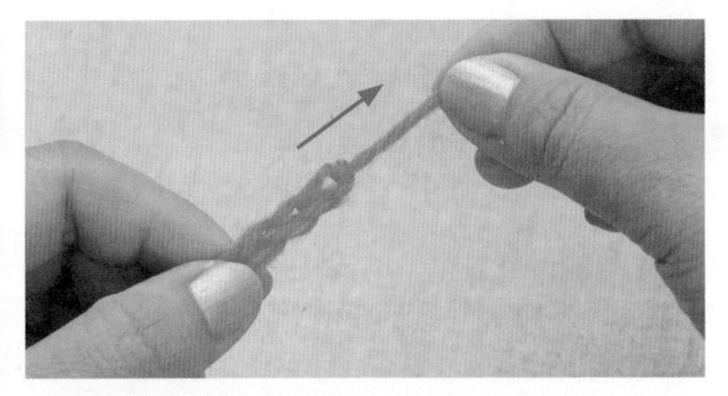

7 把剪断的线头绕到最后的针目中，拉紧。

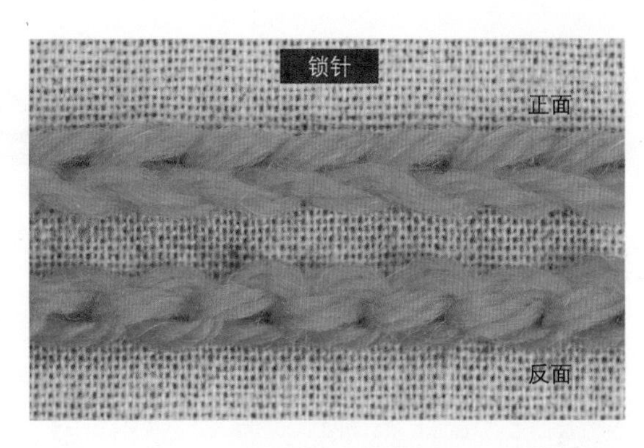

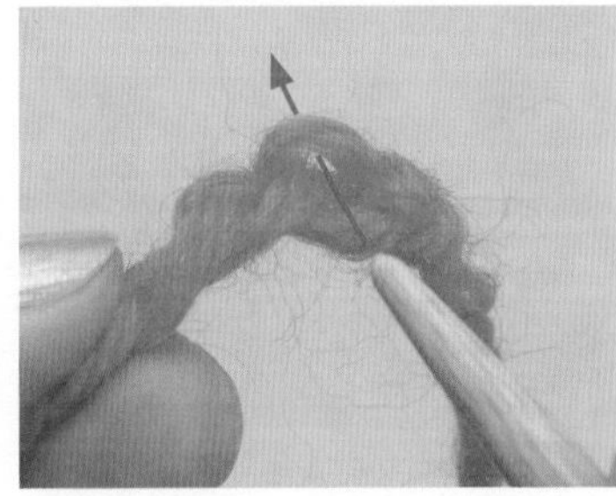

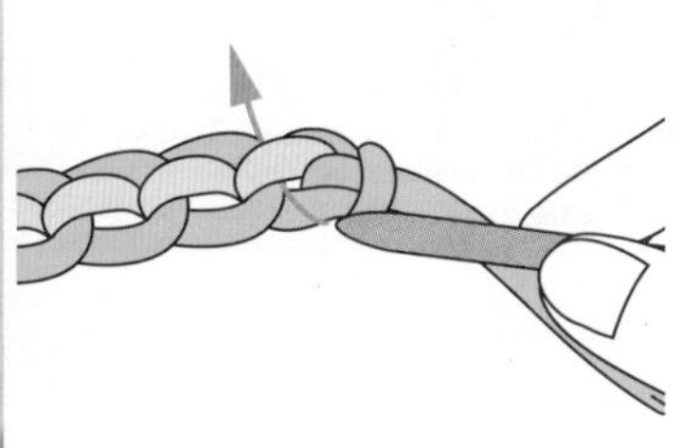

8 换上棒针，按照箭头所示将棒针插入锁针编织终点处的里山中。

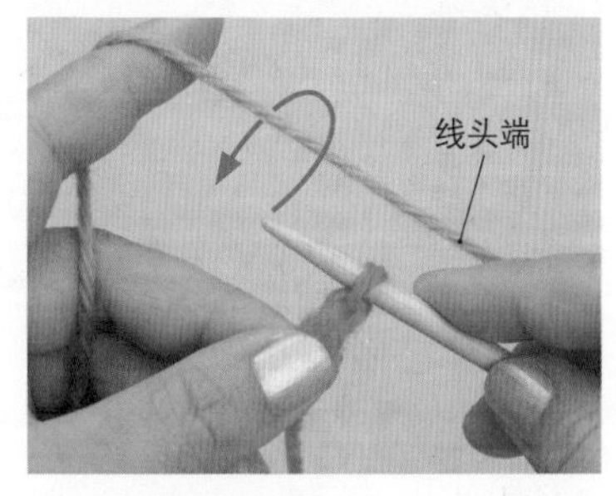

9 编织线挂到左手，按照箭头所示转动棒针，挂线。

10 把挂好的线从锁针中引拔穿出，完成1针起针。线从内侧抽出的同时，稍稍拉紧锁针，这样更容易抽出线。

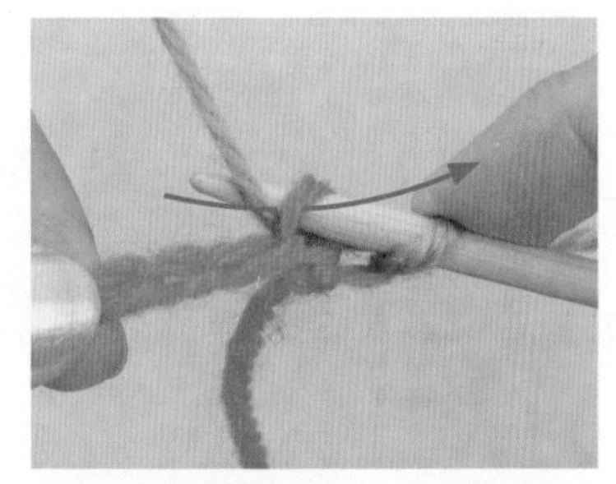

11 按照同样的方法，将棒针插入相邻的里山中，引拔出线，编织必要数量的起针。

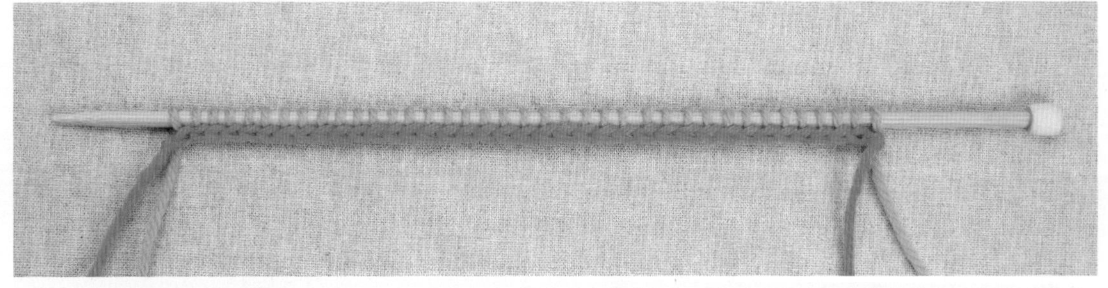

12 完成38针起针后如图。

替换线的颜色

进行基本上下针编织的同时，在中途换不同颜色的线，试着织出细横条的花纹吧。

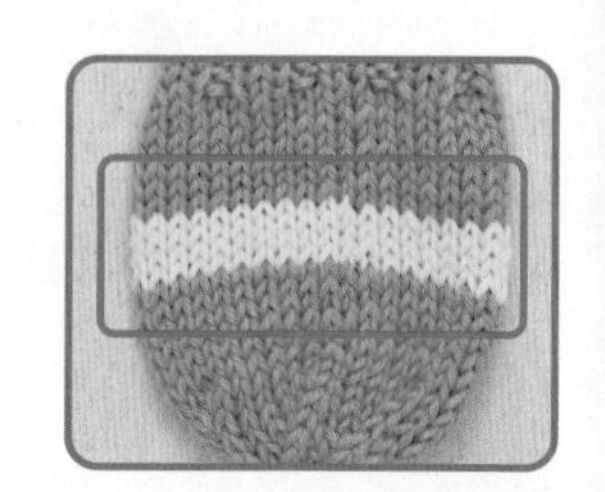

1 按照STEP1的步骤起12针后，变换方向，换到左手拿好。右手拿棒针，编织上针至第2行的末端。

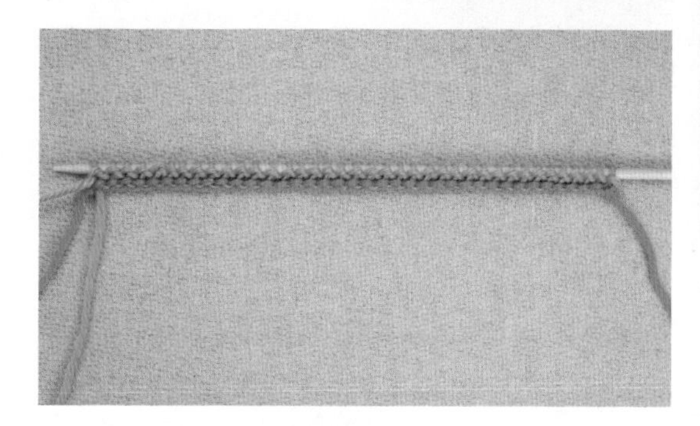

2 编织至第2行末端后如图。

3 第3行编织下针至末端。

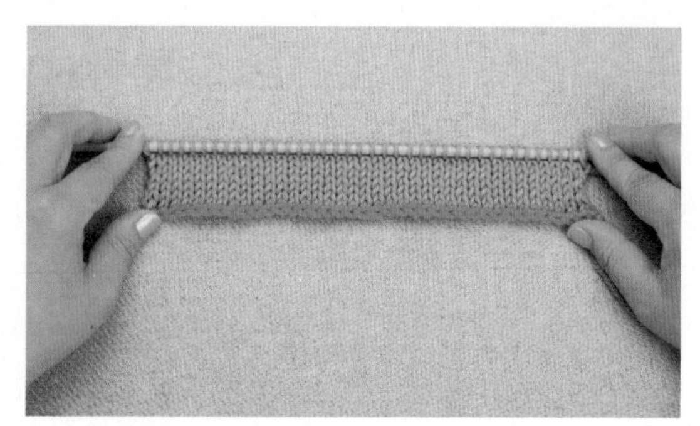

4 按照步骤1~3的方法，编织至第8行后如图。

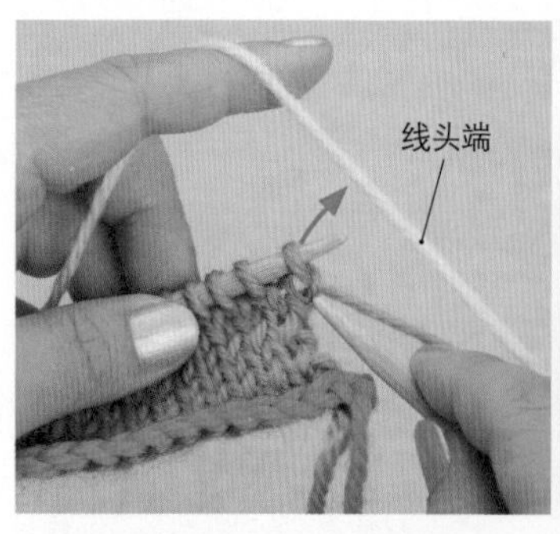

5 将之前编织的蓝色线（原线）和之后要编织的白色线（配色线）都用右手拿好，如图所示。然后按照箭头所示，从线圈内侧插入右针，挂上白线，编织下针。
※ 配色线留出10~15cm（便于处理线头）的线头。

6 按照编织图，用白色线（配色线）编织4行，再换上蓝色线（原线），白色线留出10~15cm的线头后剪断。

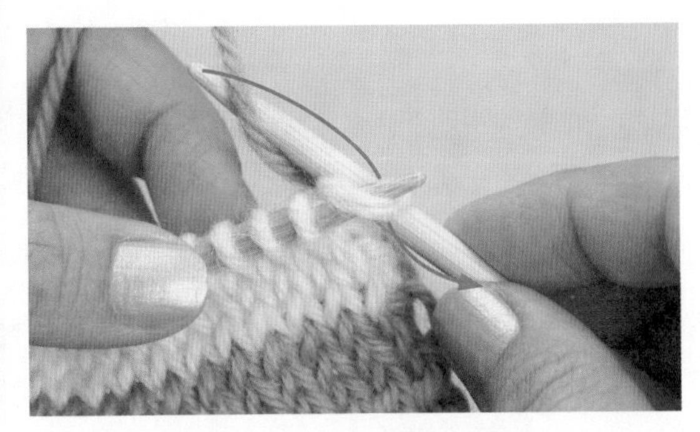

7 按照步骤5的方法，换线后编织下针。

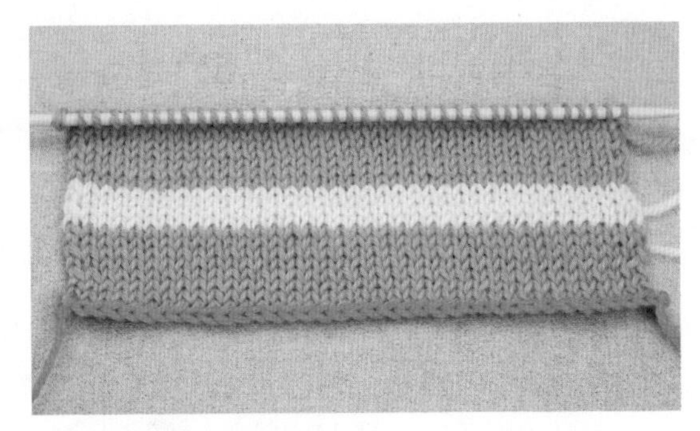

8 编织8行后如图。

编织双罗纹针

从上下针编织变成双罗纹针，编织袋口部分。

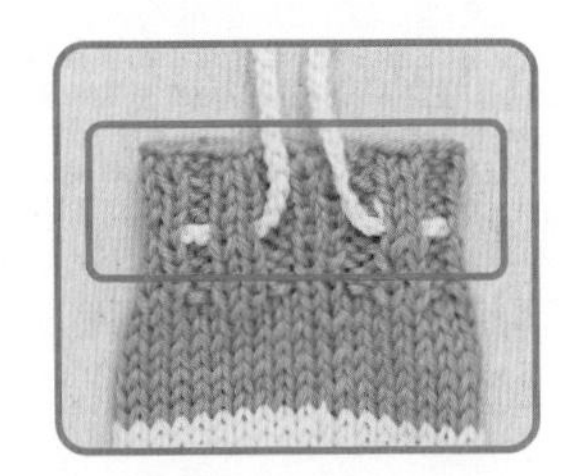

1 最初的两针编织下针，接下来的两针编织上针。

2 重复2针下针、2针上针，最后再织2针下针。编织至行末后如图。

3 继续编织双罗纹针至第8行后如图。

双罗纹针的伏针收针

在双罗纹针编织的边缘用伏针收针处理。

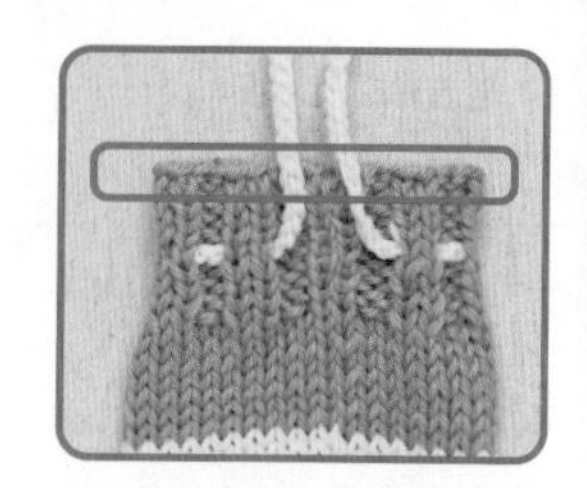

1 最初的两针与下面一行相同，编织下针。

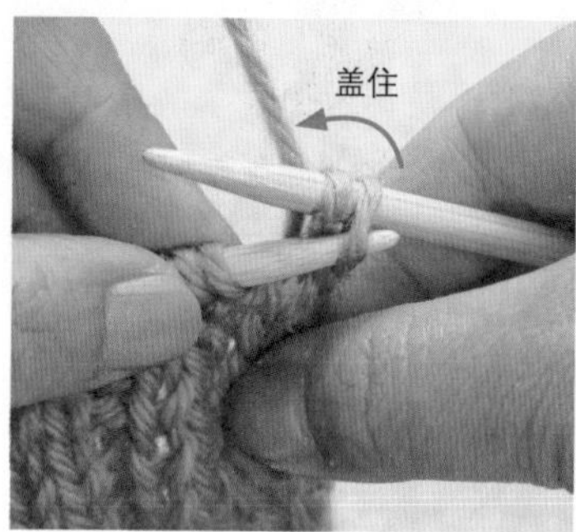

2 左针插入右侧的针目中，将左侧的针目盖住。

3 完成1针伏针。

4 接下来的一针按照下面一行的编织方法，织上针。

5 左针插入右侧的针目中，将左侧的针目盖住。

6 完成2针伏针。之后重复“参照下面一行的编织方法，织下针或上针，用右侧的针目盖住”，如此伏针收针至行末。

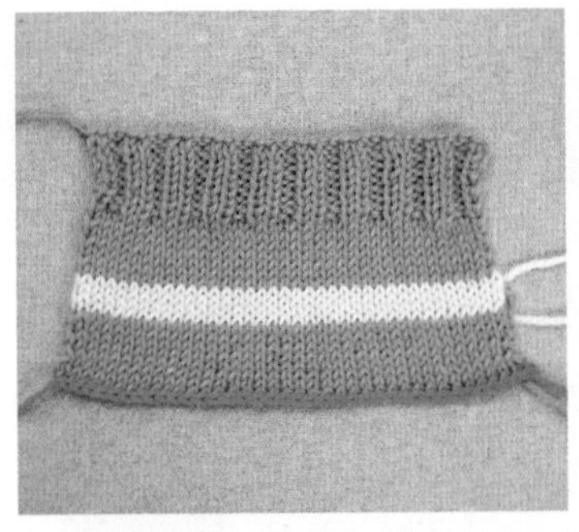

7 伏针收针至末端，留出10cm左右的线头后剪断线，线头从最后的针目中穿出，拉紧（参照P.27的步骤8）。右图为伏针收针中最后的状态。

重点

在用伏针处理单罗纹针和双罗纹针时，按照与下一行相同的织法把之前的针目盖上。在做桂花针收针时要按照与下一行相反的织法把针目盖住。

还有这种方法 使用钩针作伏针收针的方法——引拔收针

伏针收针时，选用钩针会更快一些，但不论哪种方法都非常简单。

1 将右侧的棒针换成钩针。第1针下面一行对应的针目是下针，因此从线圈内侧插入钩针，挂线后也钩织下针。

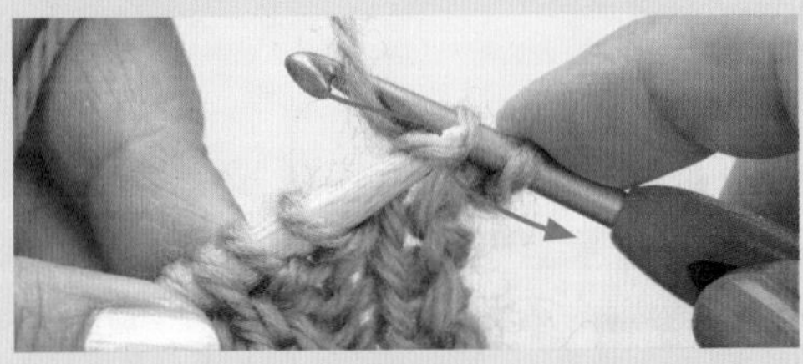

2 下面一针同样也钩织下针。

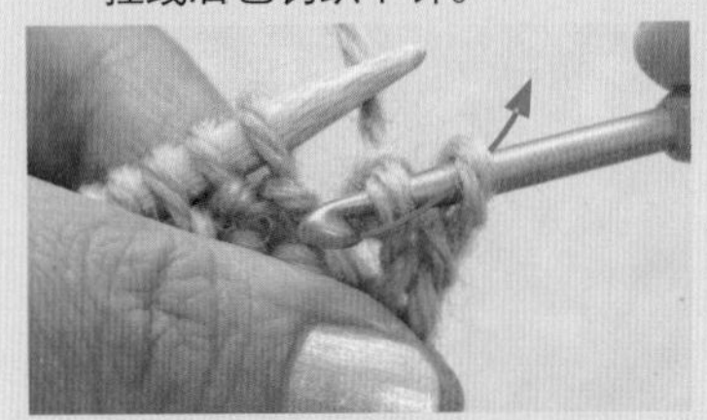

3 将左侧的针目从右侧的针目中引拔出。

4 之后的针目与下面一行中的上针相对应，因此从线圈外侧插入钩针，挂线后钩织上针。

5 将刚才钩织的左侧针目挂到钩针上，再从右侧的针目中引拔抽出。

6 之后重复“与下面一行的针目相对应，钩织上针或下针，然后从右侧的针目中引拔抽出”，如此伏针收针至行末。

解开另线锁针的起针，再挑针

解开用另线编织的锁针，再用棒针挑起针目，编织小袋的底面部分。

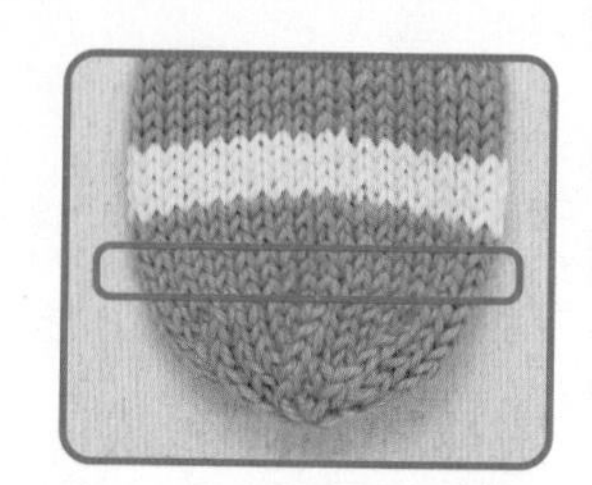

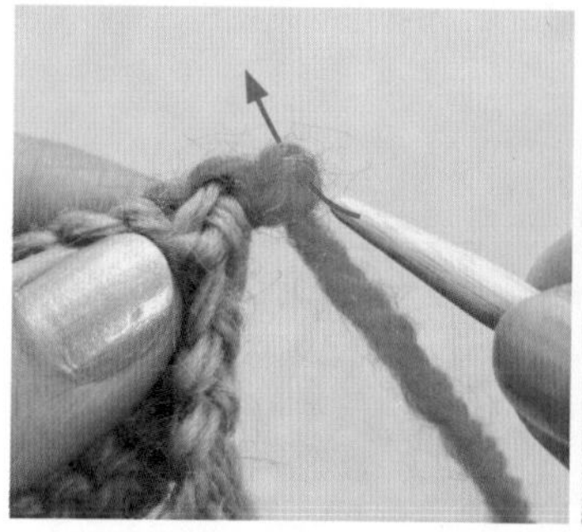

1 把棒针插入编织终点锁针的里山中。

2 引拔出线头。

3 步骤2引拔出线头后如图。

4 如果粉色的线拉得太紧，就会很难拆开，因此从外侧将棒针插入每个针目中，一边挑针，一边解开锁针。

5 按照箭头所示将棒针插入最后1针中，再挑针。

6 完成最后1针挑针后如图。

一边减针一边编织

一边减针一边将小袋的底面编织成圆形。

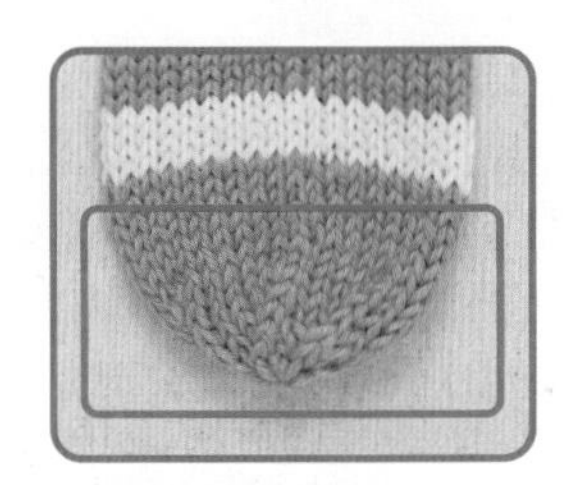

1 把新线挂到左手，编织5针下针。

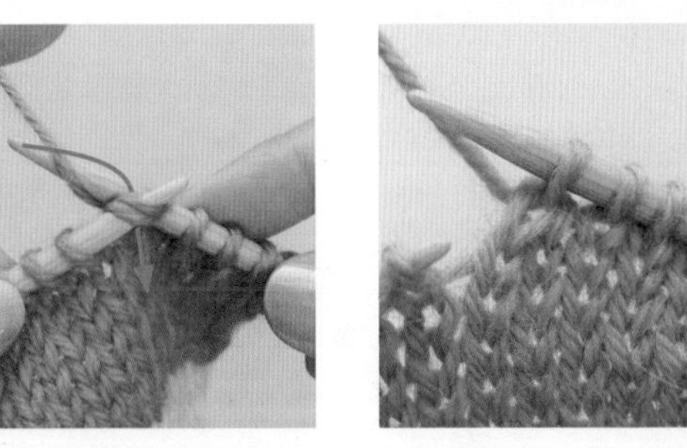

2 编织完5针下针后，按照箭头所示将右针同时插入下面两针中（左图），两针一起编织下针（左上2针并1针）。

3 左上2针并1针完成后如图。

4 编织完4针下针后，重复编织2针并1针至行末。每行减去6针。

5 织片翻到反面，第1针编织上针，然后按照图示方法，将右针同时插入下面的两针中（左图），编织上针（上针的左上2针并1针）。减针的位置要与上上一行减针的位置相同。

6 上针的左上2针并1针完成后如图。

7 编织完3针上针后，再重复上针的左上2针并1针，编织至行末。此行再减去6针。

8 之后重复减针至8针。每行左右两端的1针都是缝份，不用编织2针并1针，织下针或上针即可。

用扭收针的方法挑针接缝底边，再缝合侧边

底边扭收针，侧边挑针接缝，制作完成小袋。

缝合底边

1 将编织终点的线（留出线头，约为接缝部分长度的2.5倍）穿入缝纫针中（穿线的方法参照P.41的专栏），把棒针上剩余的所有针目穿入缝纫针中。

2 抽出缝纫针，让线穿过所有针目。稍稍拉紧线。

3 再次将缝纫针穿入所有针目中。

4 这次要用力拉紧线。

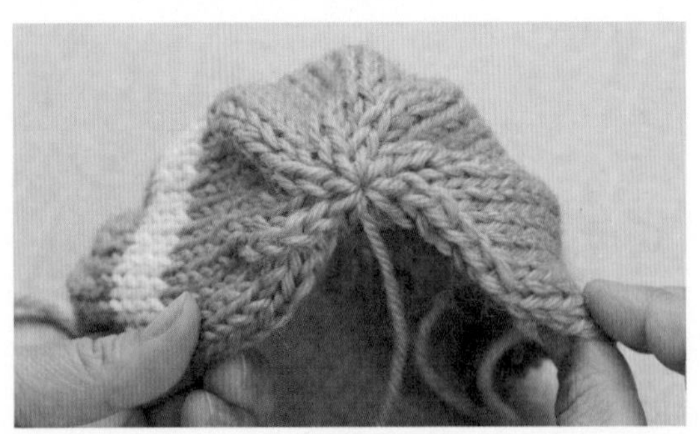

5 扭收针完成。从正面看如图所示。

重点

因为此处针数较少，线才从所有针目中穿了两次。如果针数较多时，第1次穿线时间隔1针，第2次再穿入之前隔开的针目中。

专栏 穿线的方法

毛线直接穿入缝纫针孔比较困难，可以先将线对折，将折痕部分穿入针孔比较容易。

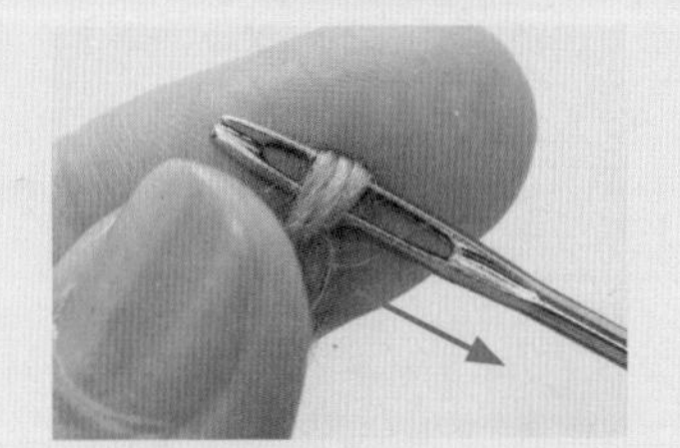

1 将毛线挂在缝纫针上，对折。

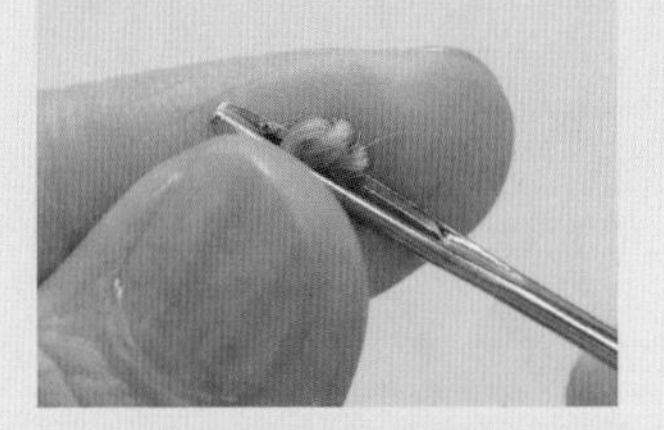

2 折过的线用手指捏紧，折痕部分穿入针孔中，再拉动毛线使其穿过针孔。

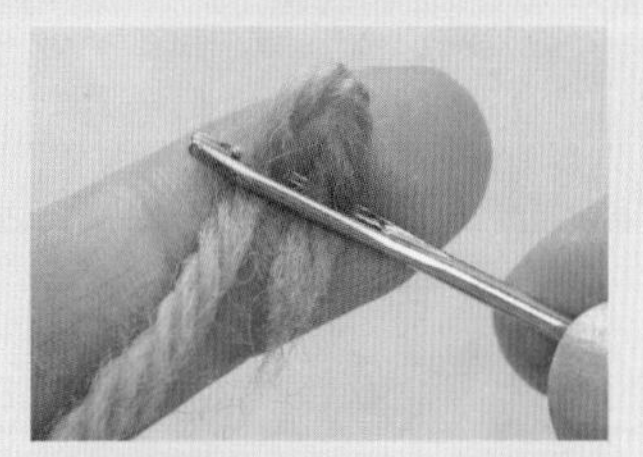

3 折痕部分穿过后，再松开手指。

缝合侧边

6 用同一种线挑针接缝侧边（此处变换了线的颜色，方便说明）。从下侧织片的顶端针目开始，用缝纫针将每针内侧的横向渡线挑起。

7 抽出缝纫针，拉紧线。

8 上侧的织片也按同样的方法，用缝纫针将每针内侧的横向渡线挑起。

9 抽出缝纫针，拉紧线。

10 之后按照相同的方法，交替挑起左右两侧织片的针目，缝合侧边。

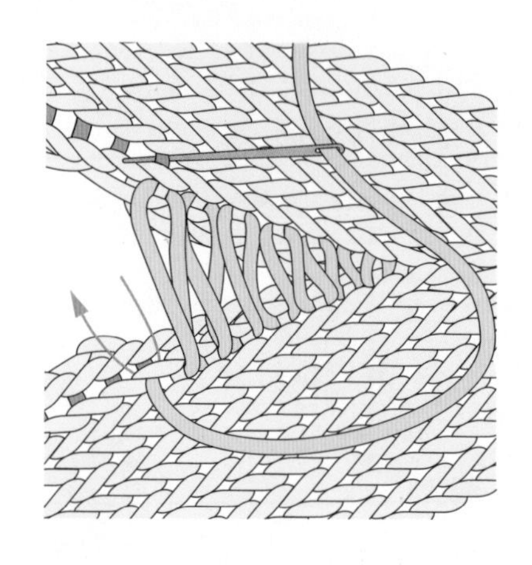

11 缝至2针并1针的起点处时，挑针的位置错开半针。

将下侧织片的半针外侧挑起

正确的方法

错误的方法

将上侧织片的半针内侧挑起

正确的方法

错误的方法

12 错开半针挑针，如此缝至末端。

可以清晰地看出，从2针并1针的地方开始，缝合时错开了半针。

13 挑针缝至顶端后如图所示。

处理线头

缝合之后，不要解开线，最后处理线头。

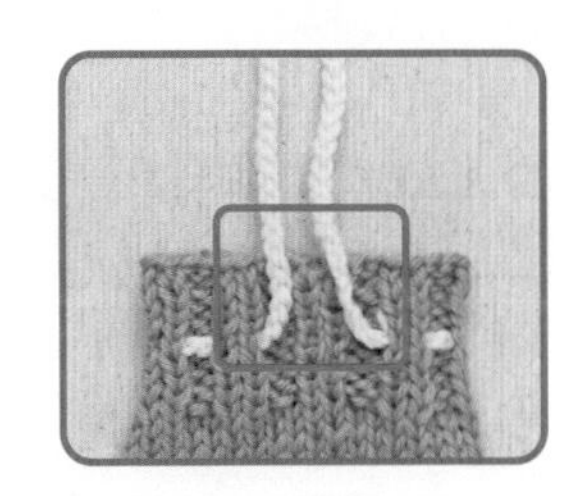

1 缝份接口部分的线在织片反面挑1~2次，拉紧线，防止其散开。

2 将缝份顶端的线分开（穿到线间），同时用缝纫针挑起。

3 穿入4cm左右的线，留出大约5mm后剪断。

穿入锁针绳带

完成后再将锁针编织而成的绳带，穿入袋口部分。

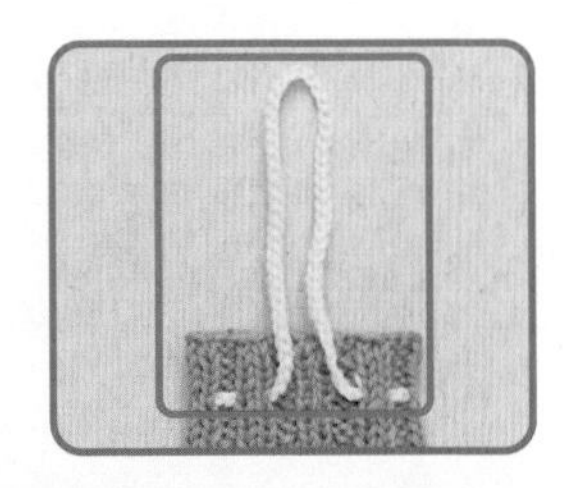

用紧密的锁针编织出长度适当的绳带。然后将锁针绳带穿入缝纫针中，再穿到编织图指定的位置。

完成。

技法篇

掌握了棒针编织的基本方法后，下面要加入一些编织作品时必要的各种技法，让作品具有更多的变化。我们将常用的方法集中在一起，用详细的步骤进行解说，即使是初学者也能很快理解。编织遇到难题时，可以参考这部分内容。

平针编织和双罗纹针迷你围巾（编织方法和编织图见P.156~P.157）

蜂窝花样手提包（编织方法与编织图见P.158~P.161）

1 编织嵌入花样

通过替换线的颜色，可以编织出各式花样，这些都称做“嵌入花样”。不同的花样，反面渡线的方法也不尽相同，编织时要选用与花样相符的编织方法。

纵向渡线的嵌入花样

条纹花样和纵向花样排列时，在织片反面纵向渡线的编织方法。只需在替换线的部分用事先准备好的其他线团接着编织即可（此处使用的是原线A、原线B、配色线3种线团）。

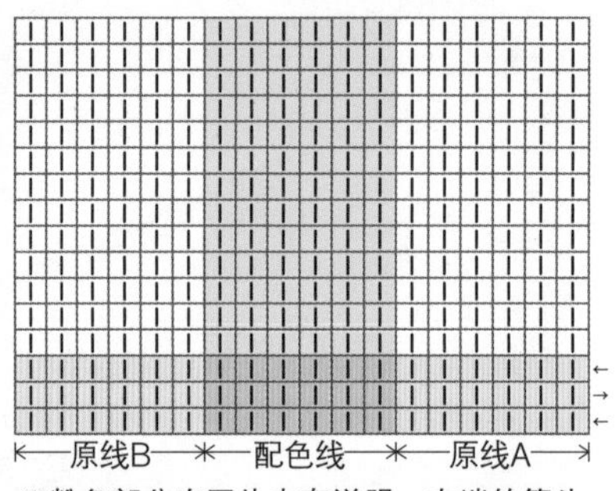

※粉色部分在图片中有说明，右端的箭头表示编织方向。

看着正面编织

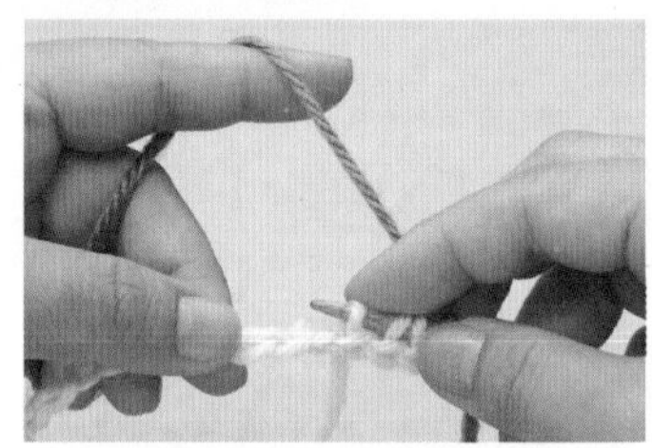

1 此处编织另线锁针的起针。编织至换色的针目时，按照图示方法将配色线（绿色线）挂到左手。

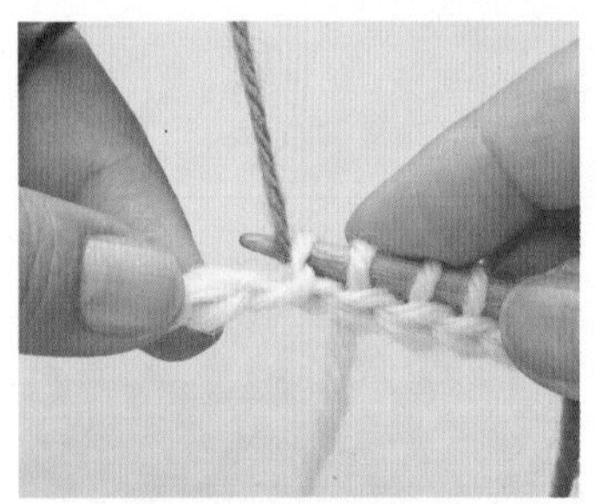

2 右针插入锁针的里山中，挂上配色线后再引拔出线。

3 引拔抽线后，用配色线编织完1针后如图。

4 接着编织必要的针数。此处用配色线编织6针后，再换回原线（白色线）。换线后，再将另一白色线（原线B）挂到左手，按照步骤2~3编织。此处的白色线与步骤1中编织的线（原线A）不同。

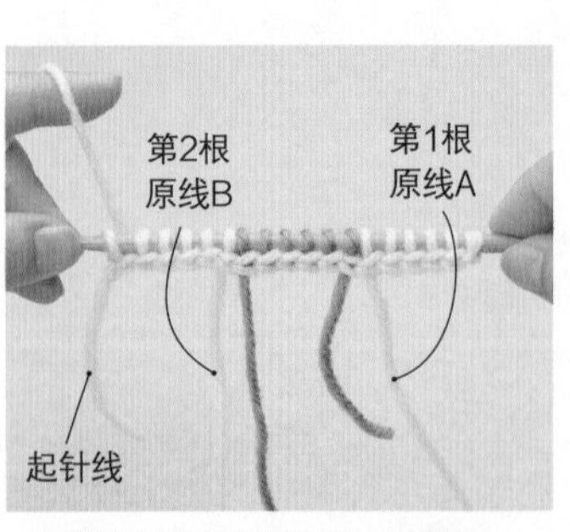

5 第1行编织至末端后如图。

看着反面编织

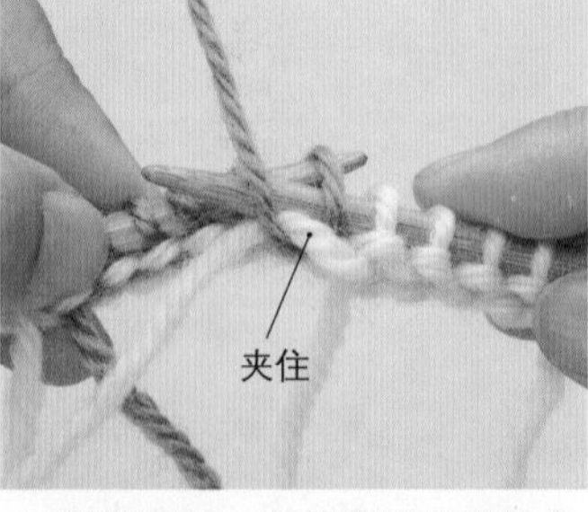

6 翻到反面，在替换配色线的位置用配色线夹住原线B，然后编织上针。

7 用配色线编织上针后如图。

8 在替换原线A的位置，用原线A将配色线夹住，再编织上针。

9 用原线A编织完1针上针后如图。

看着正面编织

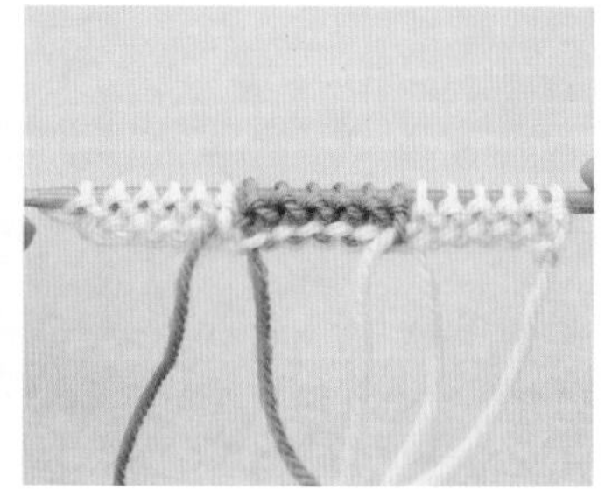

10 编织完第2行后如图。

11 翻到正面，在替换配色线的位置，将原线A放到配色线上方夹好，再编织下针。

12 用配色线编织完1针下针后如图。

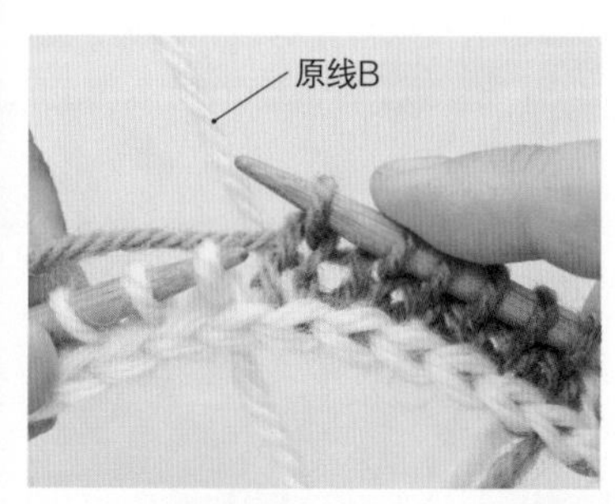

13 在替换原线B的位置，将配色线放到原线B上方夹好，再编织下针。

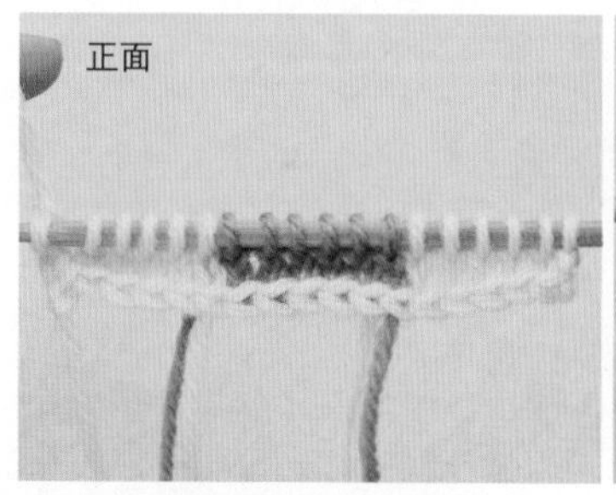

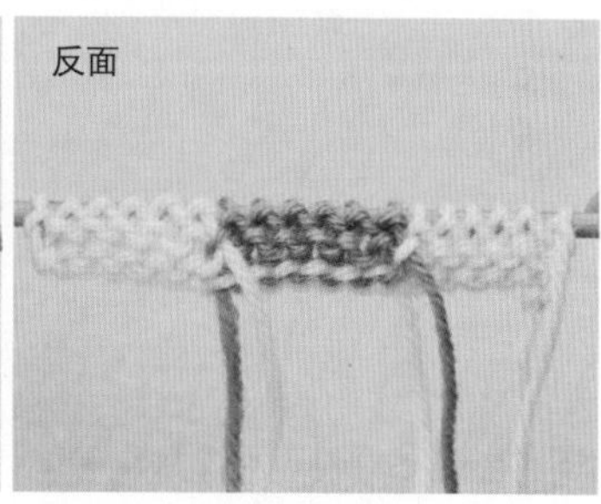

14 编织完第3行后如图。

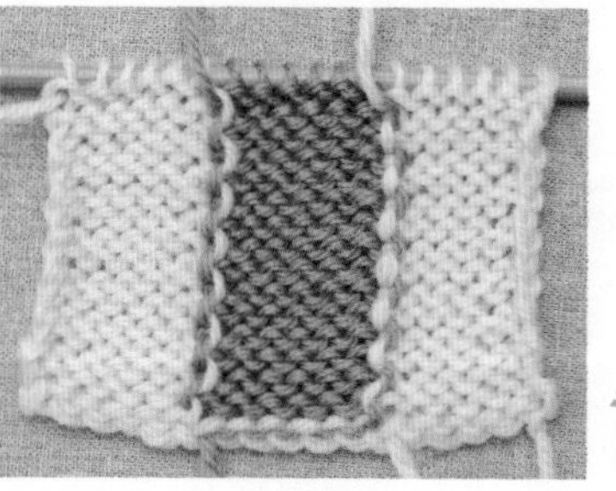

15 按照步骤6~13的要领，继续编织花样。

横向渡线的嵌入花样

花样横向排列、织入花样琐碎时，在织片的反面横向穿引渡线的编织方法。

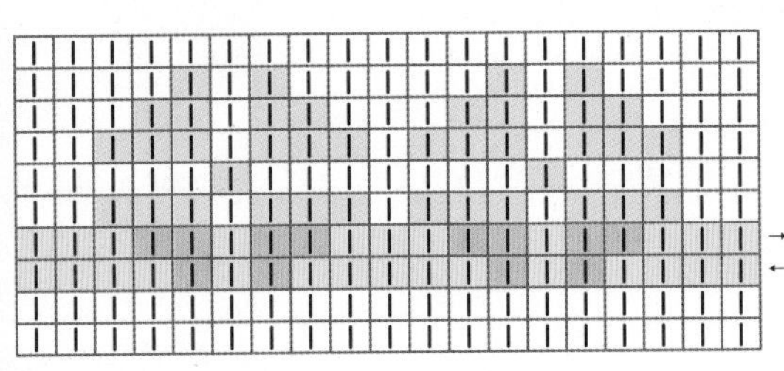

看着正面编织

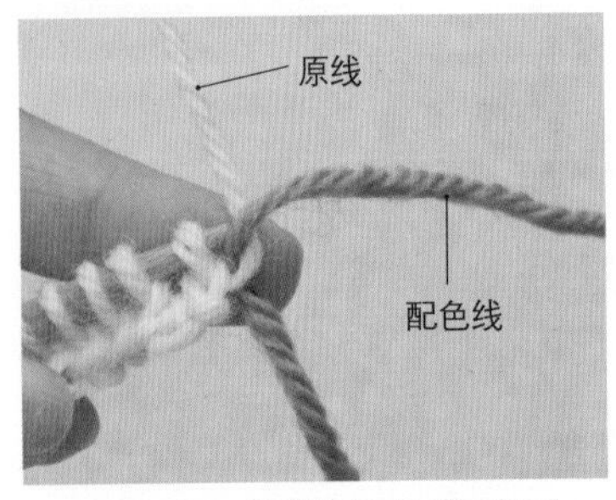

1 编织嵌入花样行间的第1针时，按照图片所示，将配色线（绿色线）放到原线（白色线）上方夹住原线后编织下针。

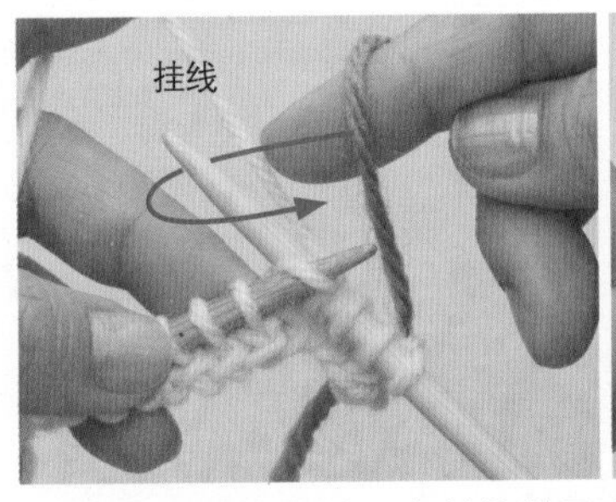

2 用配色线编织时，右针从线圈内侧插入，然后从外向内挂上配色线，再编织下针。

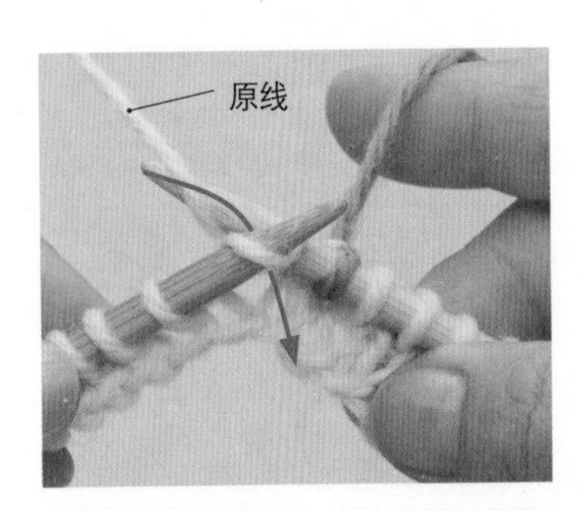

3 用原线编织时，按照图示方法将原线挂到右针上，编织下针。

看着反面编织

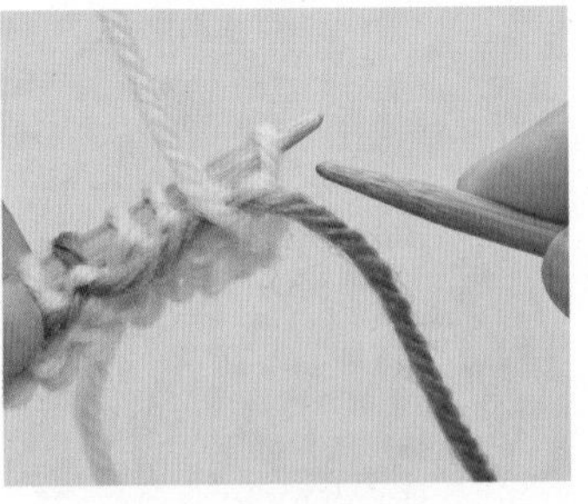

4 编织至末端，翻到反面。编织第1针时，按照图示方法将配色线放到原线上方夹好后再编织上针。

5 编织完第2行第1针后如图所示。可以清晰地看到配色线呈横向穿引的状态。

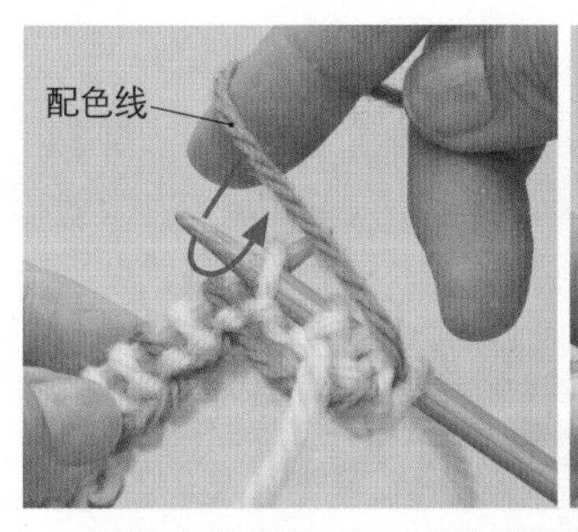

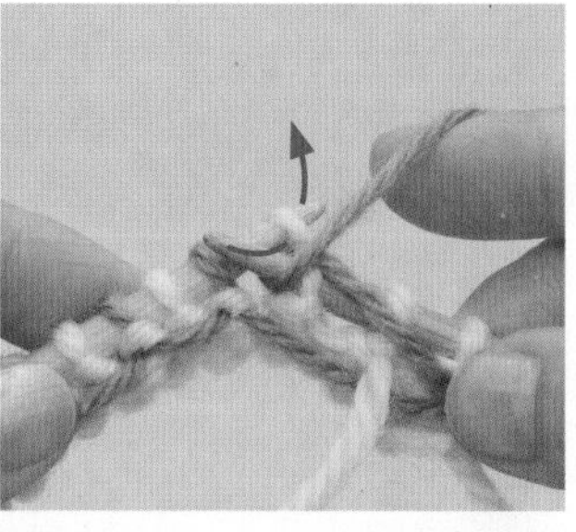

6 用配色线编织时，从线圈外侧插入右针，然后将配色线由外向内挂到右针上，再编织上针。

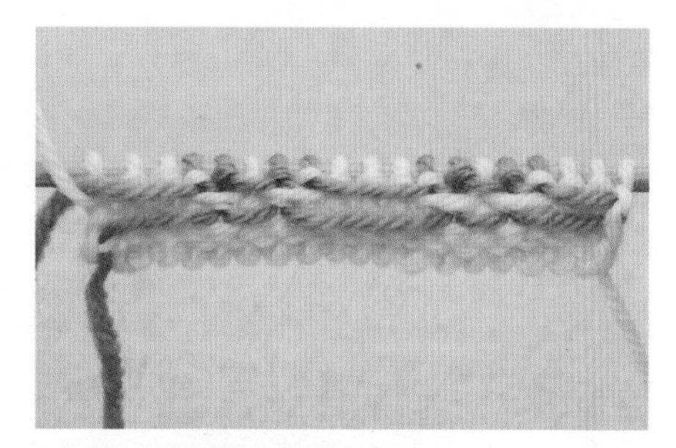

7 第2行编织至末端后如图。

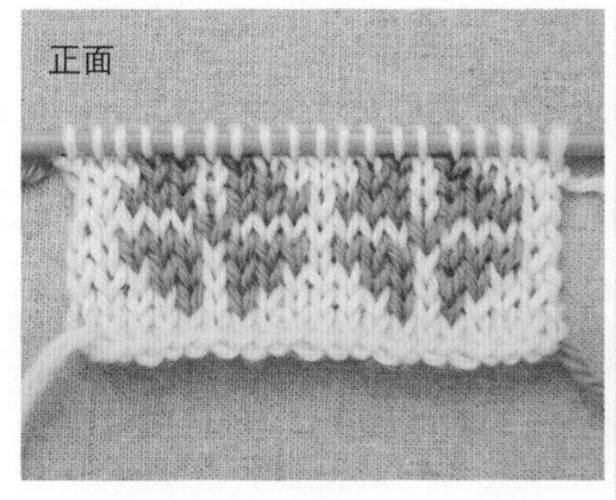

8 之后，按照步骤1~6的要领，编织花样。

专栏 横向渡线较长时

横向渡线编织嵌入花样时，图案比较分散，反面的横向渡线较长。遇到这种情况，可以在渡线途中将线缠到织片中，防止线打结。

看着反面编织

1 在横向渡线的适当位置（3~4针），按照图示将渡线（此处为绿色）放到右针上。

2 夹住渡线，用原线编织上针。

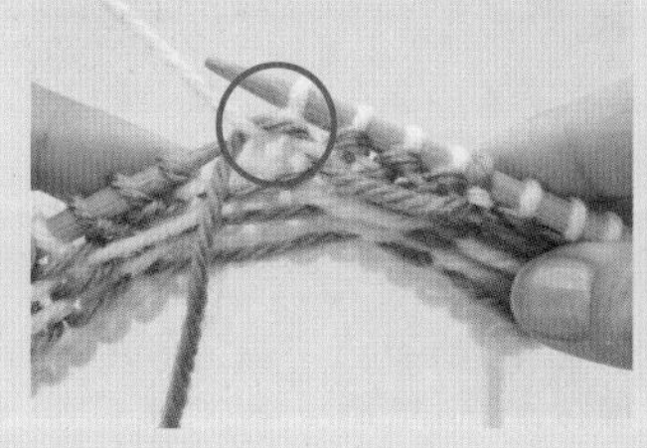

3 编织完上针后如图。可以清晰地看到渡线被缠到了织片中。

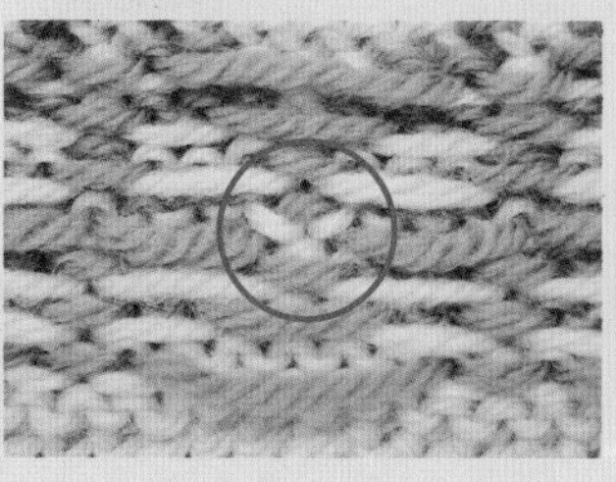

4 完成后织片的反面如图。标记处即为缠线的部分。

暗纹嵌入花样

常用于考伊琴花样（加拿大传统的毛衣编织方法）等，不在反面渡线，把渡线藏到针目中的同时继续编织。

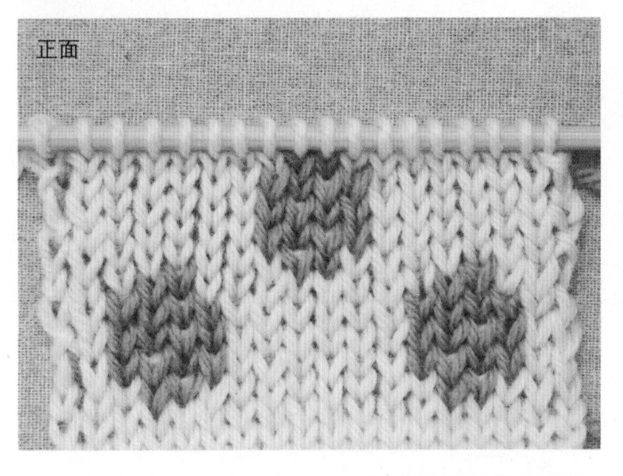

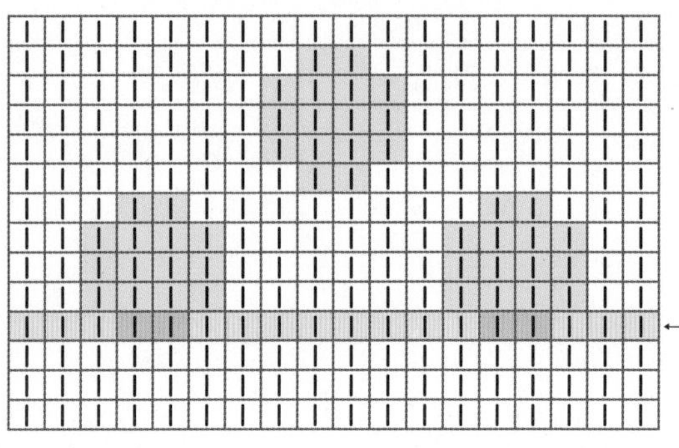

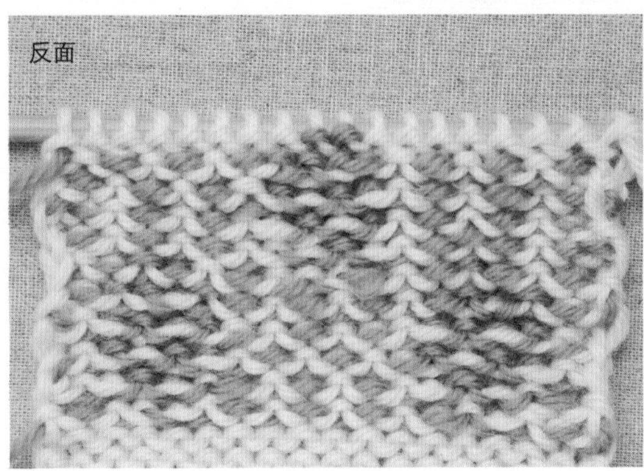

看着正面编织

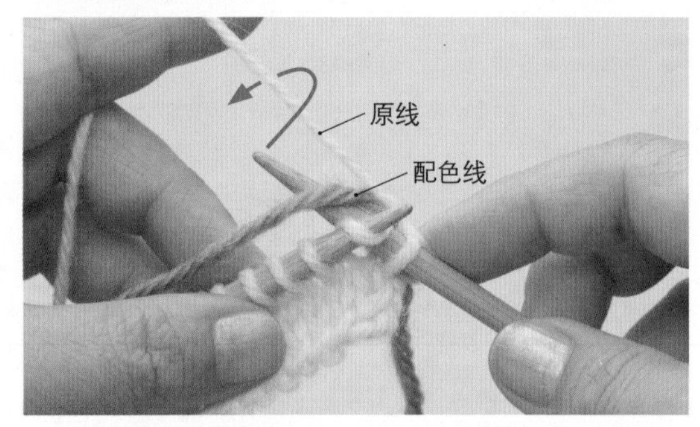

1 编织织片第1针时按照P.48步骤1的方法夹住线头，编织到花样行时，在第2针处将反面的渡线（此处为配色线）拉到右针上，再编织下针。

2 引拔出线后如图所示。

3 织第3针时，将反面的渡线拉到下方，再编织下针。

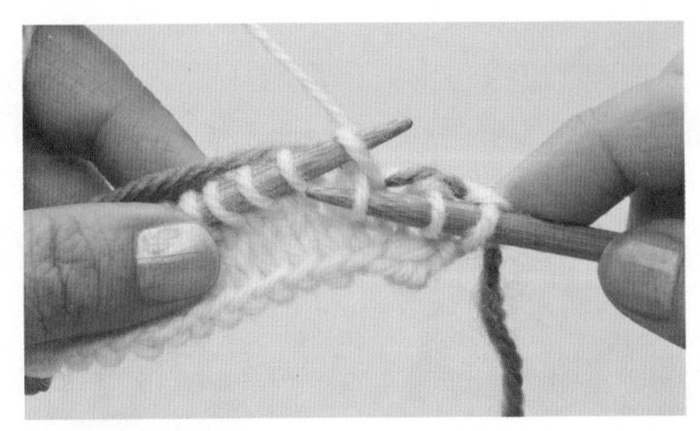

4 引拔出线后如图。

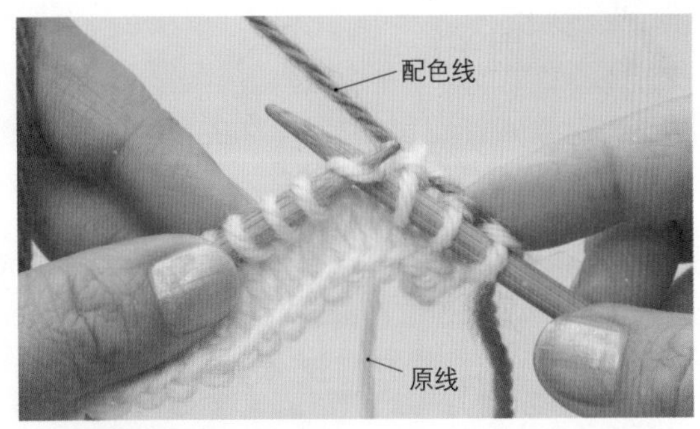

5 替换配色线时按照图示方法，将原线拉到下方，再编织下针。

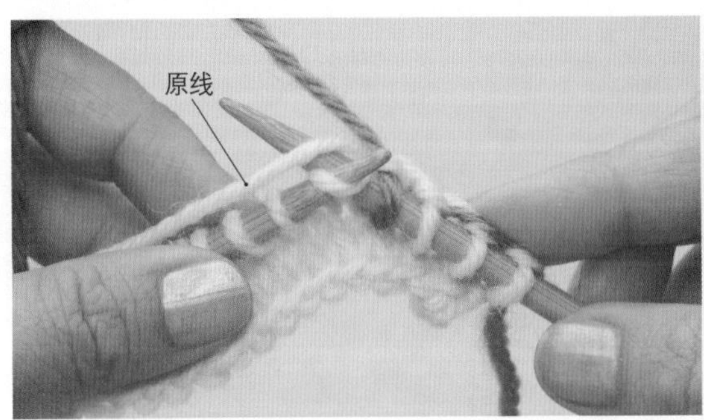

6 编织下面的针目时，将反面的渡线（此处为配色线）拉到右针上，编织下针。

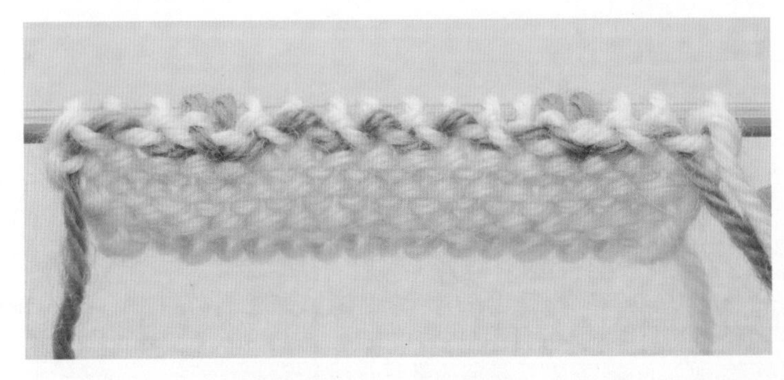

7

按同样的方法重复编织至行末。从反面看如图所示，可以清晰地看到编织线藏到了针目中。看着反面编织的要领也与此相同（参照P.49的专栏步骤1~3）。

8

上下交替隔开反面的渡线，同时编织花样。

2 加针

为增加织片宽度所加入的针数称为“加针”。根据设计和材质，尽量选择加针后针目不明显的方法。

在顶端加1针

这是最基本的加针方法。在左右两端各加入1针（顶端的1针内侧），接缝和订缝时更方便。

下针

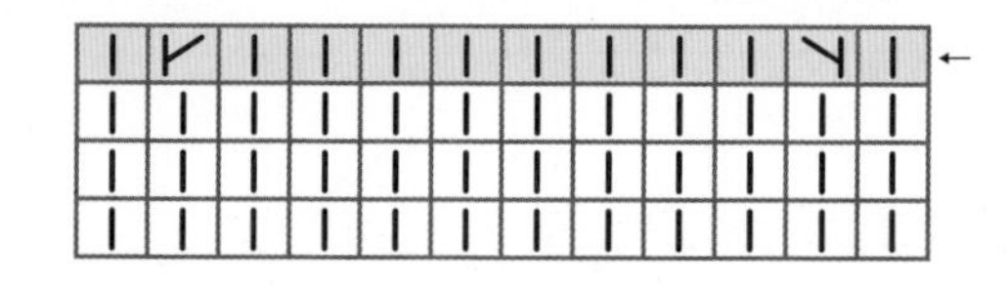

编织起点处

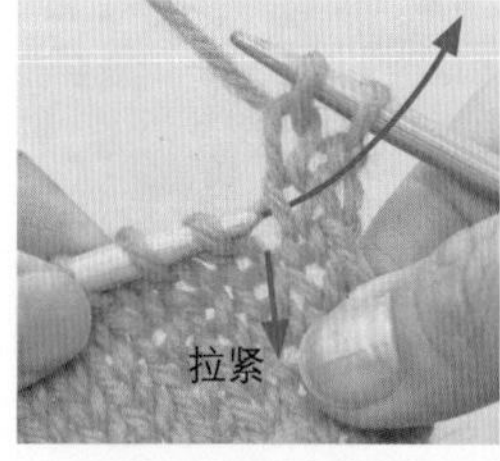

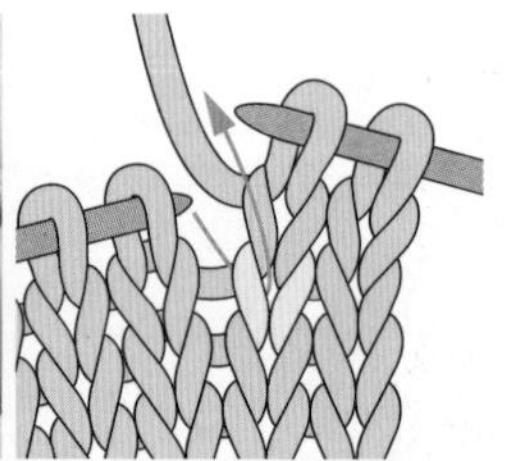

1 编织完2针下针后，按照箭头所示，在第2针下面1行的针目中插入左针，往上挑。此时，再用右手将织片稍微往下拉，拉大针目后更容易插入棒针。

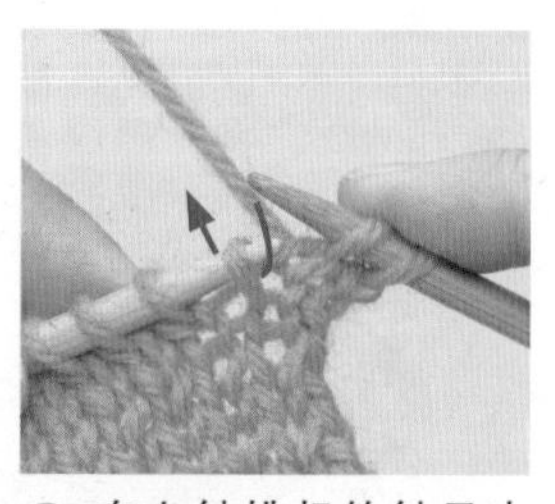

2 在左针挑起的针目中织下针。

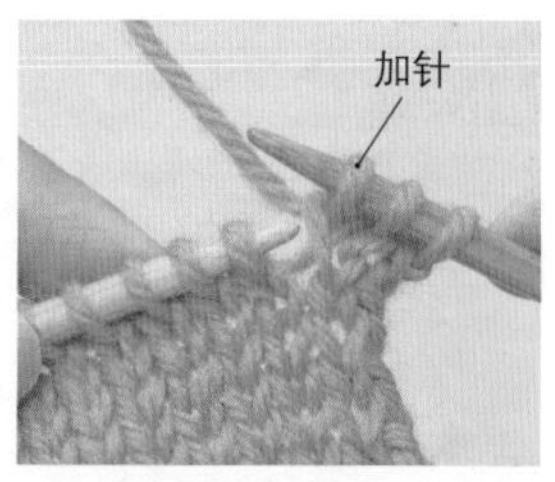

3 完成1针加针。

编织终点处

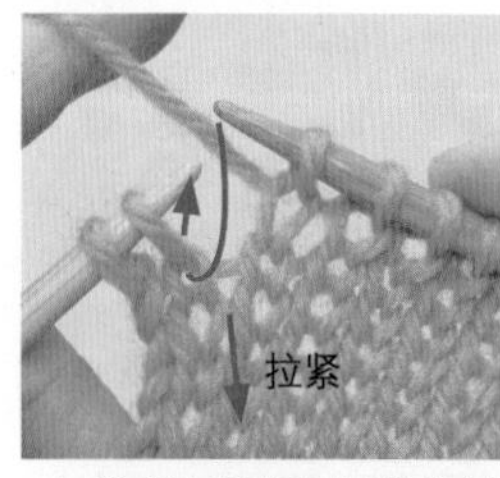

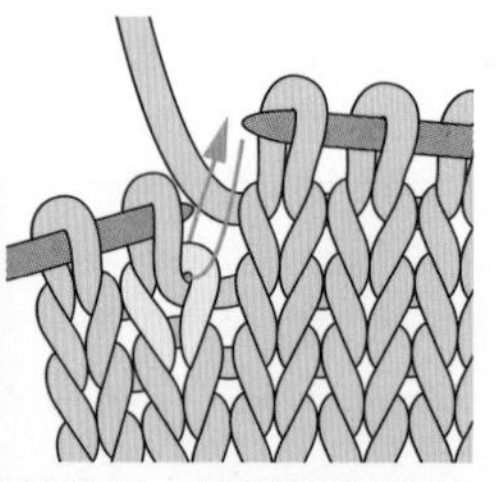

4 编织至距离左端内侧2针处时，按照箭头所示将右针插入下面1行的针目中，再往上挑。此时按照步骤1的方法，将织片稍稍向下拉紧，更容易插入棒针。

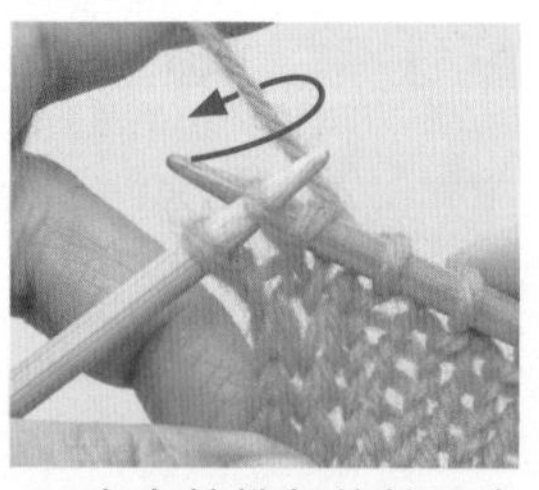

5 在右针挑起的针目中织下针。

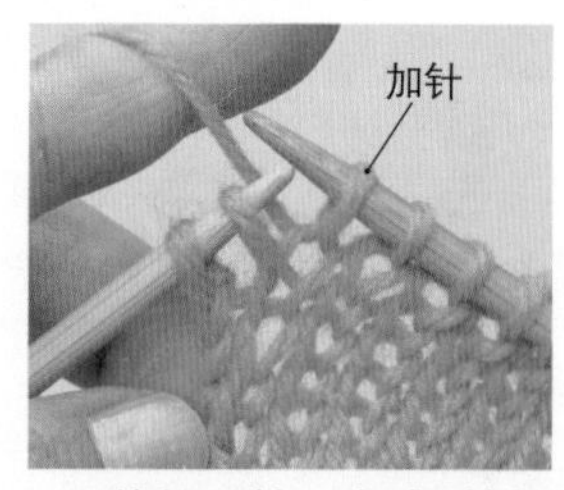

6 编织下针，完成1针加针。

7 编织至行末后如图。

8 在两端各加1针完成后如图。

上针

—	Ƴ	—	—	—	—	—	—	—	—	⅄	—	←
—	—	—	—	—	—	—	—	—	—	—	—	
—	—	—	—	—	—	—	—	—	—	—	—	
—	—	—	—	—	—	—	—	—	—	—	—	

编织起点处

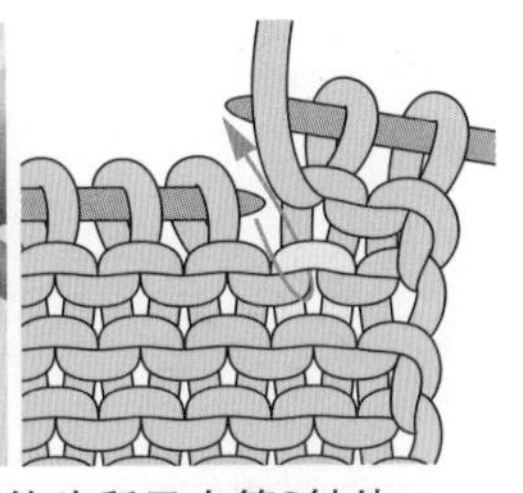

1 编织完2针上针后，按照箭头所示在第2针处，将左针插入下面1行的针目中，再往上挑。

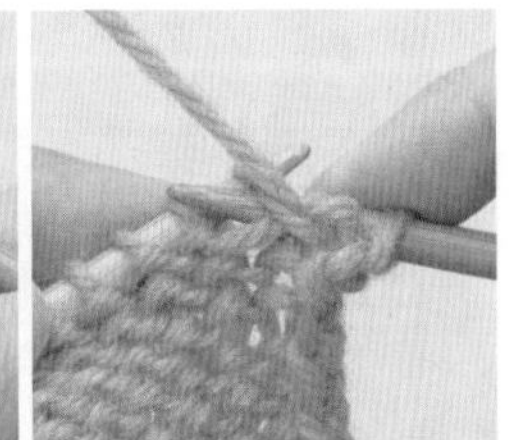

2 在左针挑起的针目中编织上针。

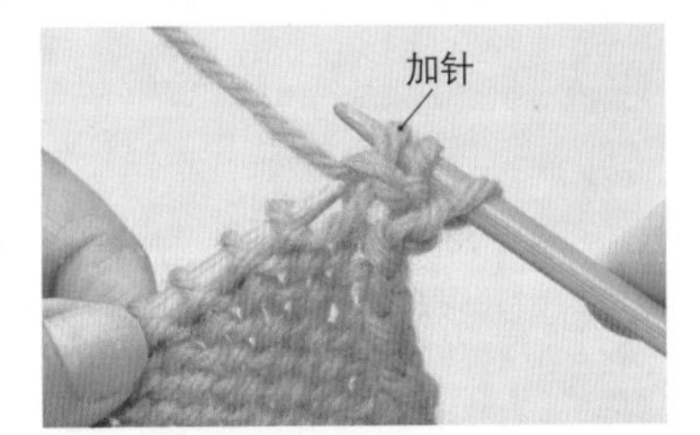

3 完成1针加针。

编织终点侧

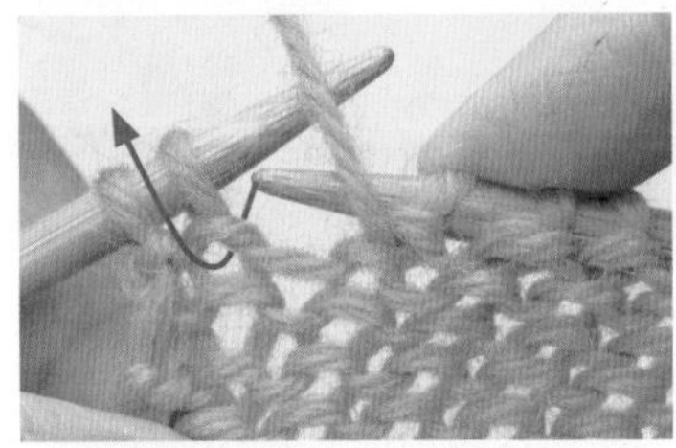

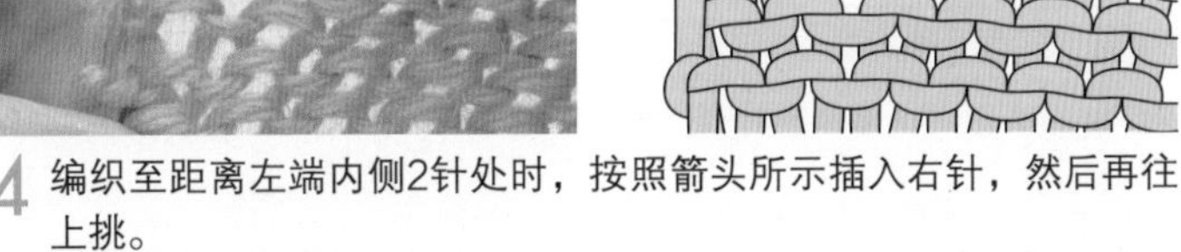

4 编织至距离左端内侧2针处时，按照箭头所示插入右针，然后再往上挑。

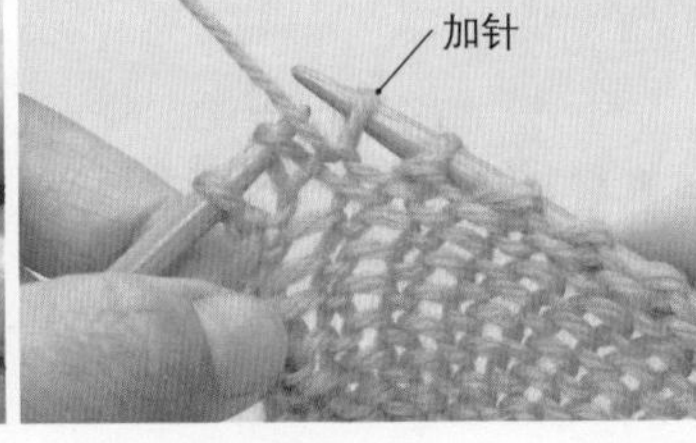

5 在右针挑起的针目中编织上针，完成加1针（右图）。

6 编织至末端后如图。

7 在两端各加1针完成后如图。

扭加针

与“在顶端加1针的方法”相比，这种方法加入的针目不太显眼，适用于细线。

下针

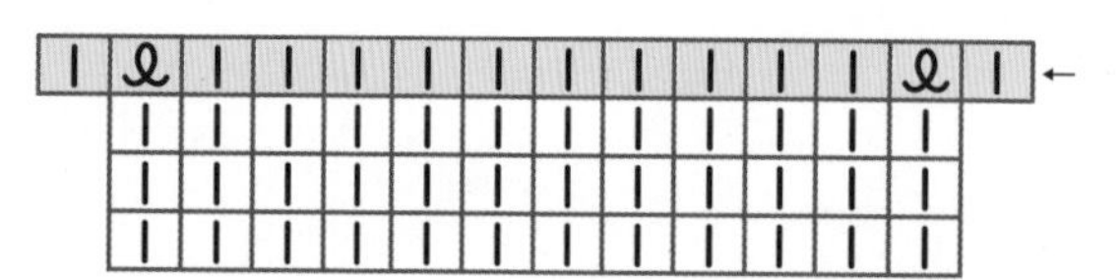

编织起点处

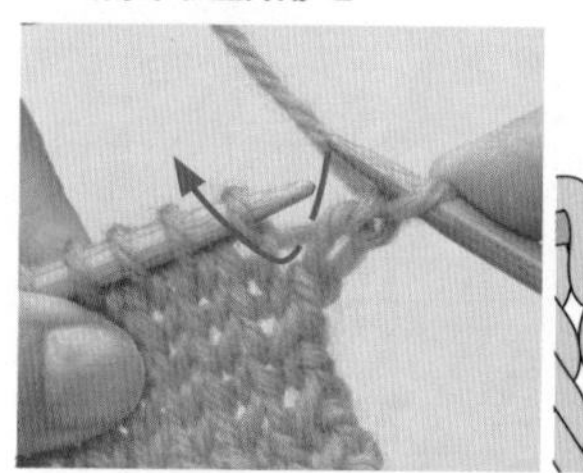

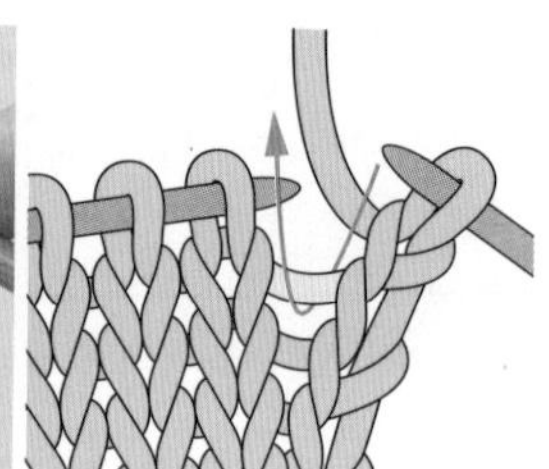

1 编织完1针下针后，按照图示方法，用右针将横向的渡线往上挑。

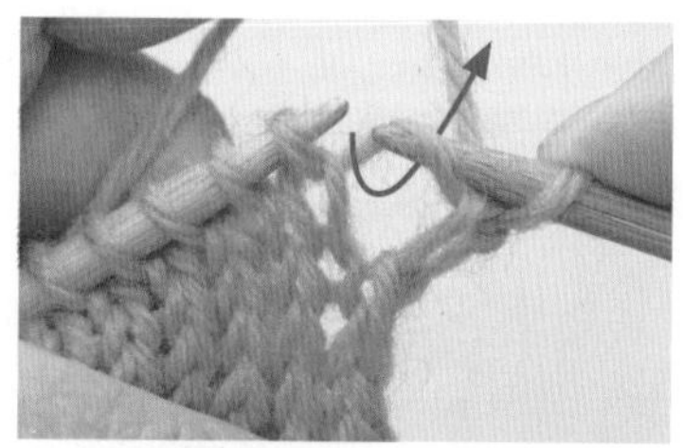

2 往上挑起的针目不用编织，直接移到左针。

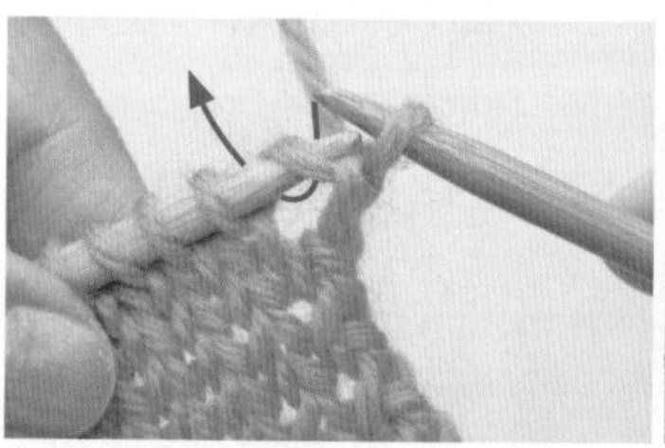

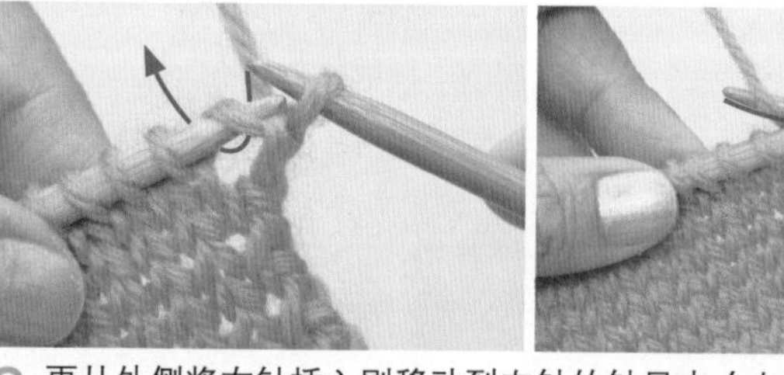

3 再从外侧将右针插入刚移动到左针的针目中（左图），挂线后再编织扭针（下针）（右图）。

4 完成扭加针后如图。

编织终点处

5 编织至距离左端内侧1针时，按照图示方法，用右针将横向的渡线往上挑。

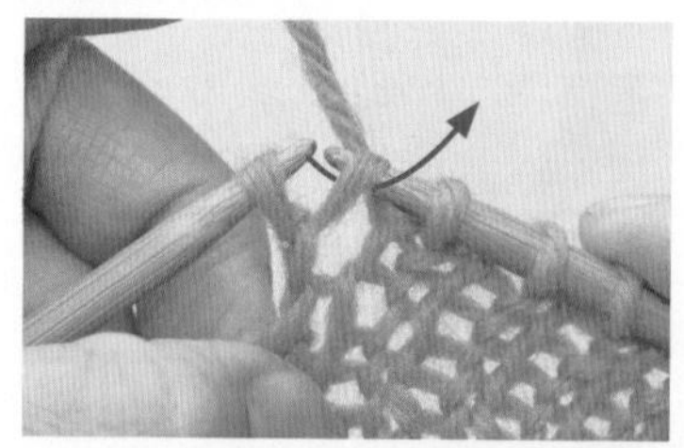

6 往上挑起的针目不用编织，直接移到左针。

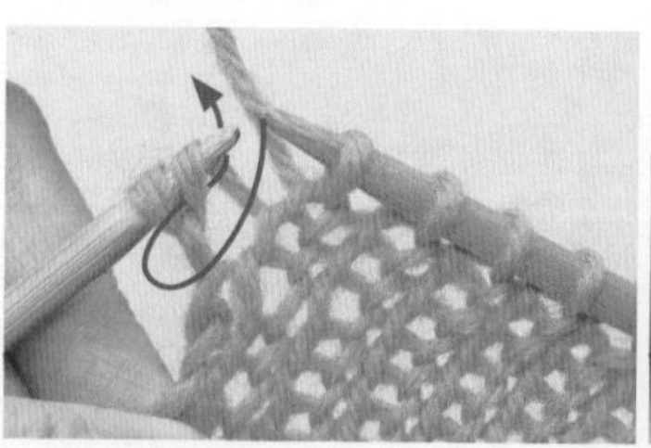

7 从内侧将右针插入刚移动到左针的针目中（左图），挂线后编织扭针（右图）。

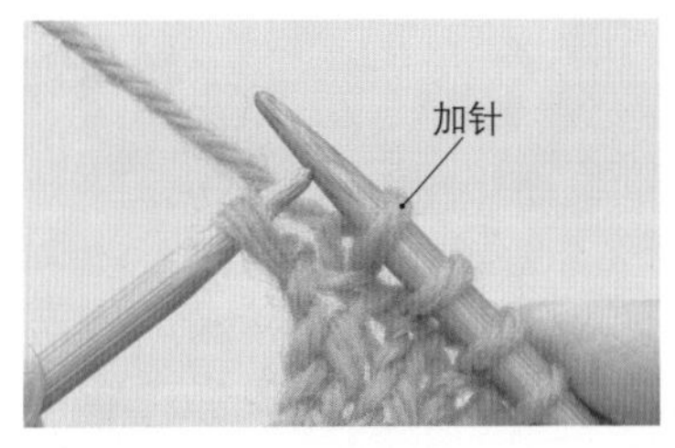

8
完成扭加针。

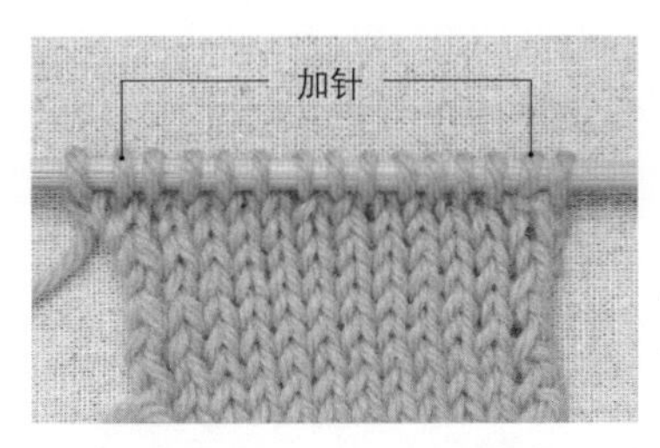

9
最后1针织下针，两端各完成1针扭加针。

上针

—	ℓ	—	—	—	—	—	—	—	—	—	—	ℓ	—
	—	—	—	—	—	—	—	—	—	—	—	—	
	—	—	—	—	—	—	—	—	—	—	—	—	
	—	—	—	—	—	—	—	—	—	—	—	—	

编织起点处

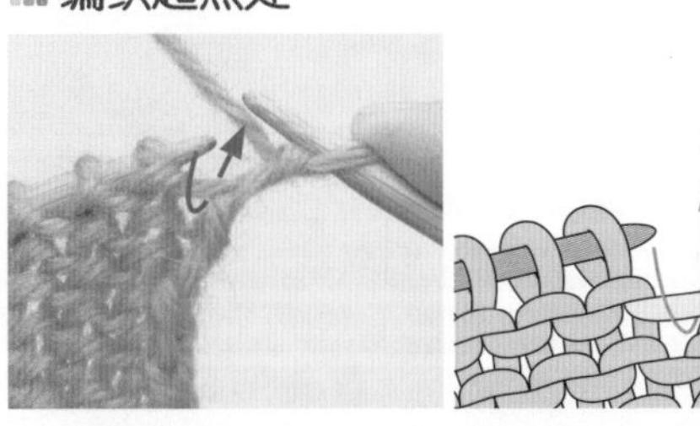

1 编织完1针上针后，按照图示方法，用左针将横向渡线往上挑。

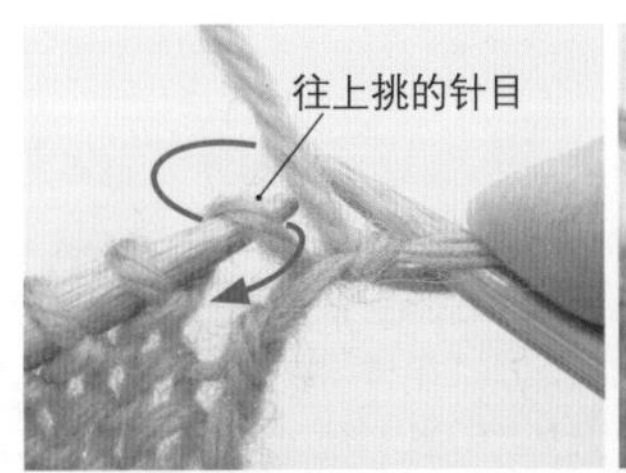

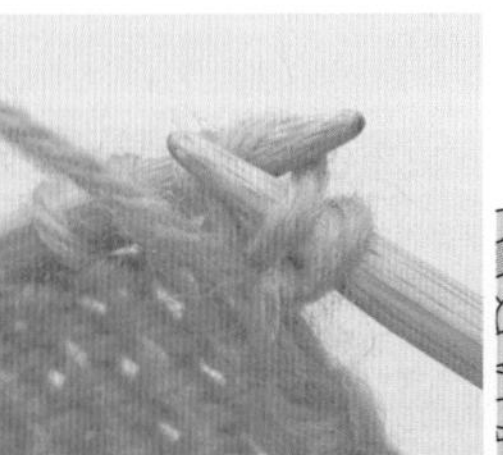

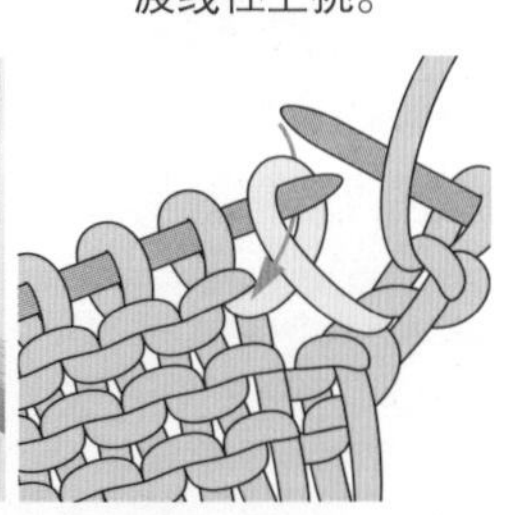

2 按照图示方法，将右针插入往上挑起的针目中。插入右针后如图所示。

3 挂线后编织扭针，完成扭上针的加针。

编织终点处

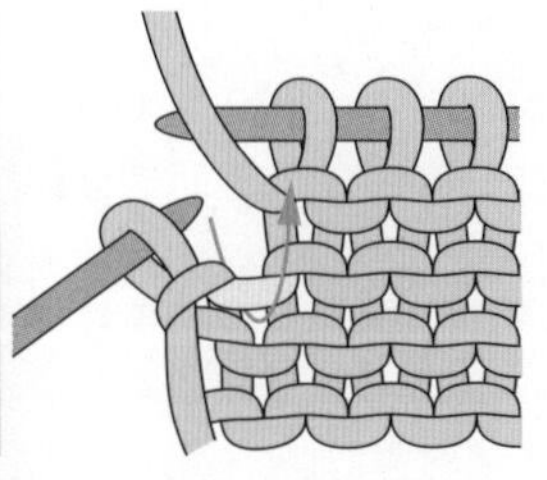

4 编织至距离左端内侧1针时，按照箭头所示用左针将横向的渡线往上挑。

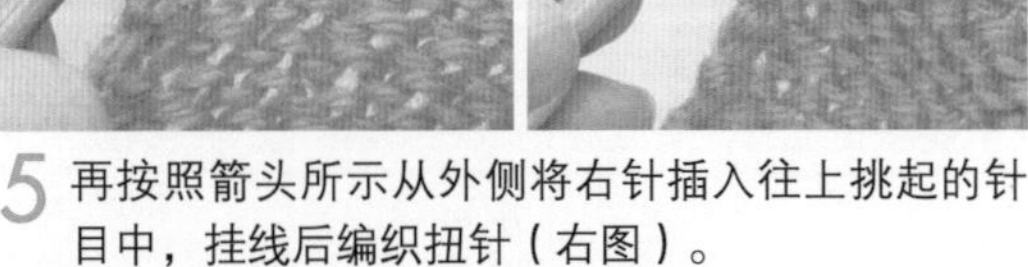

5 再按照箭头所示从外侧将右针插入往上挑起的针目中，挂线后编织扭针（右图）。

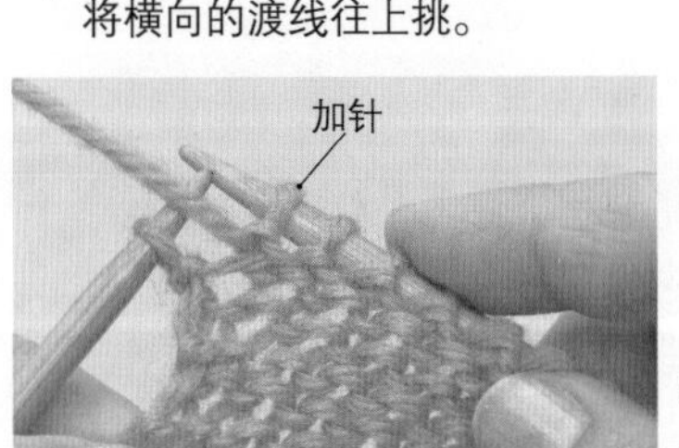

6
完成扭上针的加针。

7
两端各完成1针扭上针的加针。

用挂针和扭针加针

此法完成后与“扭加针”相同，但编织时先在加针行挂针，然后再在下一行将此针处拧扭，适合羊毛等粗线。

下针

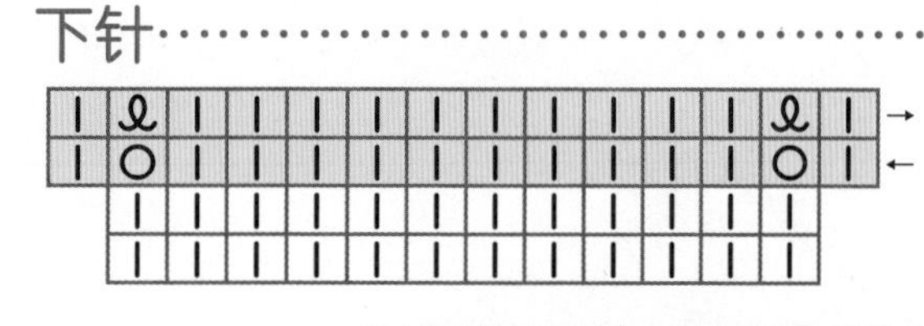

编织起点处：看着正面编织

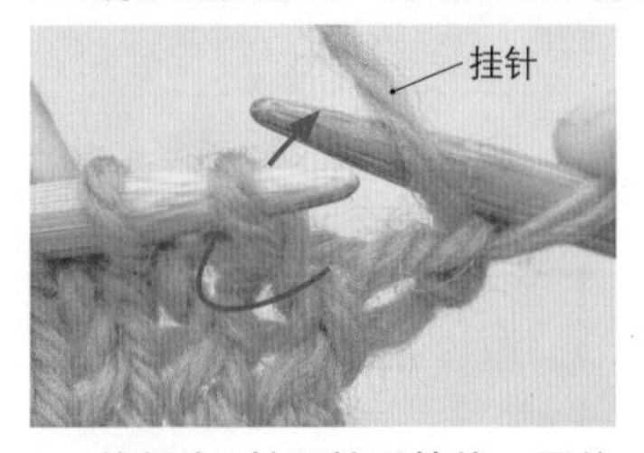

1 编织完1针下针后挂线，再编织下针。

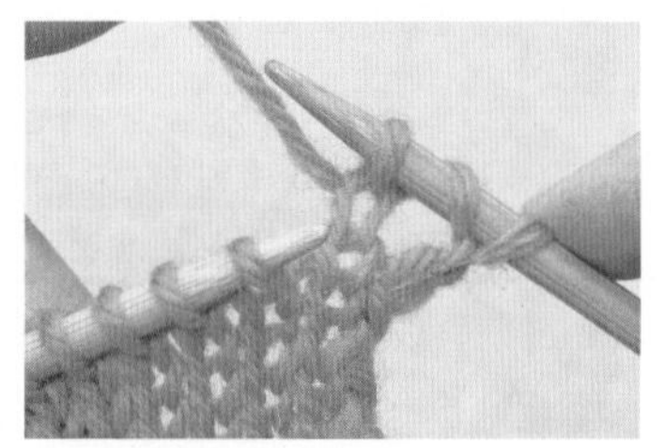

2 下针完成后如图。

编织终点处：看着正面编织

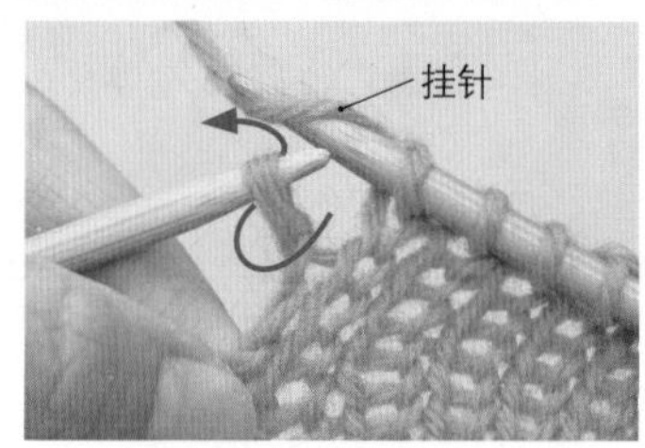

3 编织至距离左端内侧1针时挂针，最后1针编织下针。

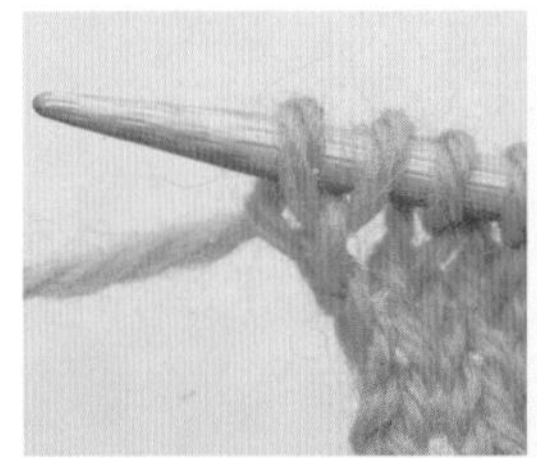

4 最后1针编织下针后如图（左图）。两端1针内侧处完成挂针后如图（右图）。

编织终点处：看着反面编织

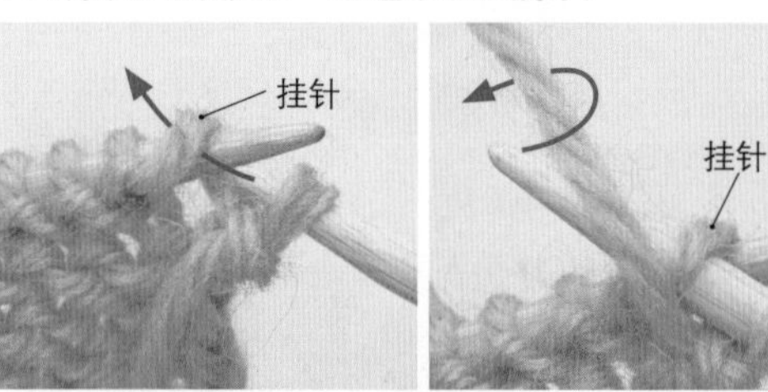

5 把织片翻到反面，第1针织上针，然后再按照箭头所示将右针插入之前挂针的针目中（左图），挂线后再编织扭上针（右图）。

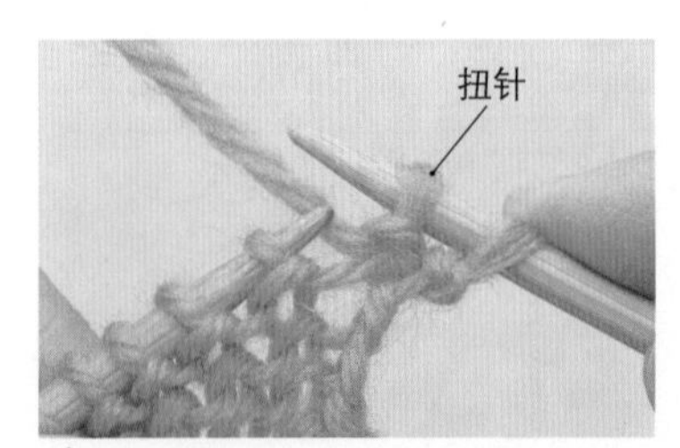

6 编织扭上针，完成加1针。

编织起点处：看着反面编织

7 编织至距离左端内侧2针处（上一行进行挂针的针目内侧），再按照箭头所示插入右针。插入右针后如图所示。

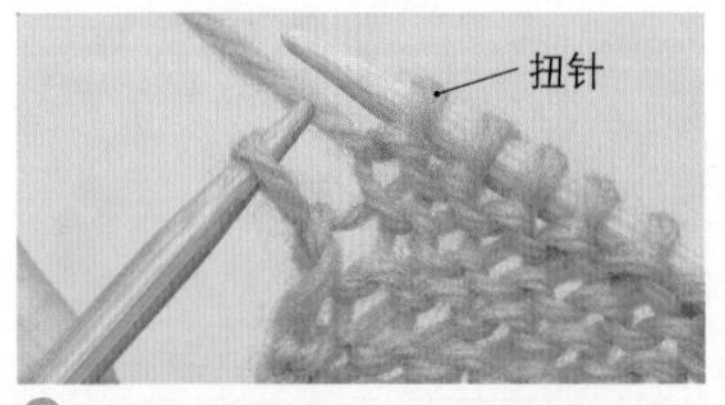

8 挂线后编织扭上针，完成加1针。

9 最后1针织上针后如图（左图）。两端内侧1针处各加入1针后如图（右图）。

上针

—	ƍ	—	—	—	—	—	—	—	—	—	—	ƍ	—	→
—	O	—	—	—	—	—	—	—	—	—	—	O	—	←
	—	—	—	—	—	—	—	—	—	—	—	—		
	—	—	—	—	—	—	—	—	—	—	—	—		

编织起点处：看着正面编织

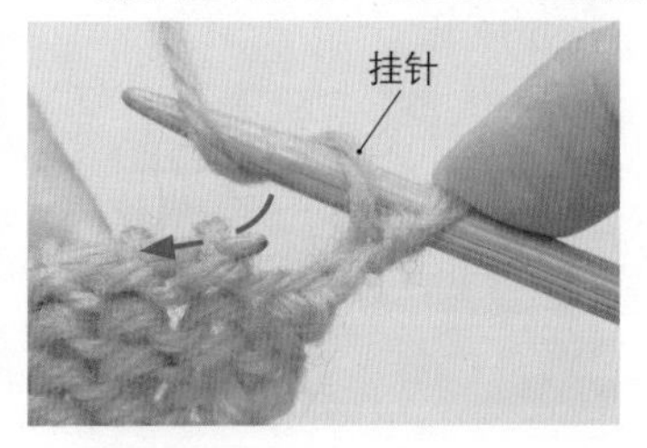

1 编织完1针上针后挂针，再织入上针。

2 编织完上针后如图。

编织终点处：看着正面编织

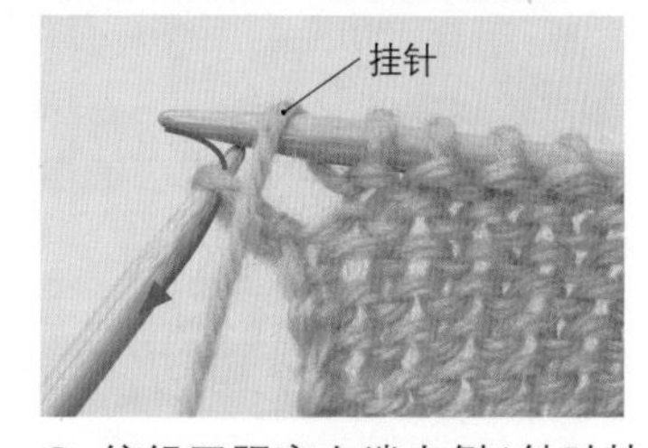

3 编织至距离左端内侧1针时挂针，最后1针编织上针。

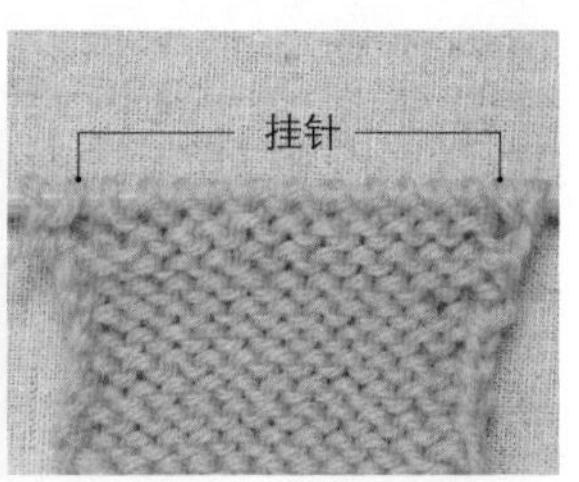

4 最后1针织入上针后如图（左图）。两端1针内侧进行挂针后如图（右图）。

编织终点处：看着反面编织

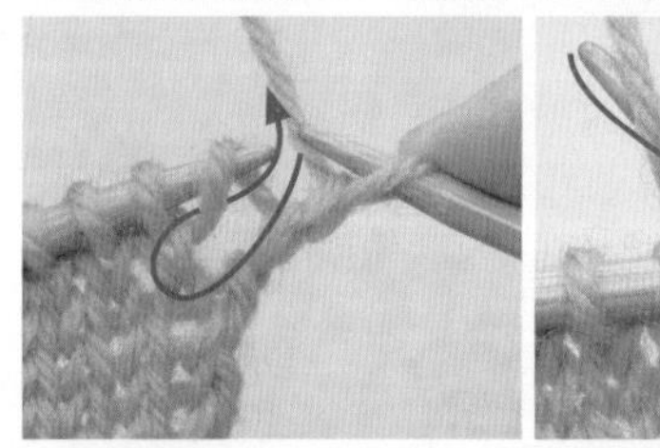

5 把织片翻到反面，第1针织下针，然后按照箭头所示将右针插入之前挂针的针目中（左图），挂线后再编织扭针。

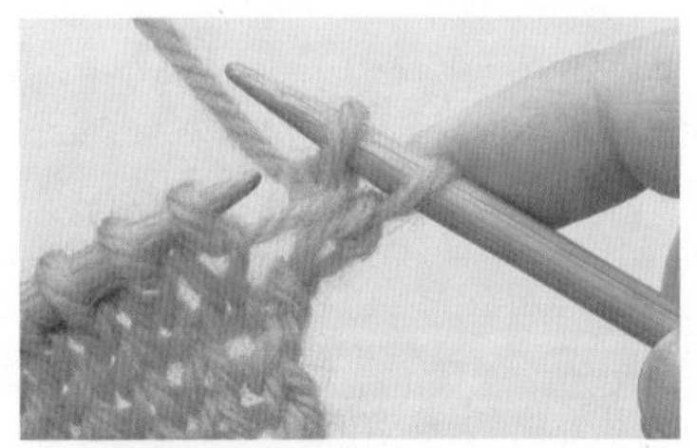

6 编织扭针，完成加1针。

编织起点处：看着反面编织

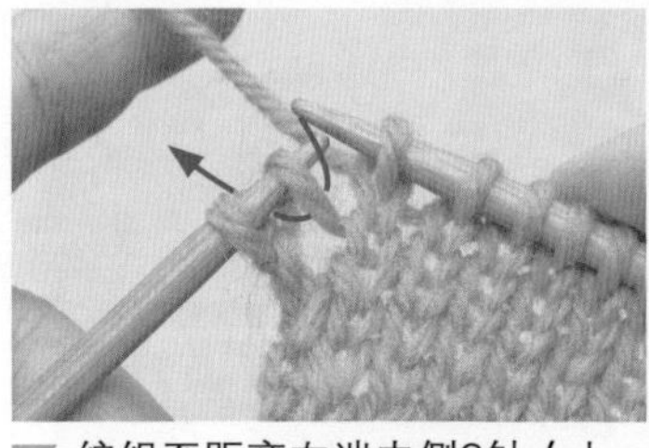

7 编织至距离左端内侧2针（上一行进行挂针的针目内侧）处，再按照箭头所示插入右针。插入右针后如图所示。

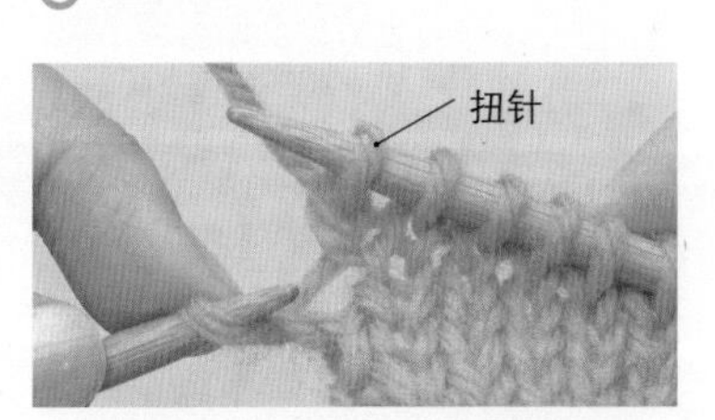

8 挂线后编织扭针，完成加1针后如图。

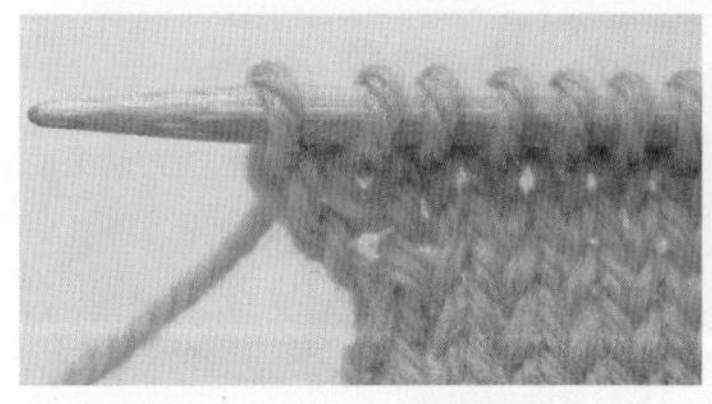

9 最后1针织下针后如图（左图）。两端1针内侧各完成1针加针后如图（右图）。

卷针加针

这是在顶端加2针以上时使用的加针方法。确认加针数后，只需用编织线在棒针上缠绕相应的圈数即可。在顶端加2针以上时，加针行两端会上下错开1行。

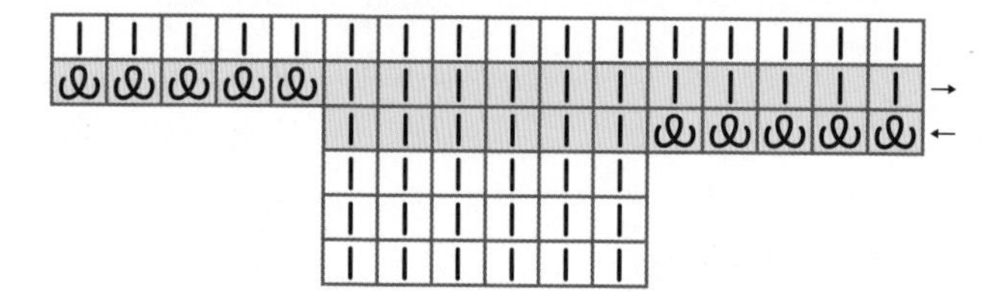

编织起点处：看着正面编织

1 在起点处按照图示方法，用右手扭线后再挂到左针上。

2 完成1针卷针。拉紧线头，防止卷针松散。

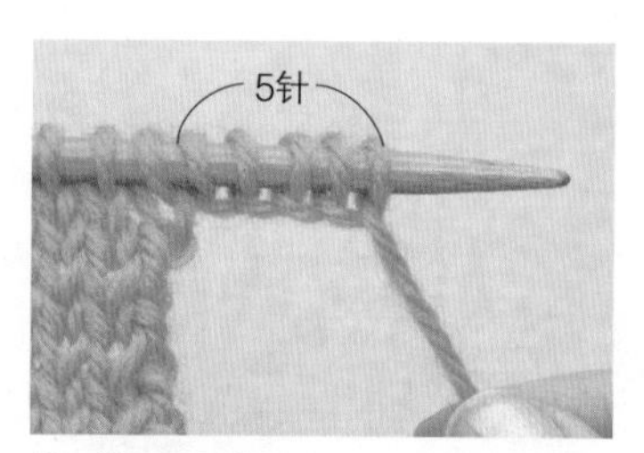

3 按照同样的方法，加所需要数量的卷针。此处加5针。

4 编织下针。卷针部分编织下针，完成加5针。

编织终点处：看着正面编织

5 编织至末端后，按照图示方法用左手扭线后再挂到右针上。

6 完成1针卷针。拉紧线头，防止卷针松散。

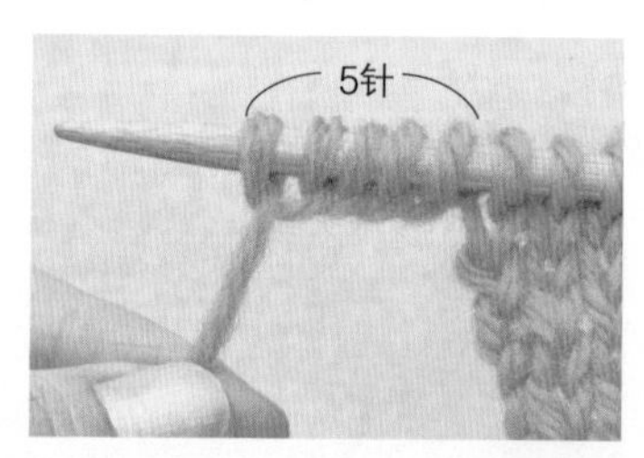

7 按照同样的方法，加所需要数量的卷针，此处加5针。

编织终点处：看着反面编织

8 把织片翻到反面，编织上针。卷针部分编织上针，完成加5针。

另线锁针的加针

在顶端加2针以上时，如果之后需要解开针目，可以选择用另线编织锁针起针的方法。与卷针加针一样，在顶端加2针以上时，加针行两端会上下错开1行。

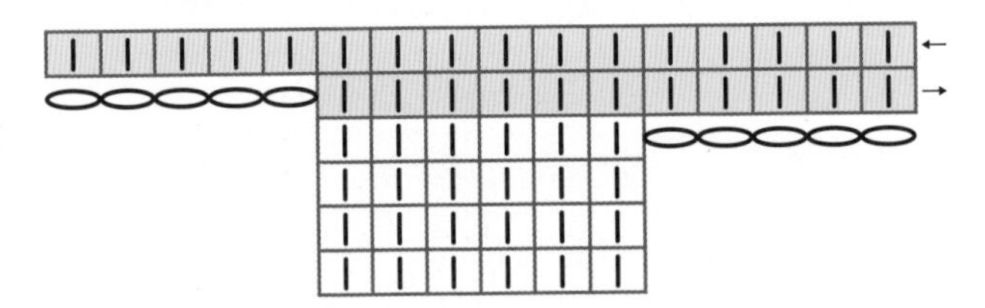

编织起点处：看着反面编织

1 在织片右端加针时，看着反面进行编织。用其他线钩织好锁针后，用棒针将锁针的里山挑起，编织所需数量的针目。

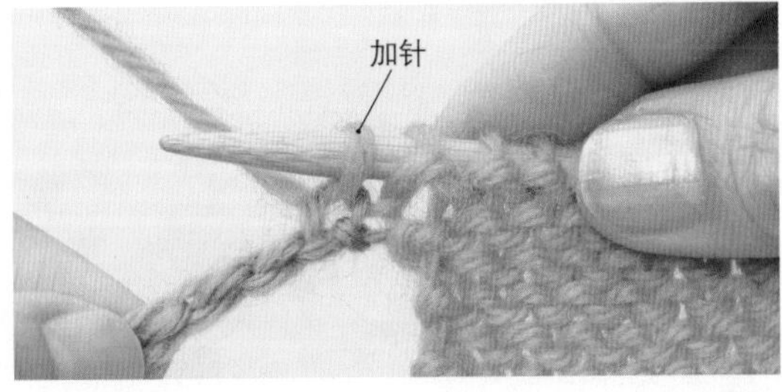

2 挑完1针后如图。

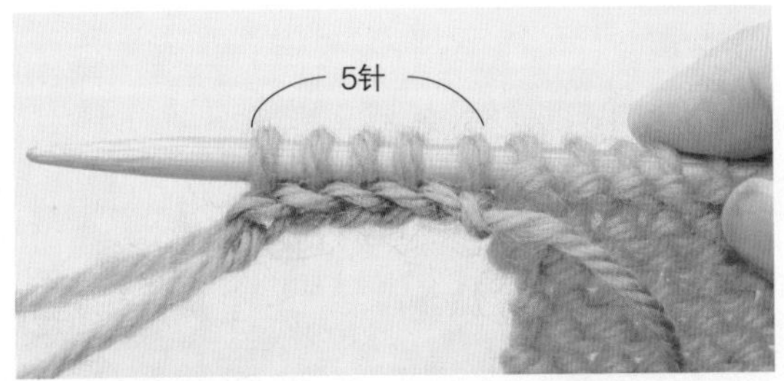

3 按照同样的方法，挑起必要数量的针目。此处完成加5针。

编织终点处：看着正面编织

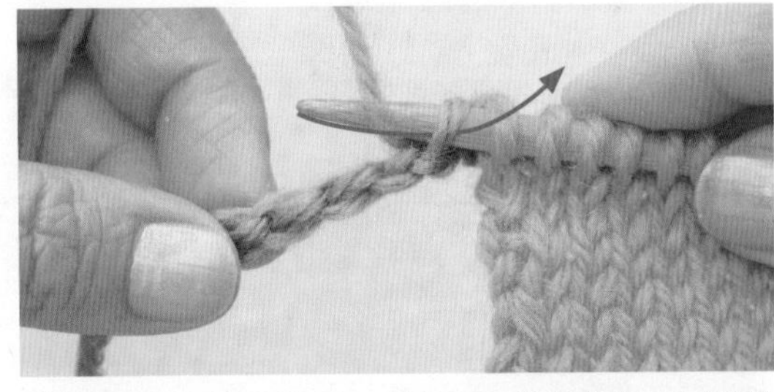

4 在织片左端加针时，看着正面进行编织。用其他线钩织好锁针后，用棒针将锁针的里山挑起，编织所需数量的针目。

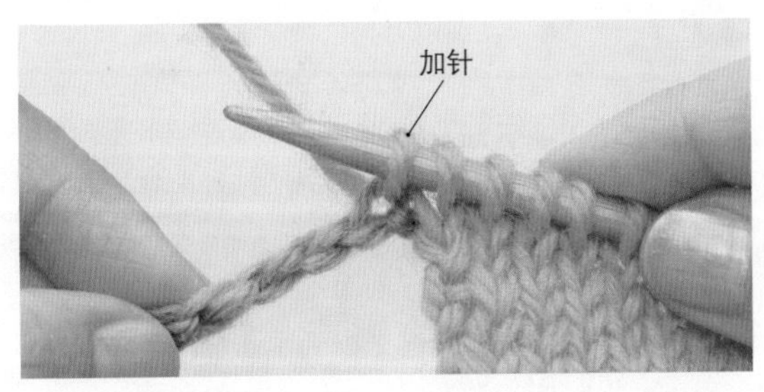

5 挑完1针后如图。

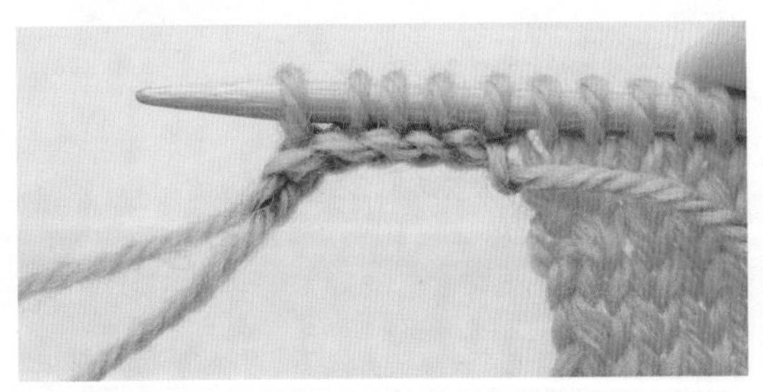

6 按照相同的方法挑针。此处完成加5针。

3 减针

为减少织片宽度时减去的针目称为“减针”。根据设计和材质，尽量选择减针后针目不明显的方法。

在顶端立针减1针

不破坏上下针目间的排序，直接穿针的方法称为“立针”。将顶端的针目立起后，即形成缝份，订缝、接缝时都比较容易。

下针

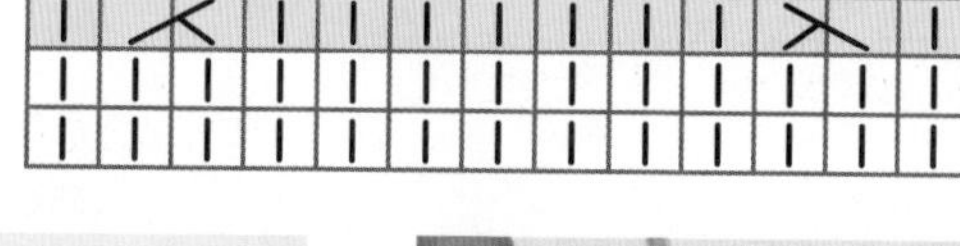

编织起点处

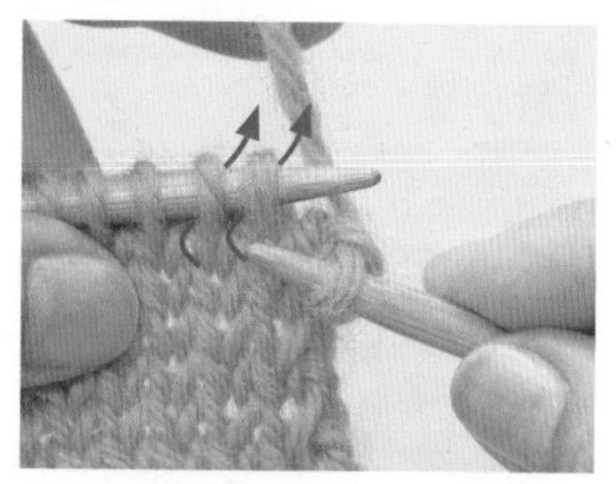

1 编织1针下针后，按照箭头所示依次将右针插入第2针和第3针中，然后将针目移到右针。

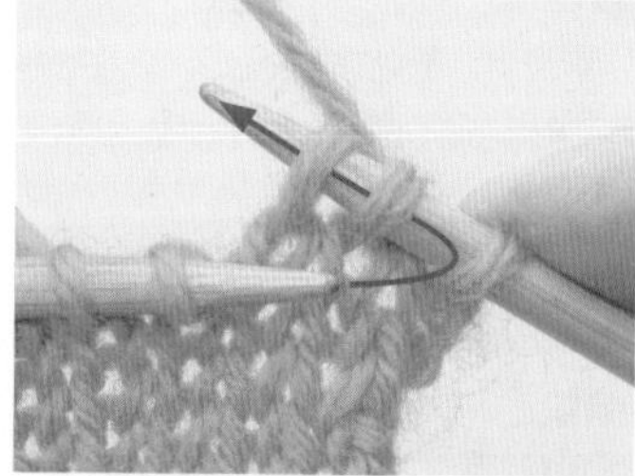

2 再按照箭头所示，将左针插入刚移动过的两针中。

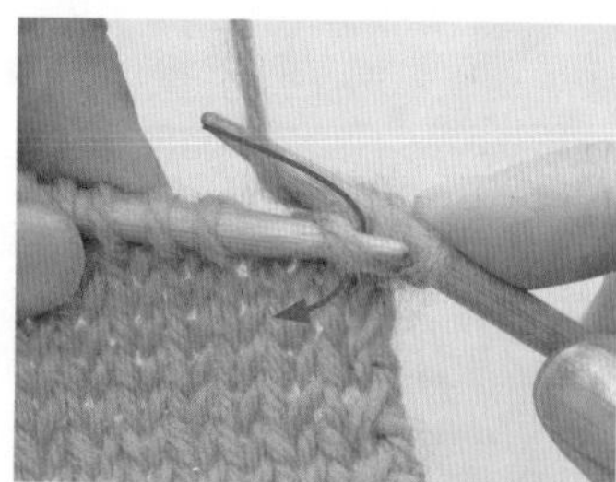

3 两针一起编织下针（右上2针并1针）。

4 编织右上2针并1针，完成减1针。

编织终点处

5 编织至距离左端内侧3针时，按照箭头所示，将右针插入两针中。

6 两针一起编织下针（左上2针并1针）。

7 编织左上2针并1针，完成减1针。

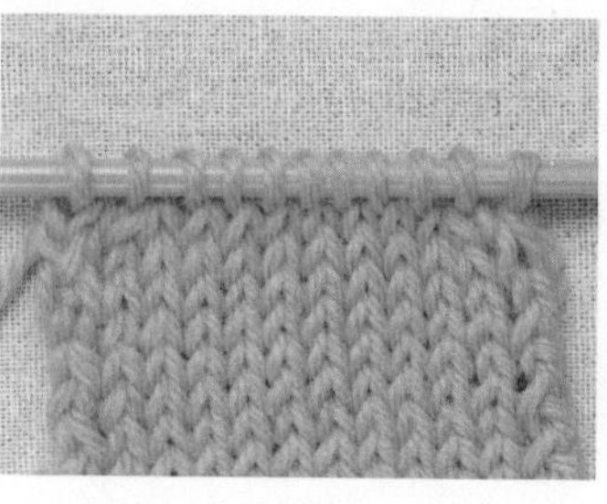

8 最后1针编织下针，在两端各减1针后如图。

上针

—	≤		—	—	—	—	—	—	—	≥		—	←
—	—	—	—	—	—	—	—	—	—	—	—	—	
—	—	—	—	—	—	—	—	—	—	—	—	—	

编织起点处

1 编织完1针上针后，按照箭头所示依次将右针插入第2针和第3针中，然后将针目移到右针上。

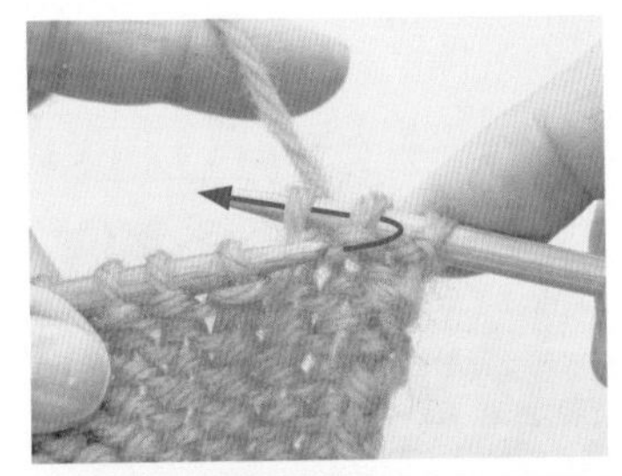

2 再按照箭头所示将左针插入刚移动过的两针中，然后再移回到左针上。

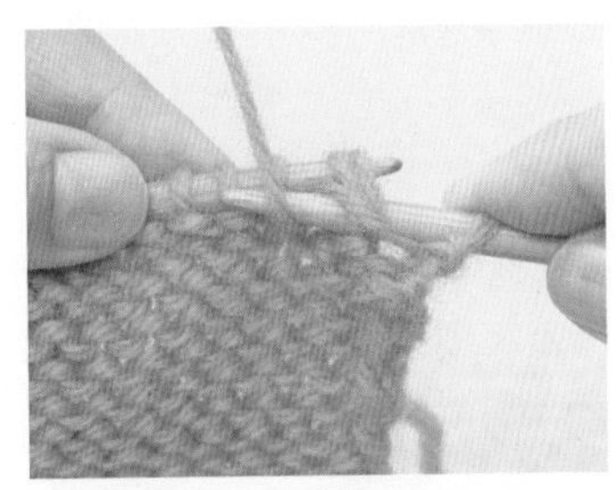

3 移回到左针上的两针一起编织上针（上针的右上2针并1针）。

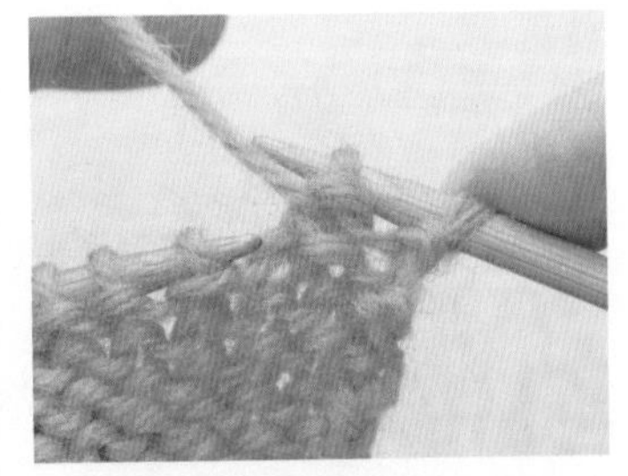

4 编织上针的右上2针并1针，完成减1针。

编织终点处

5 编织至距离左端内侧3针时，按照箭头所示将右针插入2针中。

6 两针一起编织上针（上针的左上2针并1针）。

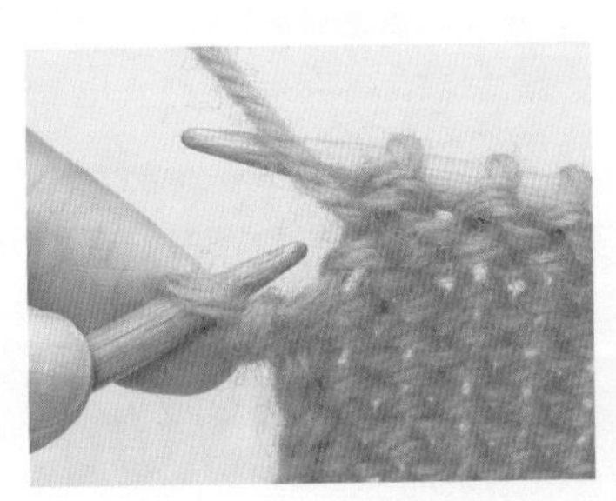

7 编织上针的左上2针并1针，完成1针减针。

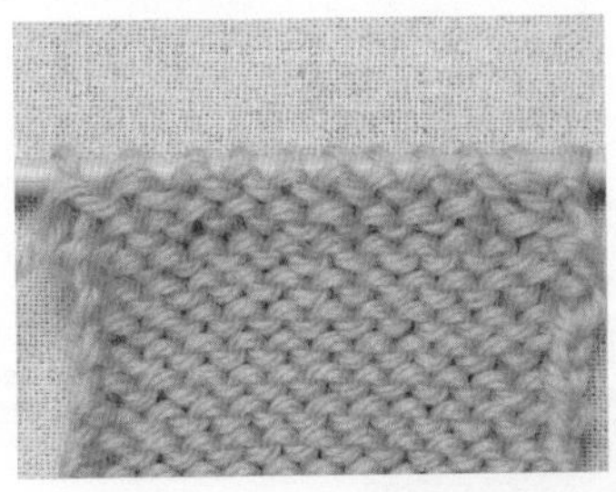

8 最后1针编织上针，在两端各减1针后如图。

在顶端减针

由于是在顶端减针，接缝时减去的针目包含在缝份中，针目并不明显。常用于袖口和衣襟口。

下针

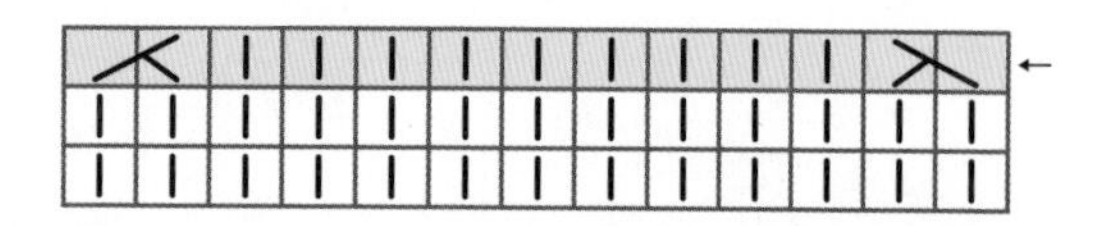

编织起点处

1 按照箭头所示依次将右针插入最初的2针中，不用编织直接移到右针上。

2 再按照箭头所示，将左针插入刚移动过的2针中。

3 两针一起编织下针（右上2针并1针）。

4 编织右上2针并1针，完成1针减针。

编织终点处

5 编织至距离左端内侧2针时，按照箭头所示，将右针插入2针中。

6 两针一起编织下针（左上2针并1针）。

7 编织左上2针并1针，完成1针减针。

8 两端各减1针后如图。

上针

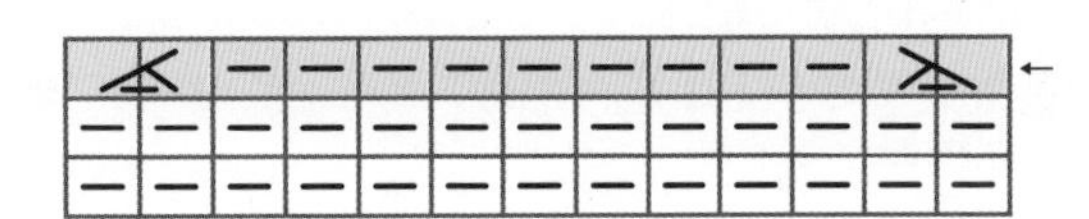

编织起点处

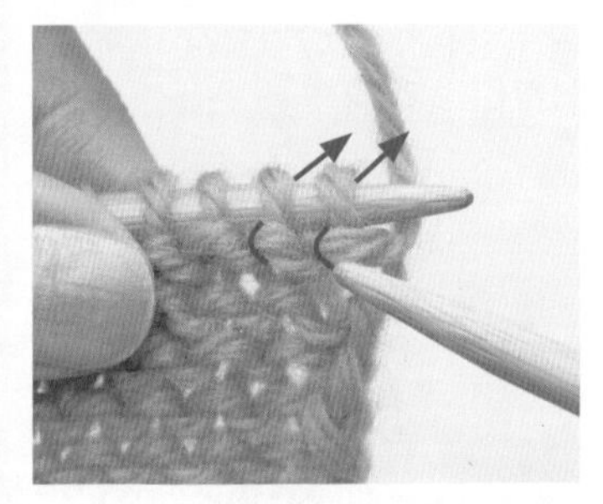

1

按照箭头所示依次将右针插入最初的2针中，不用编织直接移到右针上。

2

再按照箭头所示，将左针插入刚移动过的两针中，抽出右针。

3

将步骤2移回的两针一起编织上针（上针的右上2针并1针）。

4

编织上针的右上2针并1针，完成1针减针。

编织终点处

5

编织至距离左端的内侧2针处时，按照箭头所示将右针插入2针中。

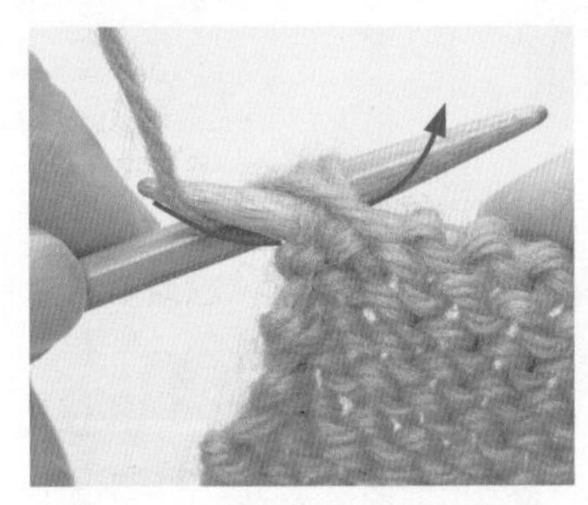

6

两针一起编织上针（上针的左上2针并1针）。

7

编织上针的左上2针并1针，完成减1针。

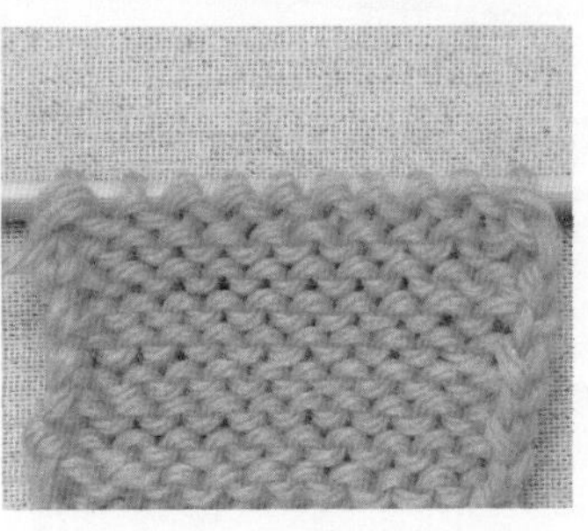

8

两端各减1针后如图。

伏针减针

这是在顶端减2针以上的方法。确认减针数后，编织相应数量的伏针进行减针。在顶端减2针以上时，减针行的两端会上下错开1行。

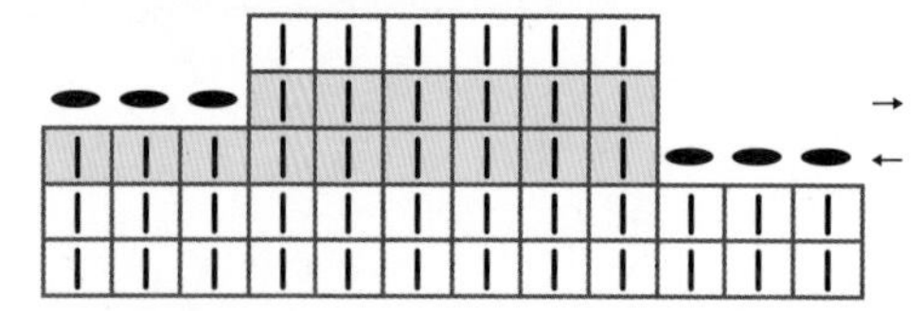

编织起点处

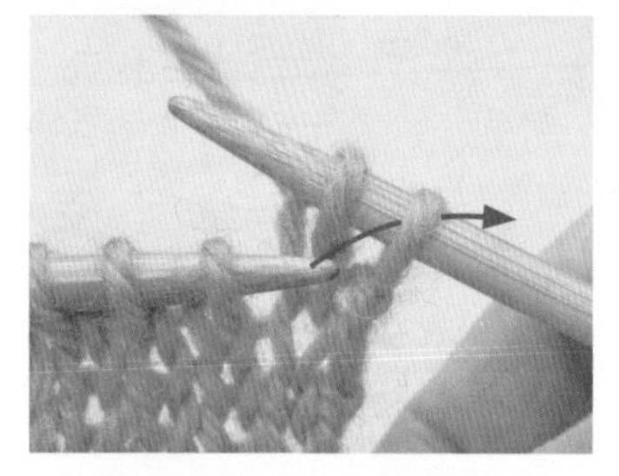

1 编织2针下针，按照箭头所示将左针插入右侧的针目中。

2 用右侧的针目盖住左侧的针目。

3 完成1针伏针。

编织终点处

4 重复"编织下针，用右侧的针目盖住"，编织与减针数相应的伏针。此处编织3针伏针。

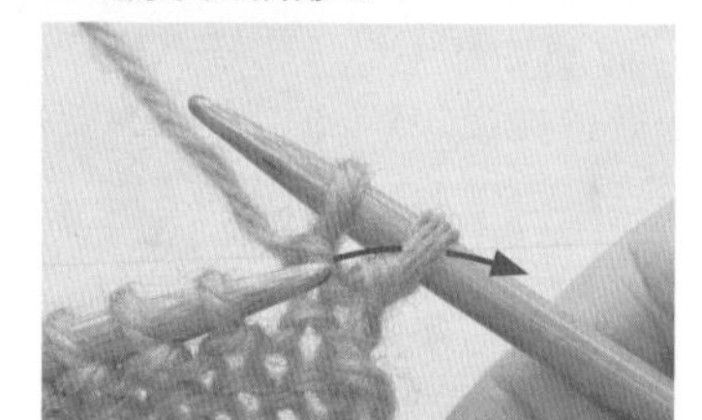

5 在左侧减针时，要在织片的反面进行减针。编织完2针上针后，按照箭头所示，将左针插入右侧的针目中。

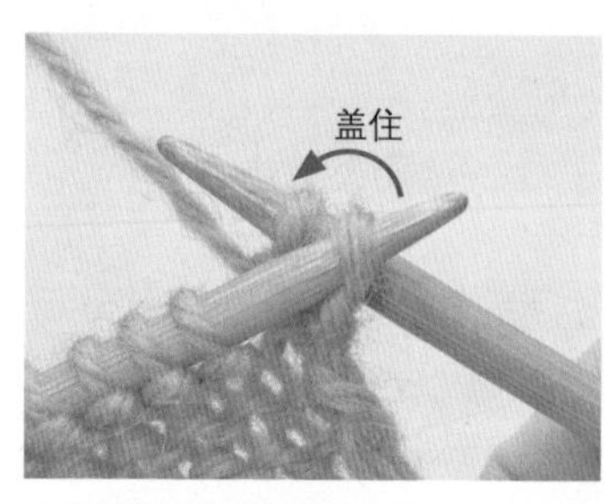

6 用右侧的针目将左侧的针目盖住。

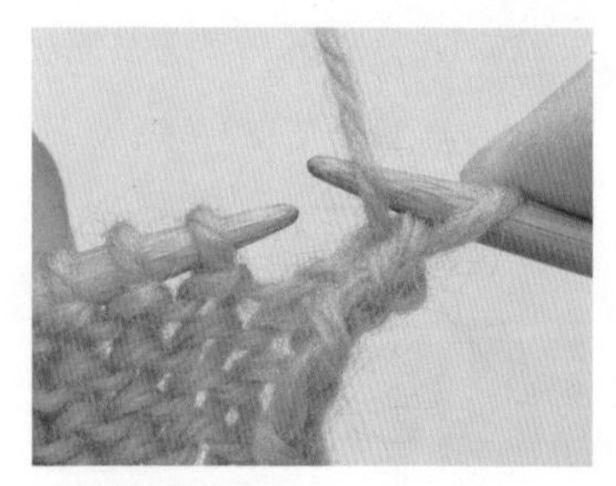

7 完成1针伏针。

8 重复"编织上针，用右侧的针目盖住"，编织与减针数相应的伏针。此处编织3针伏针。

9 两端各减3针后如图。

专栏 标准织片的确认方法

即便使用同一种线、编织同样的针数、同样的行数，织片还是会因编织者的手感而异，针目的密度还是会有偏差。因此，用与作品对应的编织方法编织出织片，测量10cm×10cm面积内的针数、行数，以此作为标准的针目密度，即“标准织片”。
编织作品时，先试着织出边长15cm左右的正方形，再测量标准织片。编织衣服时，标准织片的1/10相当于1cm的针数，与想要织出的尺寸对比后，大概可以计算出标准。

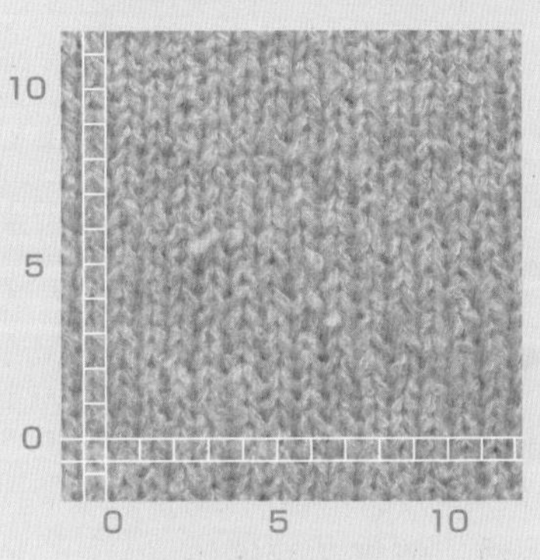

一般将10cm×10cm中包含的针数、行数作为标准织片。

测量标准时，先用蒸汽熨斗将针目熨平，放上尺子或皮尺，量出10cm中包含的针数和行数。熨烫试织的标准织片时，不用插入珠针。

专栏 熨烫方法

织片经过熨烫后，针目更为平整，接缝、订缝和挑针时也更容易。另外，作品完成后也要用熨斗认真熨烫，使之展现出不一样的美感。

1 织片翻到反面放到熨烫板上，按照成品尺寸将珠针插到熨烫板上，插入时保持30°的倾斜角。

2 蒸汽熨斗稍微悬于织片上方，整理形状。热气散去，织片平整后再取出珠针。

4 往返编织

往返编织是应用加针或减针的方法，将织片编织成斜边的方法。是编织毛衣斜肩、袜子脚跟时常用的方法，必不可缺。

编织过程中的往返编织

一边加针一边继续编织出斜边的方法。编织过程中再进行消行。如果是在织片的右端加针，要在正面进行，如果在左端加针则在反面进行，所以左右两侧会上下错开1行。

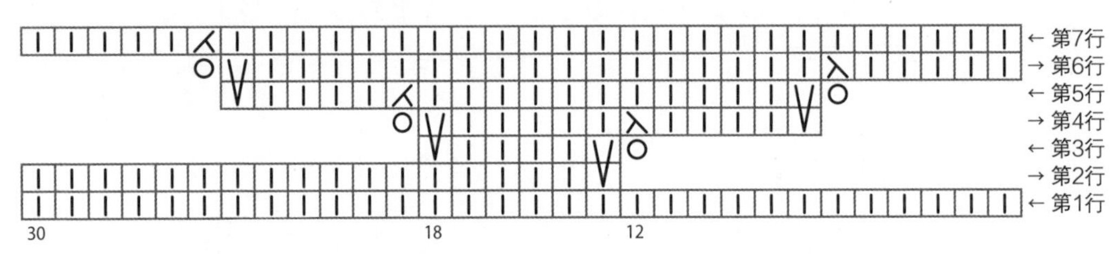

※为了便于理解，标记编织方法图时采用的是2针并1针的符号，但往返编织中必须进行“消行”（挂针进行2针并1针，使行间接头处的针目不太显眼），所以有时候本书中没有标记出2针并1针的符号。

第2行·看着反面编织

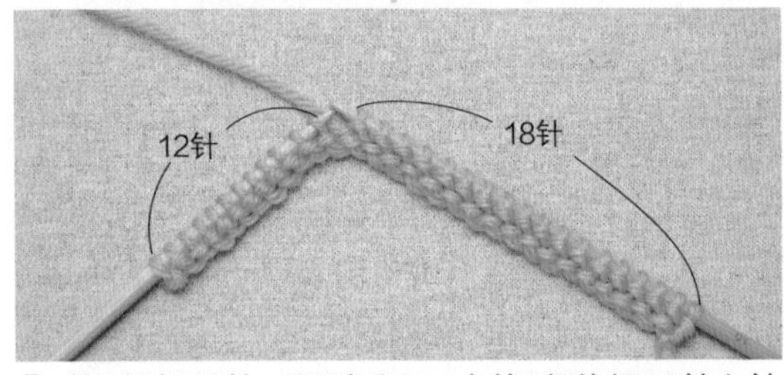

1 第1行起30针。翻到反面，在第2行编织18针上针后如图。

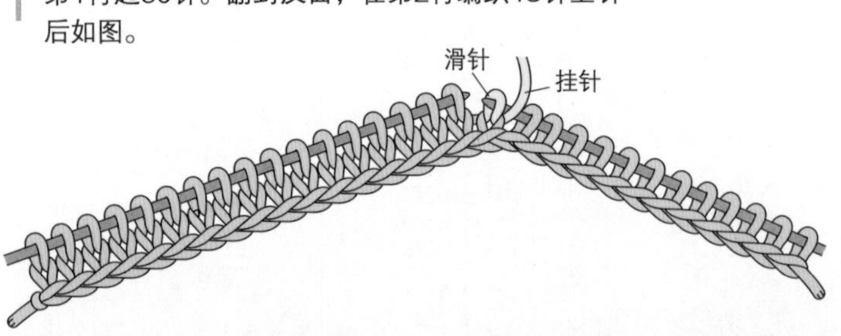

第3行·看着正面编织

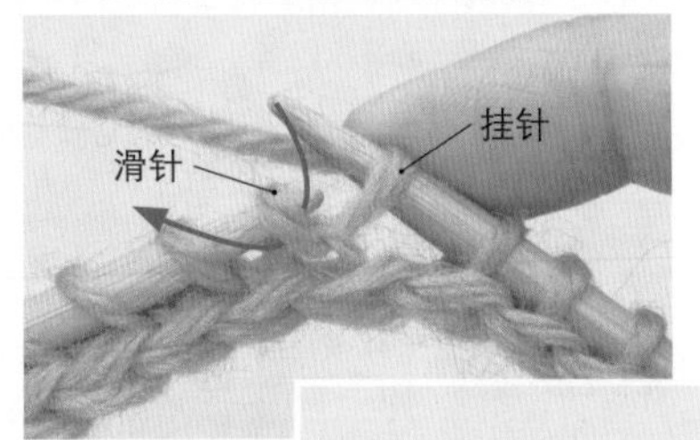

2 把织片翻到正面，挂针后按照箭头所示将右针插入下面的针目中（右上图），编织滑针（不用编织直接移到右针）（右下图）。

3 接着编织5针下针（包括滑针在内共6针）。

第4行・看着反面编织

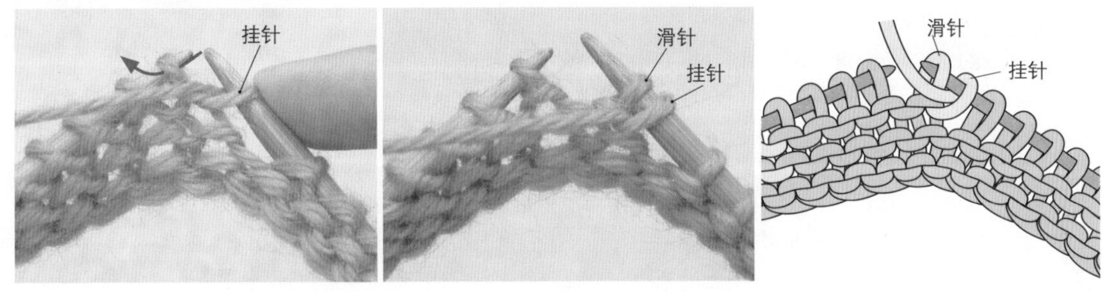

4 把织片翻到反面，挂针后按照箭头所示插入右针（左图），编织滑针（右图）。

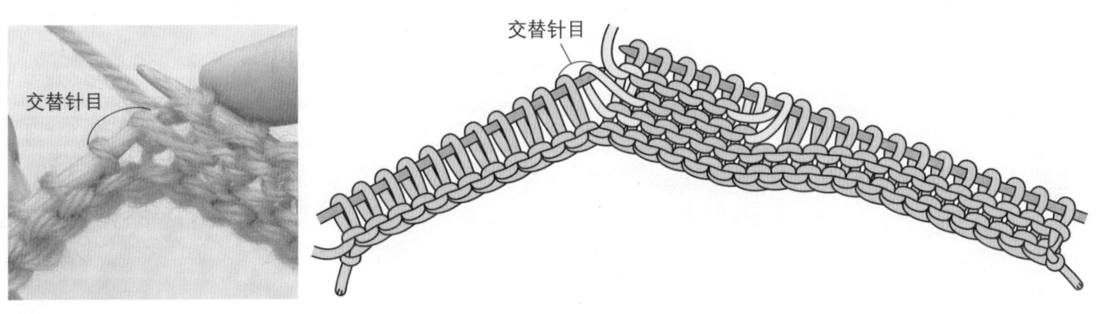

5 编织上针至上一行织滑针的针目。之后步骤6~7将接下来的两个针目进行交替。

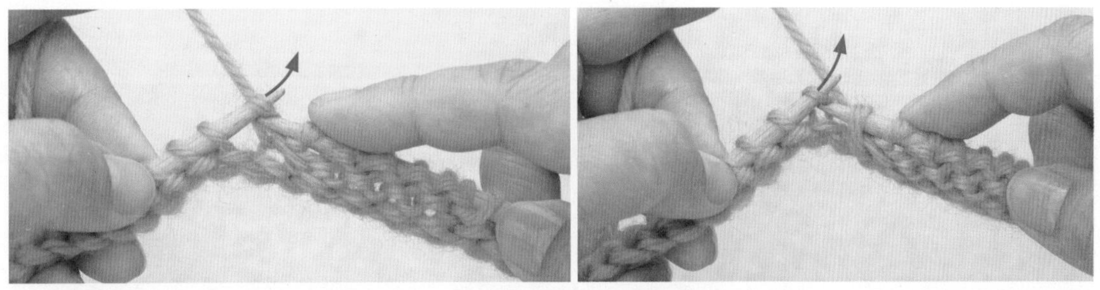

6 按照箭头所示将右针插入右侧的针目中，不用编织直接将针目移到右针（左图）。下面一针也按同样的要领移到右针（右图）。

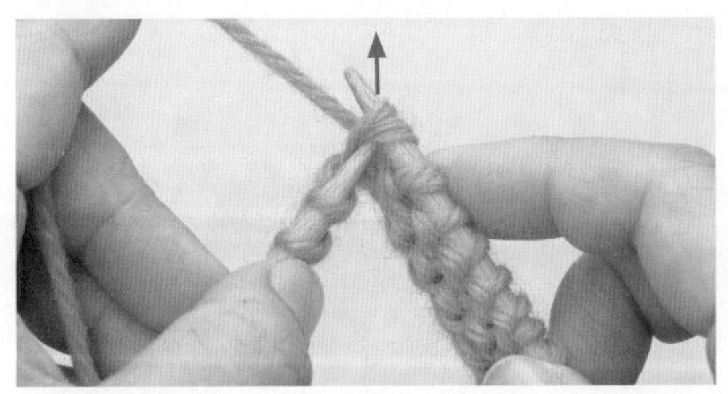

7 按照箭头所示，将左针插入移到右针上的两个针目中，接着再将它们移回左针。

8 左针上的两针顺序发生了变化。然后按照箭头所示，将右针插入完成交替的两个针目中。

9 两针一起编织上针。

6针
5针
步骤9中编织的针目
6针
挂针
12针

10 继续编织5针上针。

第5行·看着正面编织

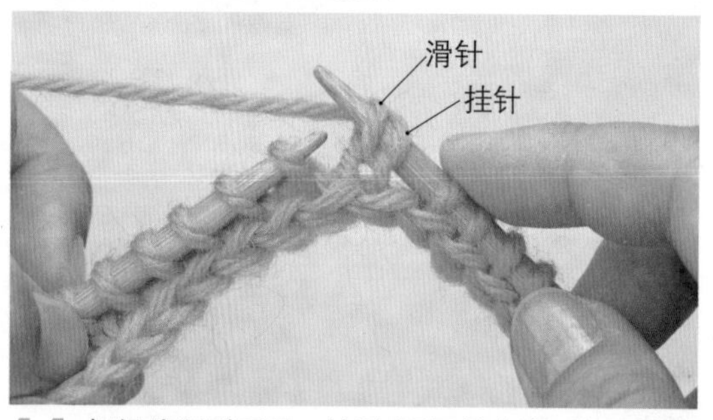

11 把织片翻到正面，按照步骤2的方法，织入挂针和滑针。

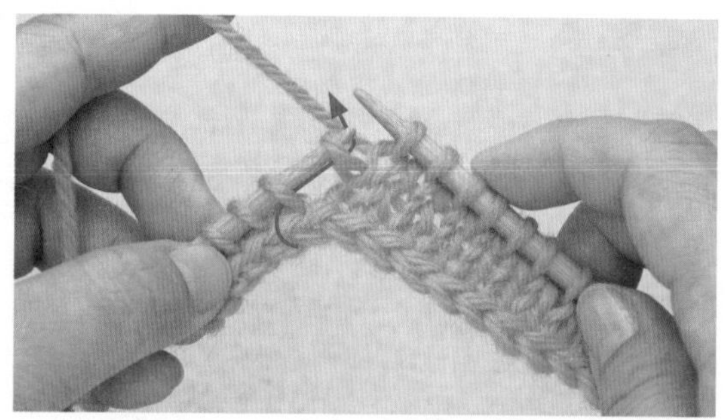

12 编织下针至上一行织入滑针的位置，然后按照箭头所示将右针插入下面的两针中（参照下面的插图）。

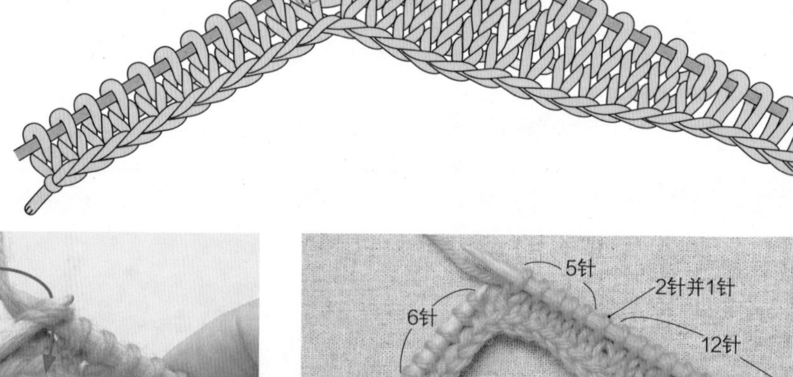

13 两针一起编织下针。

5针
2针并1针
6针
12针
挂针
6针

14 继续编织5针下针。

第6行·看着反面编织

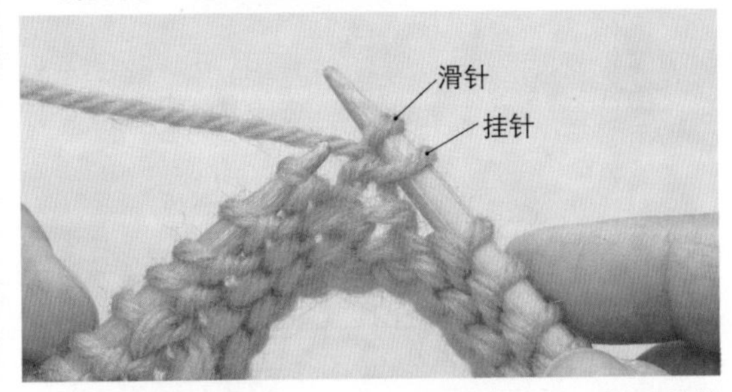

15 把织片翻到反面，按照步骤4的方法，织入挂针和滑针。

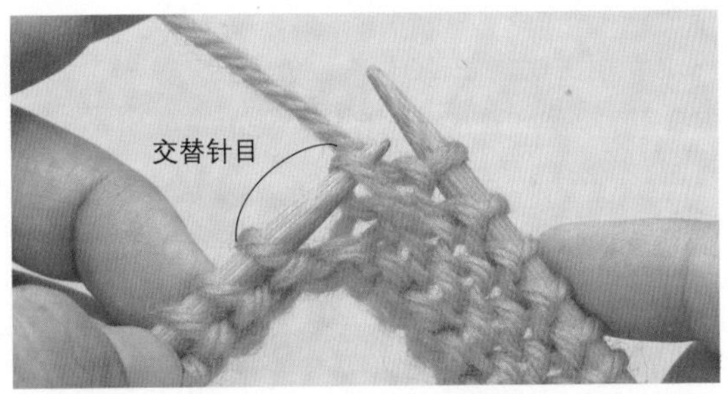

16 编织上针至上一行织入滑针的针目，然后按照步骤6~7的方法，交替接下来的两针。

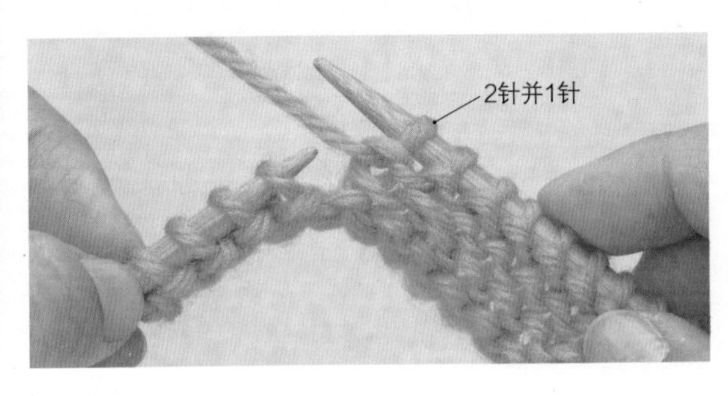

17 两针交替完成后，一起编织上针。

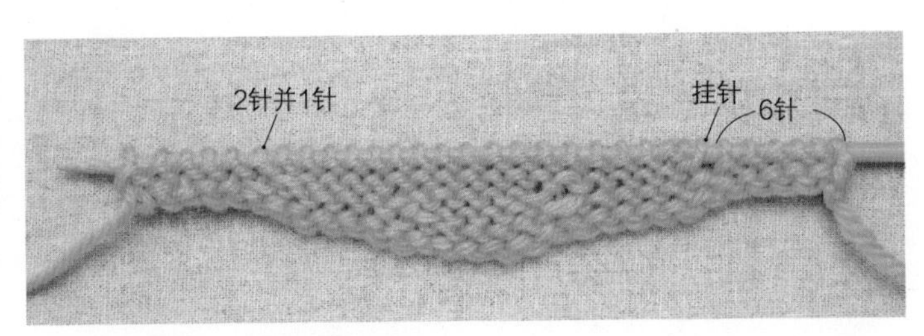

18 继续编织上针至顶端。

第7行·看着正面编织

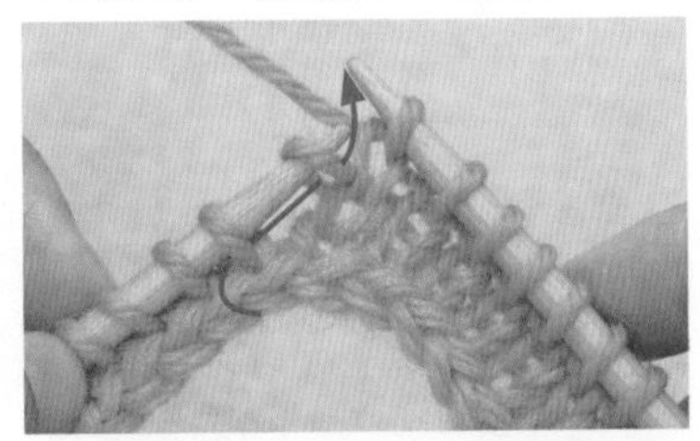

19 把织片翻到正面，编织下针至上一行织入滑针的位置，然后按照箭头所示将右针插入下面的两针中，然后一起编织下针。

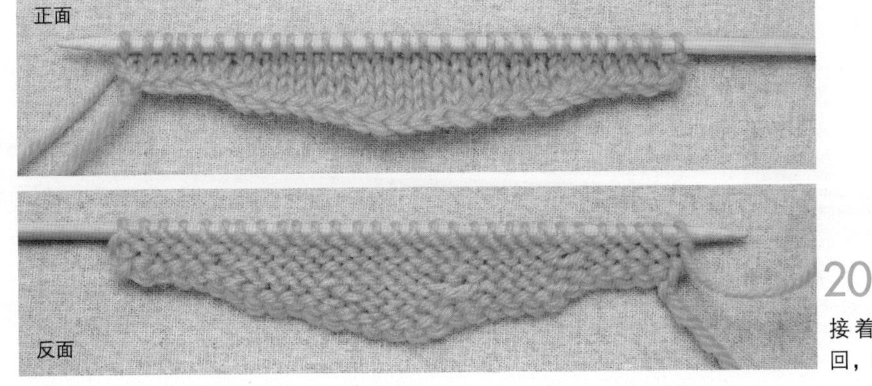

20 接着编织下针至末端，返回，编织完成。

剩余针目的往返编织

这是一边留出剩余的针目，一边进行减针，编织出斜边的方法。棒针穿入最后一行的所有针目中，编织1行后进行消行。留出剩余的针目均在编织终点端，因此在肩部的往返编织中，左右两端会上下错开1行。

左侧

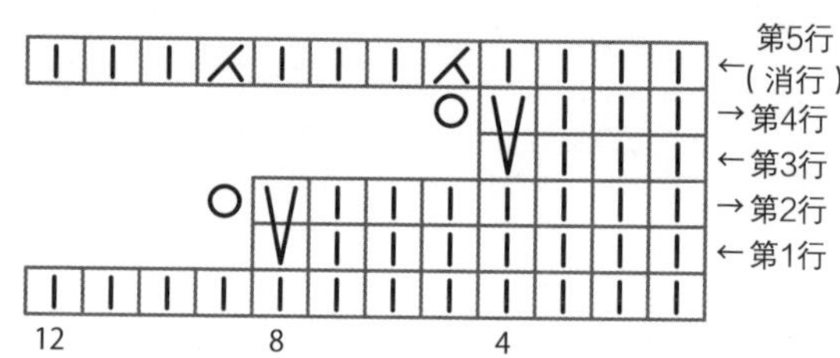

第1行·看着正面编织

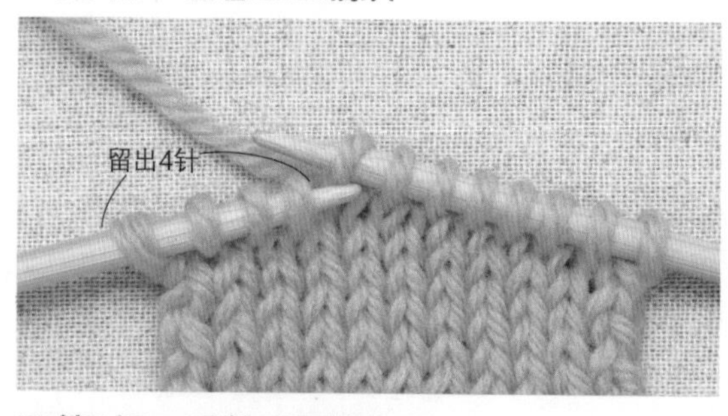

1 按照图示方法编织下针，留出最后4针。

第2行·看着反面编织

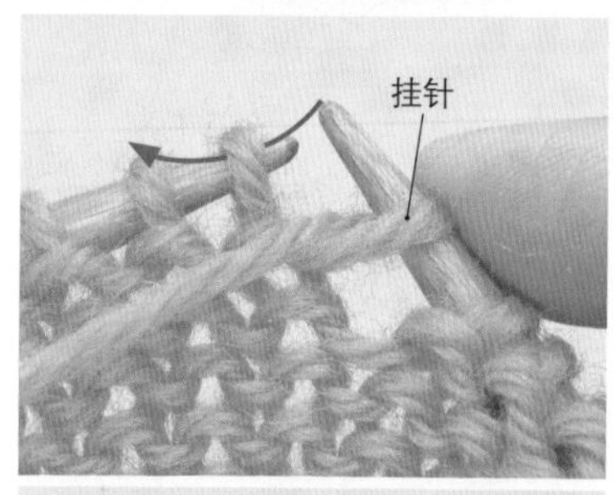

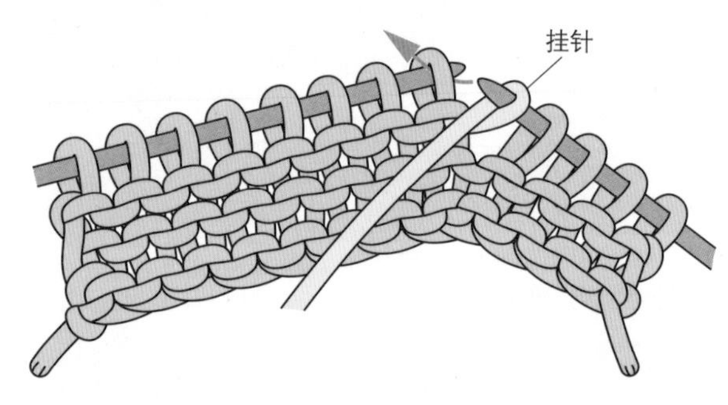

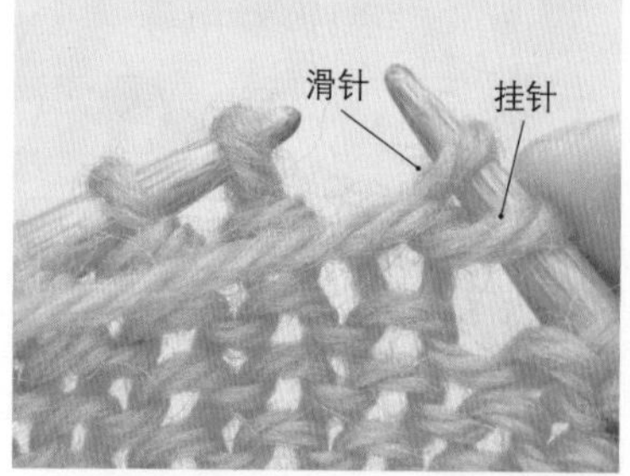

2 把织片翻到反面，挂针后按照箭头所示将右针插入下面的针目中（上图），再进行滑针（不用编织直接移到右针）（下图）。

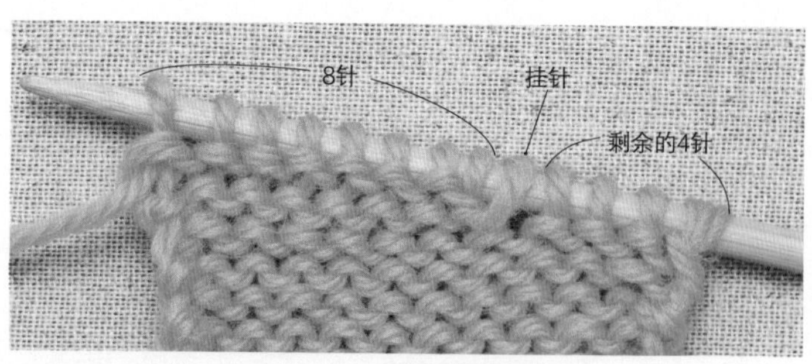

3 接着再编织7针上针（包括滑针在内共8针）。

第3行·看着正面编织

4 把织片翻到反面，编织4针下针，再留出4针（合计8针+1针挂针）。

第4行·看着反面编织

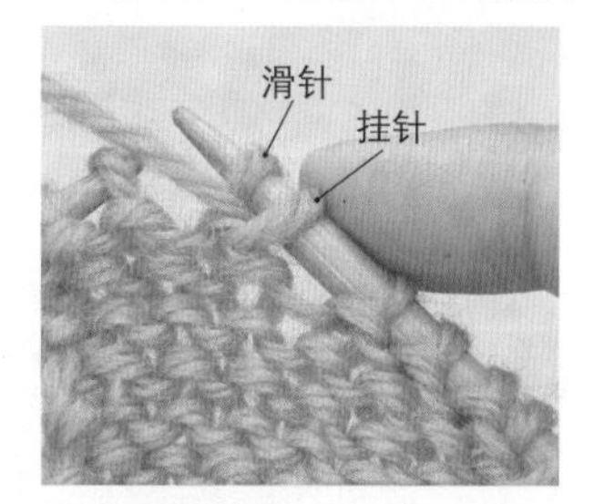

5 把织片翻到反面，按照步骤2的方法，编织挂针和滑针。

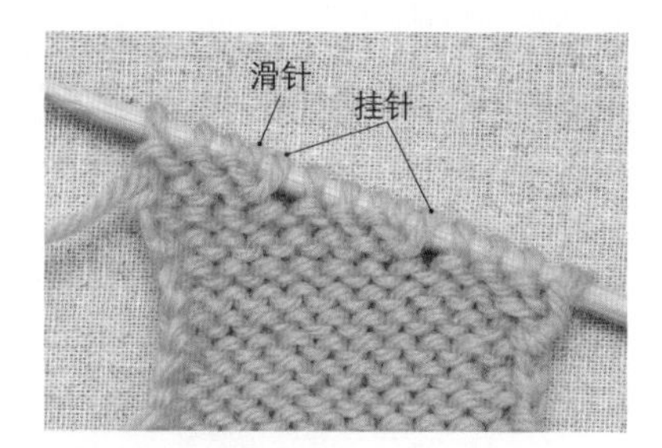

6 再编织3针上针。

第5行·看着正面编织

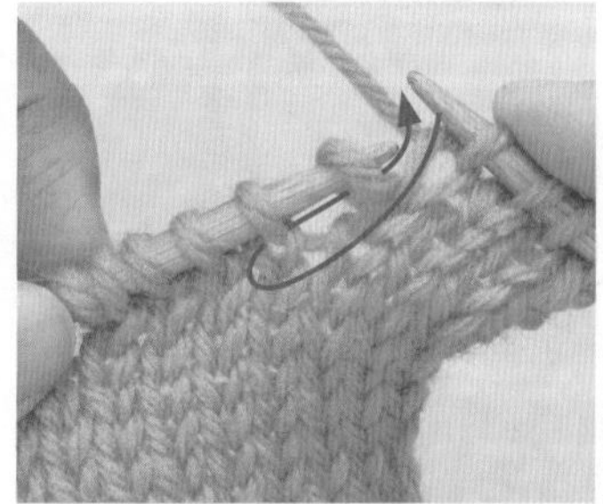

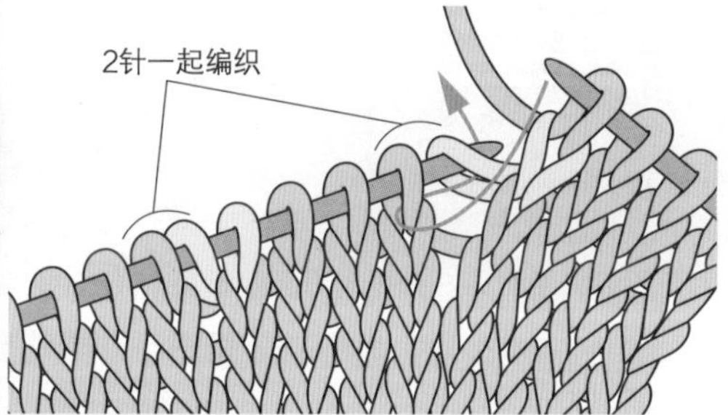

7 第5行为“消行”（处理时注意行与行接头处不要留有缝隙）。把织片翻到反面，编织下针至上一行挂针的位置，然后再按照箭头所示，将右针插入下面的两针中。

8 两针一起编织下针。

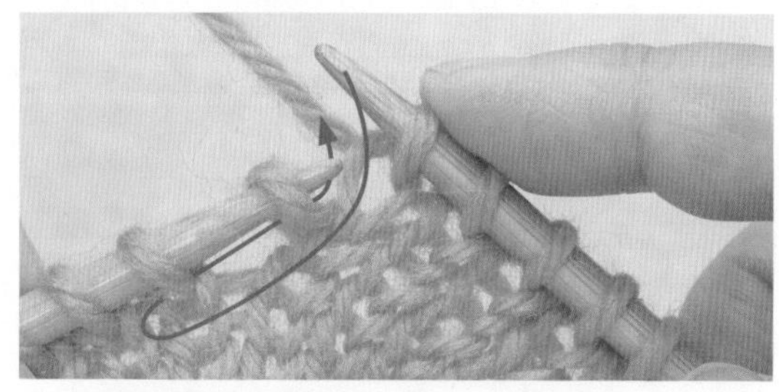

9 编织至挂针的位置，然后再按照步骤7~8的方法将下面两针一起编织下针。

10 接续编织3针上针，完成消行。完成左倾斜的往返编织。

右侧

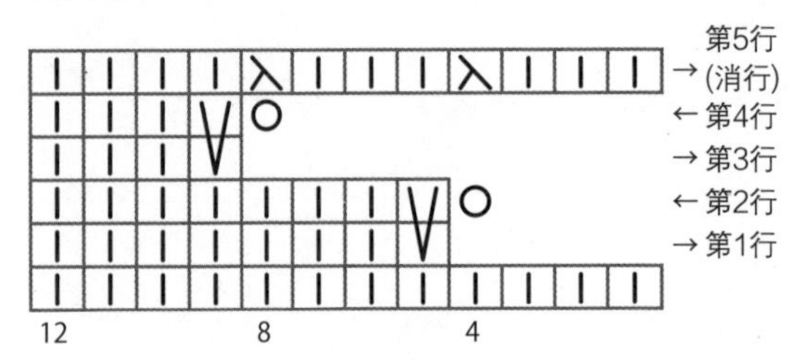

第1行・看着反面编织

1 按照编织方法图编织上针，留出最后4针。

第2行・看着正面编织

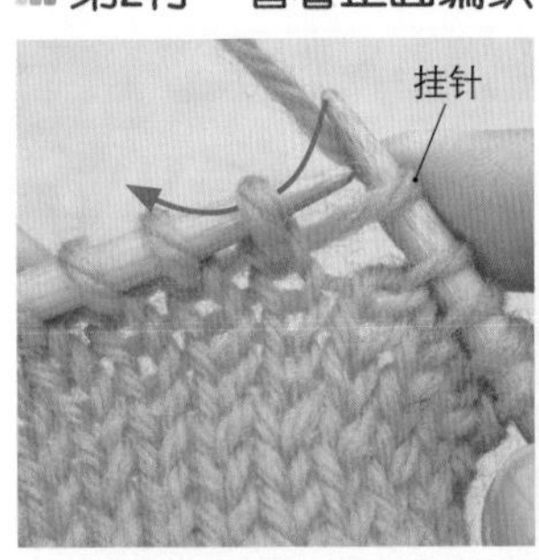

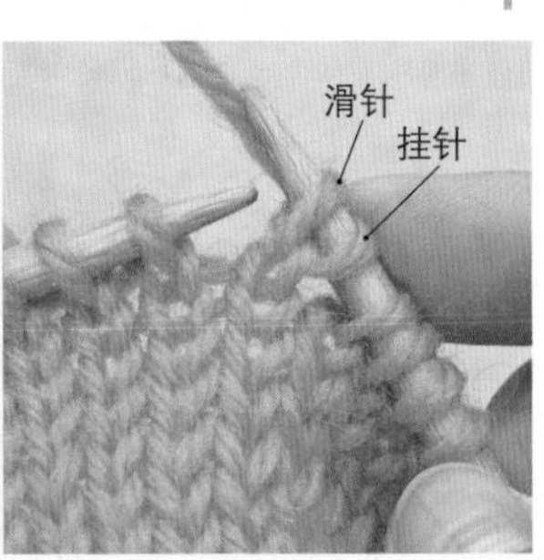

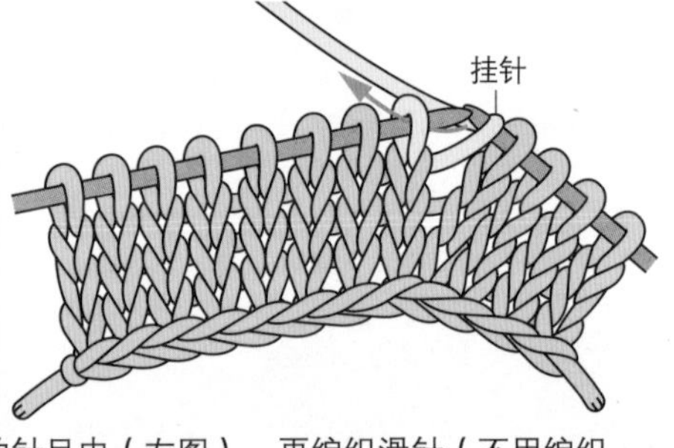

2 把织片翻到正面，挂针后按照箭头所示将右针插入下面的针目中（左图），再编织滑针（不用编织直接移到右针）（右图）。

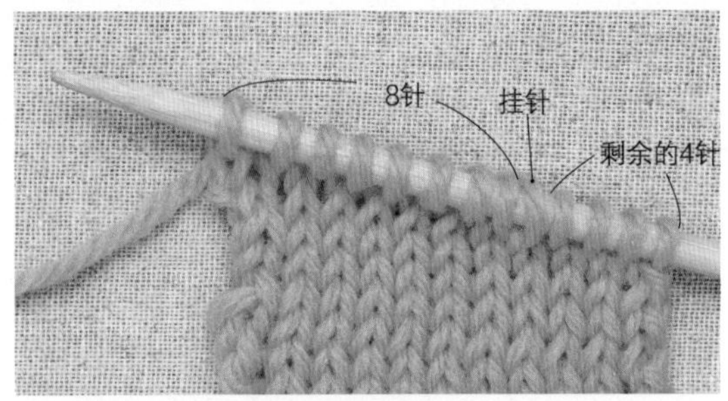

3 继续编织7针下针（包括滑针在内共8针）。

第3行・看着反面编织

4 把织片翻到反面，编织4针上针，留出4针（合计8针+1针挂针）。

第4行・看着正面编织

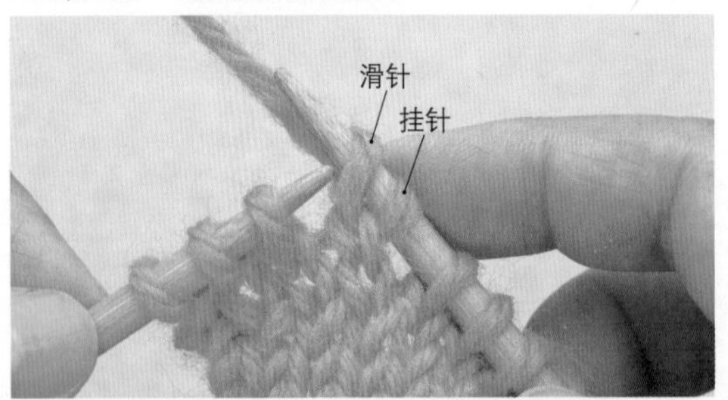

5 把织片翻到正面，按照步骤2的方法，编织挂针和滑针。

6 接着再编织3针下针。

第5行・看着反面编织

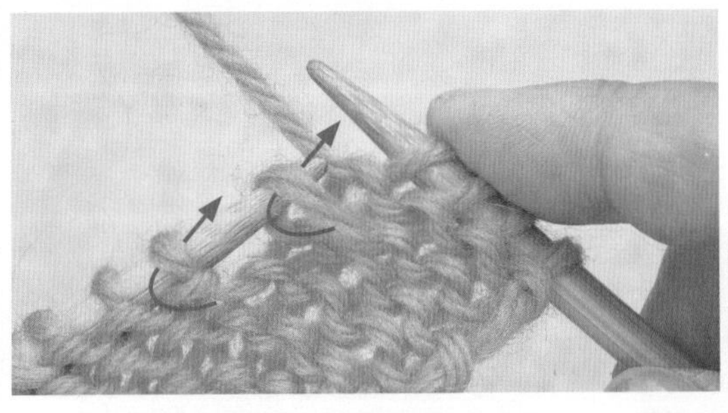

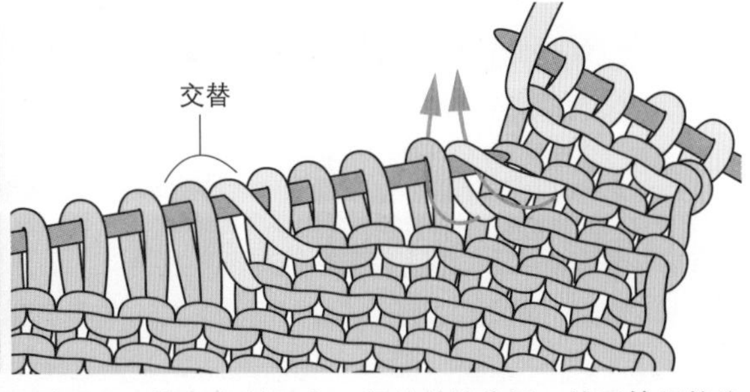

7 第5行为“消行”（参照P.71，步骤7）。把织片翻到反面，编织上针至上一行挂针的位置。然后按照箭头所示将右针依次插入下面的两个针目，将其移到右针，接着再返回左针，替换针目的顺序。

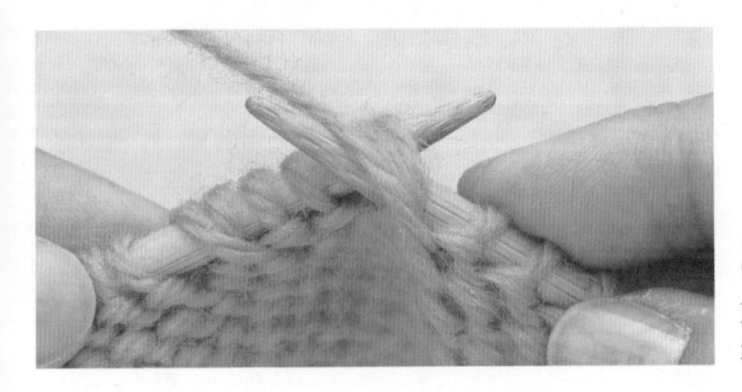

8 交替完的两针一起编织上针。

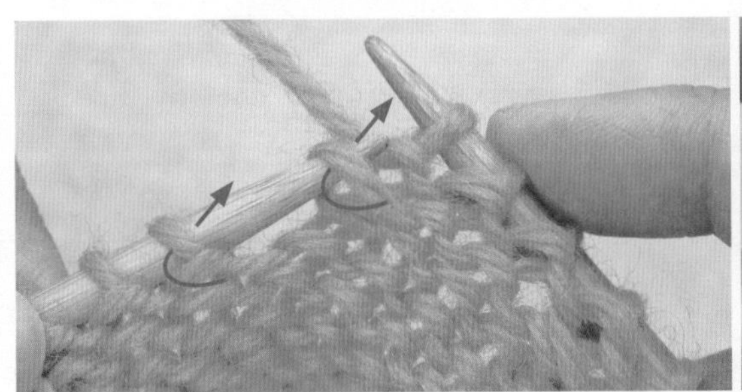

9 再次编织至滑针的位置，然后按照步骤7~8的方法，依次交替下面的两针（左图），之后两针一起编织上针（右图）。

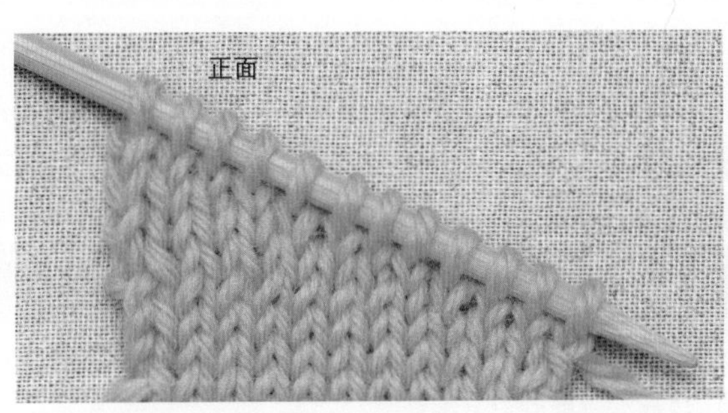

10 接着编织3针上针，完成消行。完成右倾斜的往返编织。

5 挑针

在衣襟口和袖口处加入缘编织，或是从衣身处编织袖子和前襟时，都可以采用从织片挑针的方法。根据挑针的位置不同，可以分为几种方法，但不论选用哪一种，关键都在于挑针时要注意整体平衡。

从一般的起针中挑针

从用手指制作而成的起针中挑针是最基本的挑针方法。逐一将所有针目挑起。

上下针时

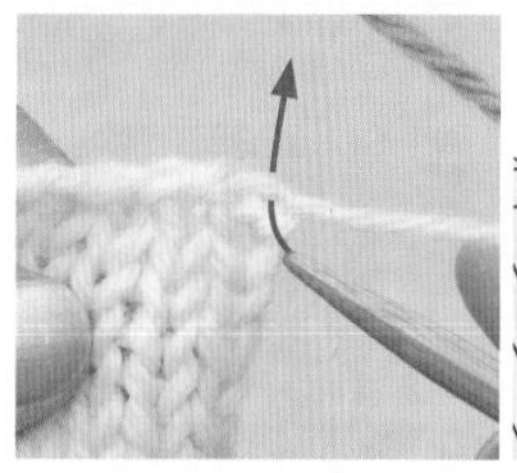

1 按照箭头插入右针。

2 右针挂线后再引拔抽出，完成1针挑针。

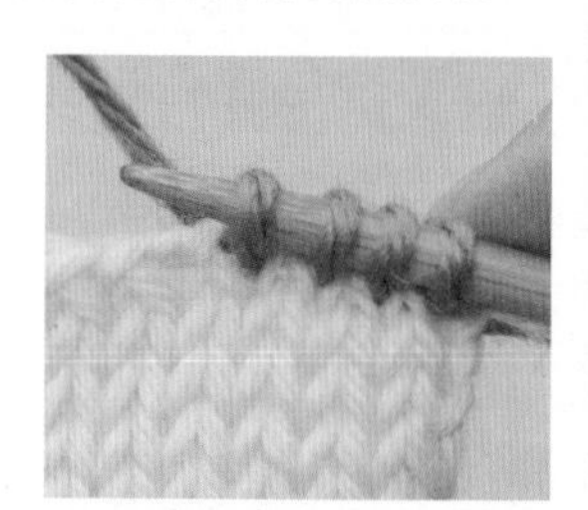

3 按照同样的方法，在相邻的针目（步骤1插图中●的位置）中挑针，如此挑起所需的针数。

4 从上下针中挑针完成后如图。

反上下针时

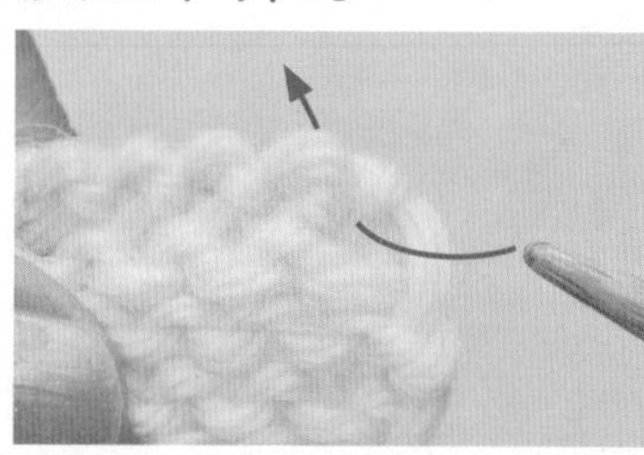

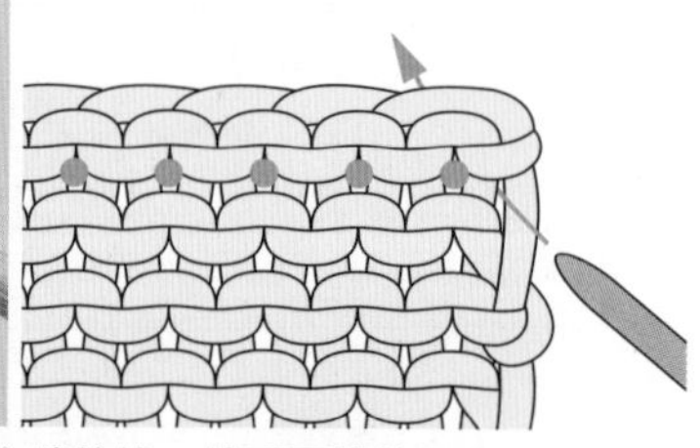

1 按照箭头所示插入右针，挑起右端的线，然后再挂线。

2 用右针引拔抽线，完成1针挑针。

3 然后按照同样的方法，从相邻的针目（步骤1插图中●的位置）挑针，如此挑起所需的针数。

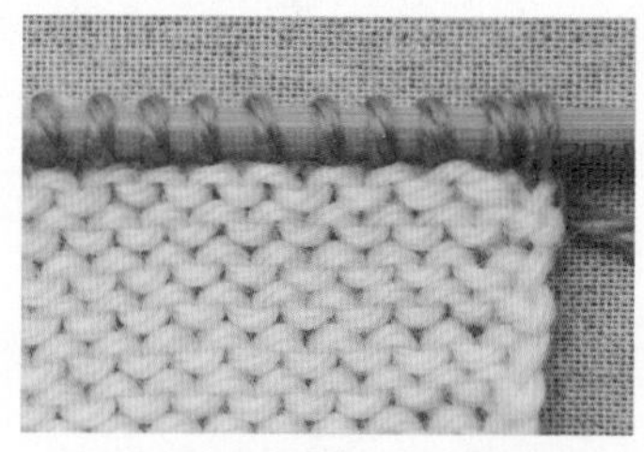

4 从反上下针中挑针完成后如图。

从伏针中挑针

如果是在伏针收针等有伏针的织片中，可以从织伏针的位置挑针。与“从一般的起针中挑针”一样，逐一挑起所有的针目。

上下针时

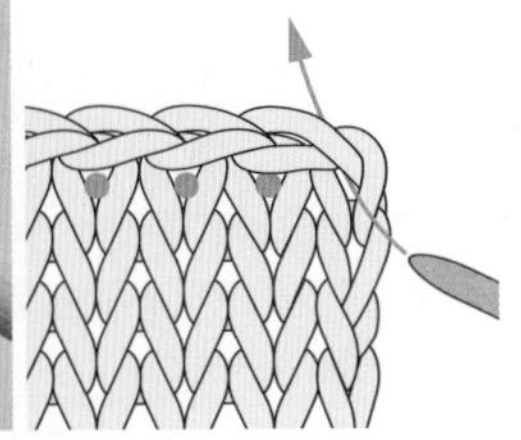

1 按照箭头所示插入右针。

2 挂线后用右针引拔抽出。

3 完成1针挑针后如图。

4 按照同样的方法，从相邻的针目（步骤1插图中●的位置）挑针，如此挑起所需的针数（左图）。但不能像右图所示那样将伏针的锁针挑起。

5 从上下针的伏针中挑针。

反上下针时

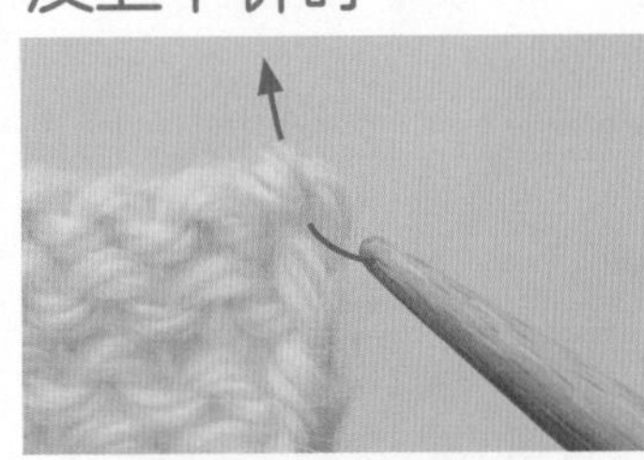

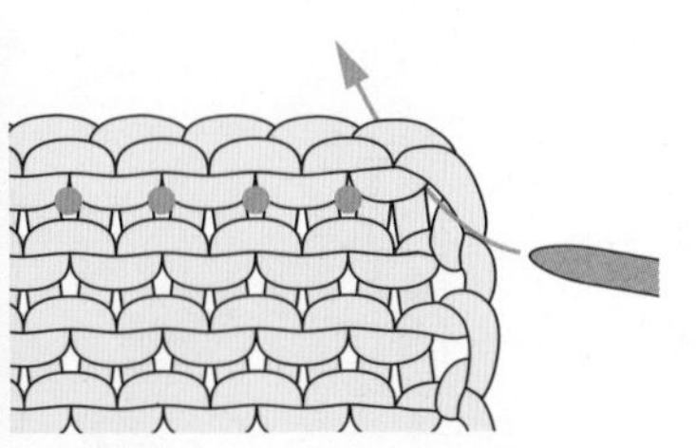

1 右针插入箭头所示的位置，挑起两根线。

2 挂线后用右针引拔抽出。

3 完成1针挑针后如图。

4 按照相同的方法，从相邻的针目中（步骤1插图的●位置）挑针，如此挑起所需的针数。

5 从反上下针的伏针中挑针后如图。

从行间挑针

行间的距离比针目间的距离稍窄，挑几针后便要跳1行调整间隔。此处采用的是挑3针跳1行的挑针方法。

上下针时

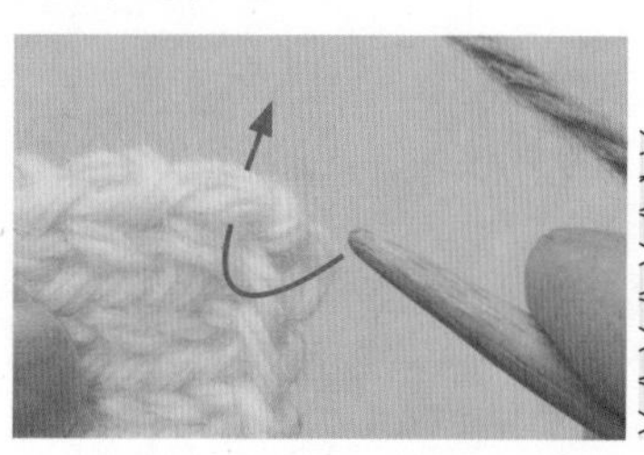
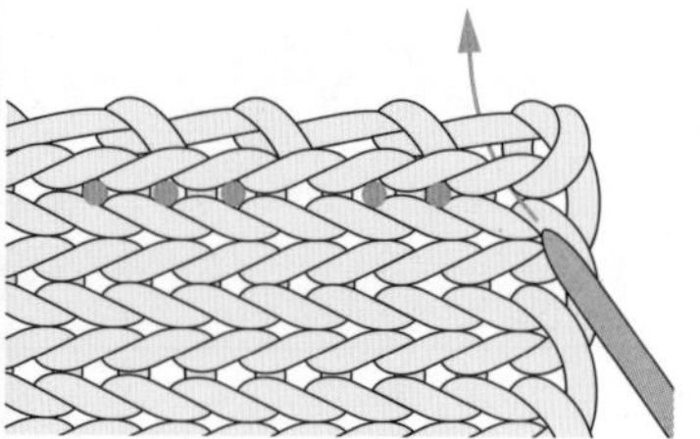

1 右针插入箭头所示位置，挑起两根线。

2 挂线后用右针引拔出。

3 完成1针挑针后如图。接着按照同样的方法从步骤1插图中的●位置挑针。

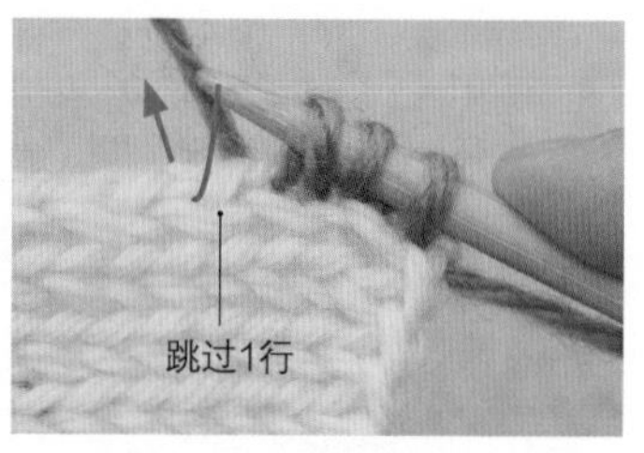

4 挑完3针后，跳过1行。同样，从●的位置挑针。

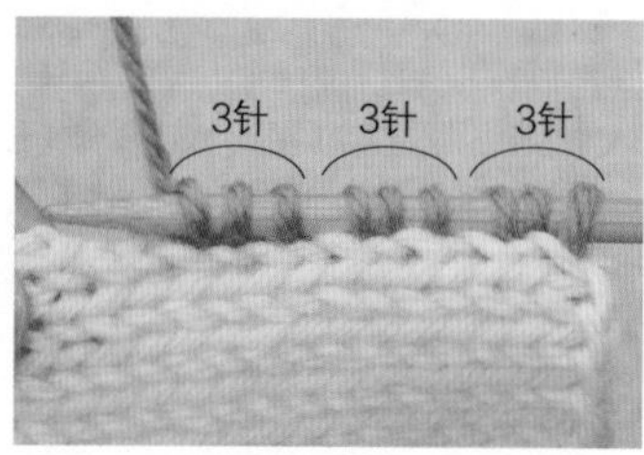

5 挑3针跳1行，如此继续挑针。

反上下针时

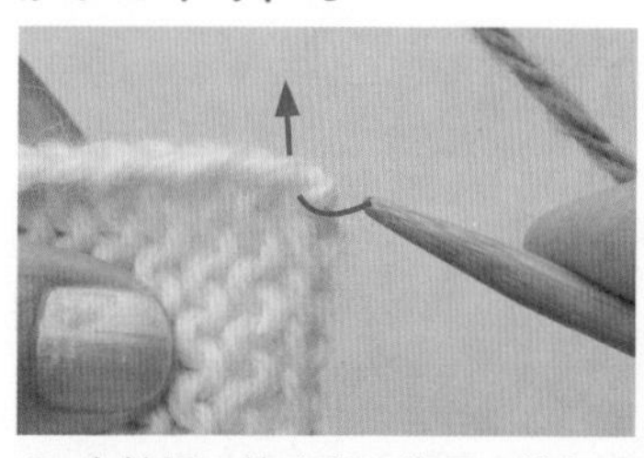
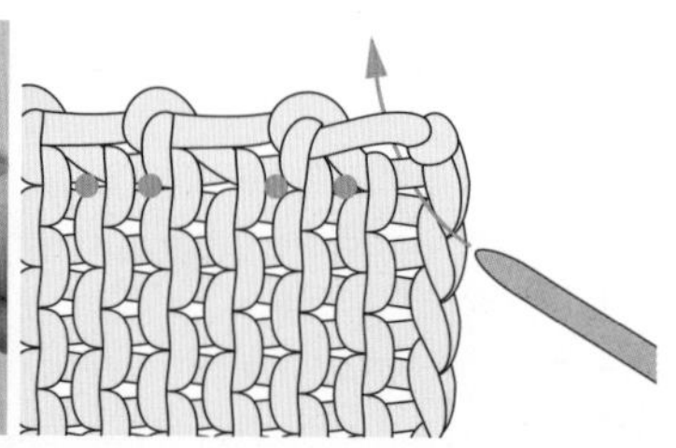

1 右针插入箭头所示位置，挑起两根线。

2 挂线后用右针引拔出。

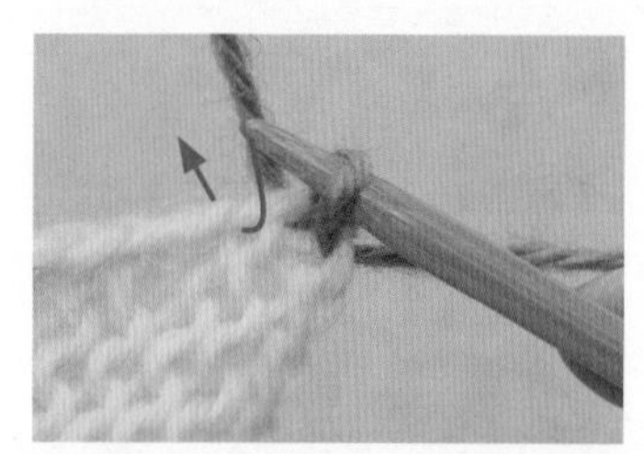

3 挑完1针后如图。接着按照同样的方法，从步骤1插图中的●位置挑针。

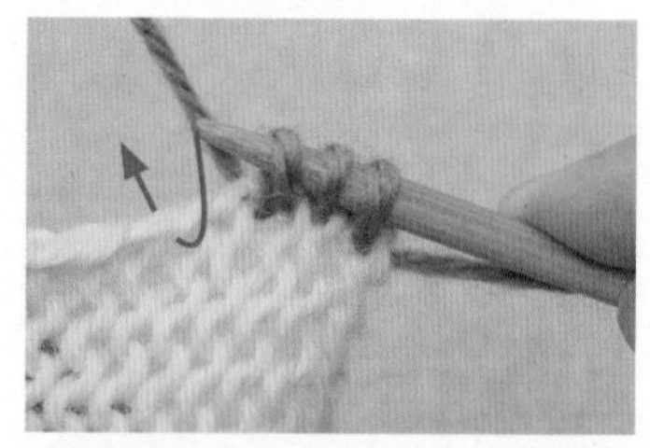

4 挑完3针后，跳过1行。同样，在●的位置挑针。

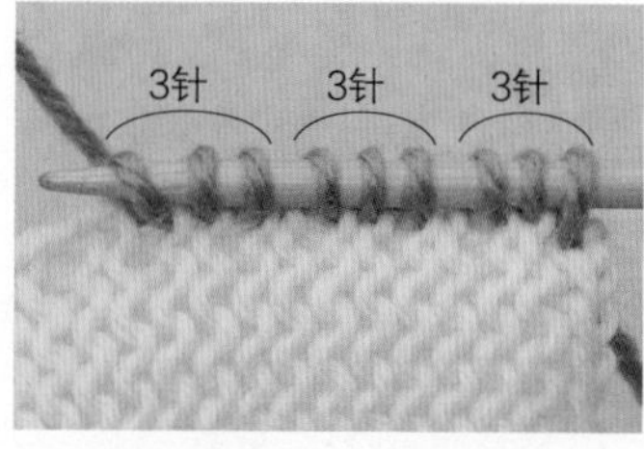

5 挑3针跳1行，如此继续挑针。

平针编织时……………………………………

※平针编织的织片具有伸缩性，不需要挑那么多针，挑2针跳1行即可。

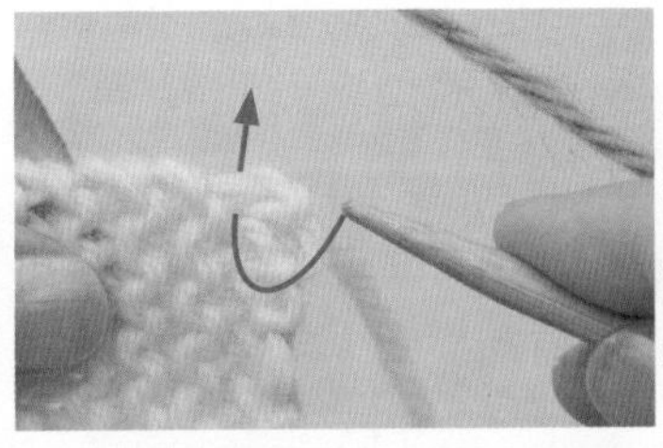

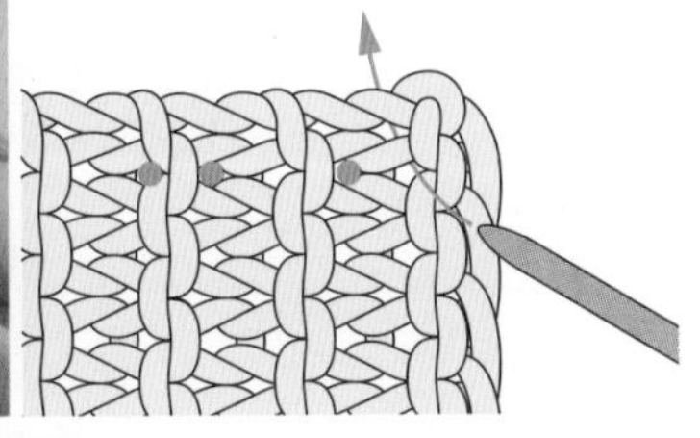

1 右针插入箭头所示位置，挑起两根线。

2 挂线后用右针引拔抽出。

3 完成1针挑针。接着按照相同的方法，从步骤1插图的●位置挑针。

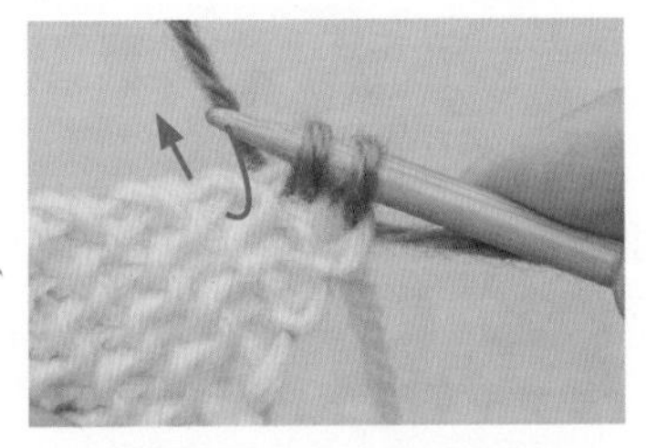

4 挑完2针后，跳过1行。同样，在●的位置挑针。

5 挑2针跳1行，如此继续挑针。

从曲线和斜线中挑针

从衣襟口、袖口等曲线和斜线中挑针时，要同时在针目与行间挑针。注意整体平衡，挑起所需的针数。

从曲线中挑针……………………………………

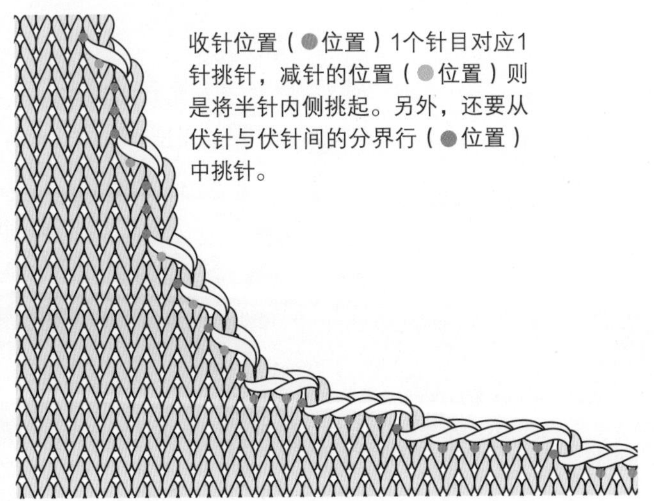

收针位置（●位置）1个针目对应1针挑针，减针的位置（●位置）则是将半针内侧挑起。另外，还要从伏针与伏针间的分界行（●位置）中挑针。

从斜线中挑针……………………

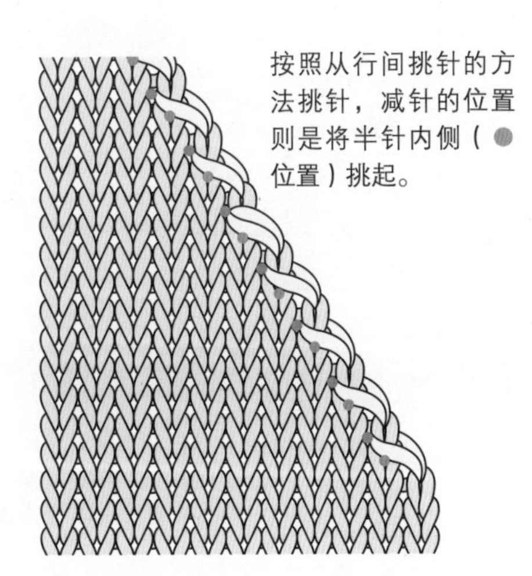

按照从行间挑针的方法挑针，减针的位置则是将半针内侧（●位置）挑起。

6 收针

在编织终点处防止针目散开而采用的方法称为“收针”。应选择与织片和用途相符的收针方法。

伏针收针

→解说见P.27～P.28、P.36～P.37

引拔收针

→解说见P.29、P.37

拧扭收针

适用于帽子顶部和手套指尖等处，是在环形编织的针目中收针的方法。

1 编织终点的线穿入缝纫针中，然后依次用缝纫针将留在棒针上的所有针目挑起。

2 挑完1周后，再按同样的方法将所有针目挑1周，之后拉紧线。

3 针目呈拧扭状，然后从织片反面穿出缝纫针，将线头处理到反面不显眼的位置，注意不要影响正面的效果（图片所示为正面）。

单罗纹针收针

此收针法既不会破坏罗纹针的伸缩性，又能保持单罗纹针的状态。用罗纹针收针时，要在织片的右侧完成编织，然后用编织终点的线头（长度约是织片的3倍）收针。

收针起点（下针1针时）

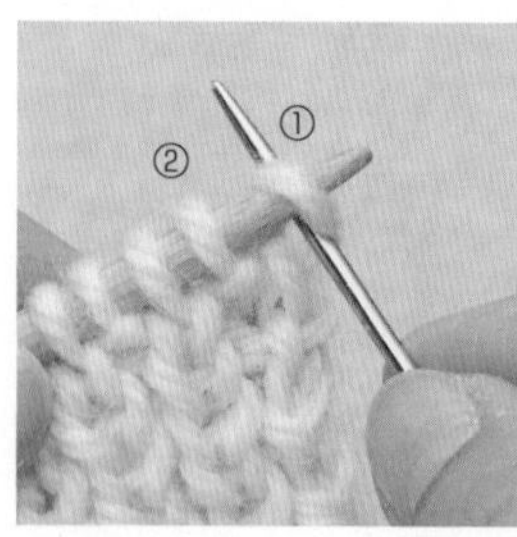

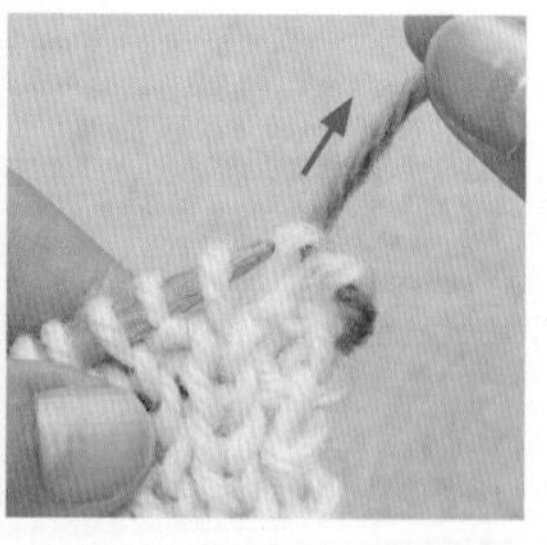

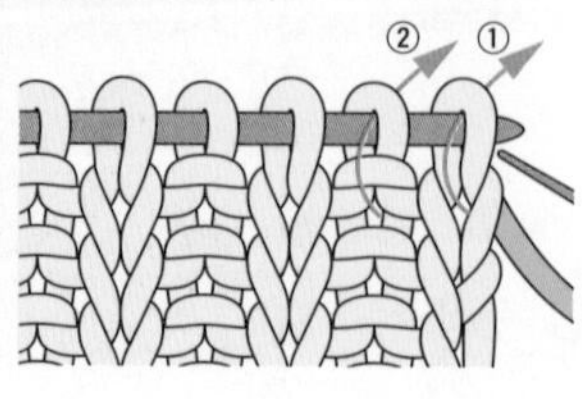

1 编织终点的线穿入缝纫针中，然后按照图中箭头所示，依次插入最初的第1针和第2针中（左图），拉紧线（右图）。

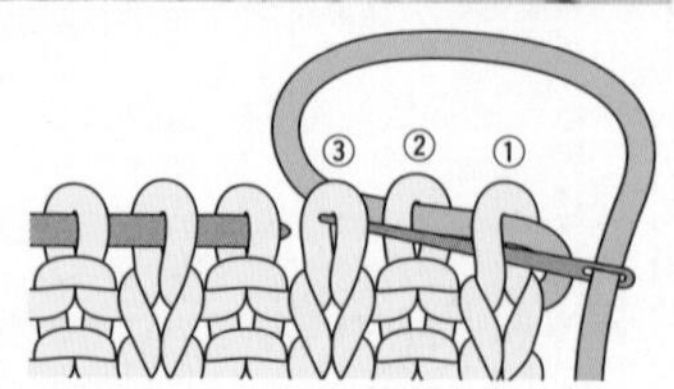

2 再按图示方法，将缝纫针插入第1针和第3针下针中，再拉紧线。依照“从内侧插入，从内侧穿出”的方法，将缝纫针插入各下针中。

还有这种方法 拉线时……

拉线时不要一次性拉得太紧，在拉之前先按图示方法用手指轻轻拉动穿在针目中的线，尽量让收针的针目保持直立状态，这样作品的效果更漂亮。

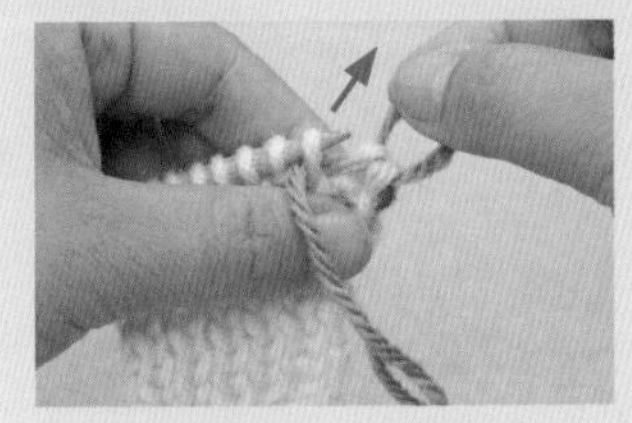

1 系紧之前，先轻轻向上拉线，让针目保持直立状态。

2 轻轻拉动线。

3 拉紧线后如图。按照要领，将绿色线置于收针针目的上方后再拉紧。

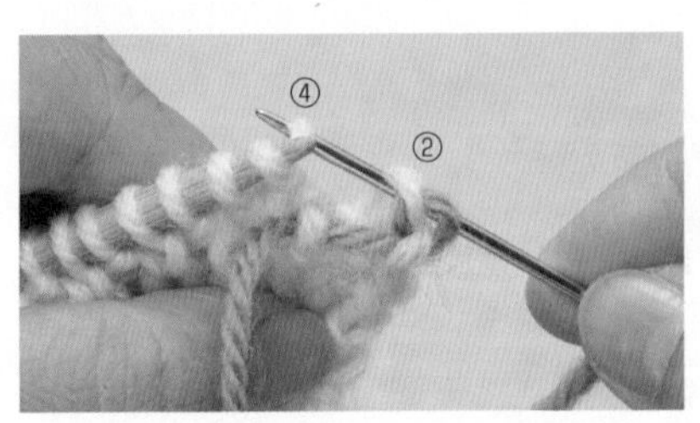

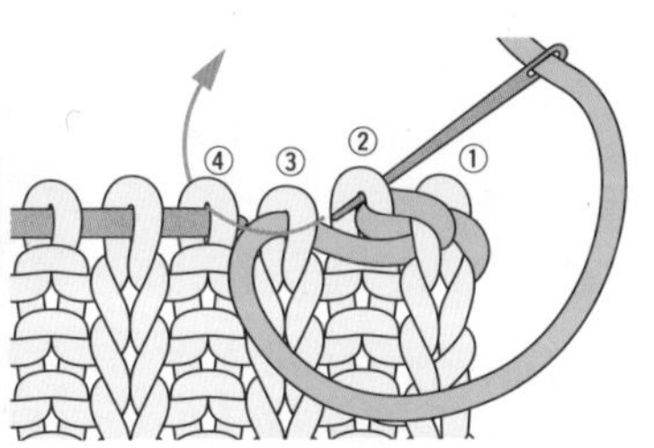

3
按照图示方法，将缝纫针插入第2针和第4针的上针中，拉紧线。依照“从外侧插入，从外侧穿出”的方法，将缝纫针插入各上针中。

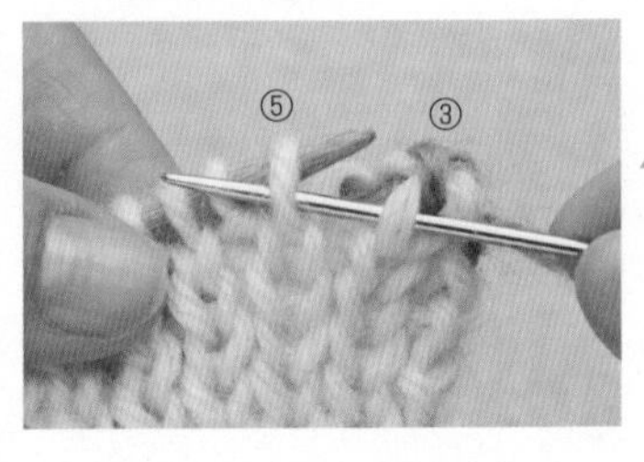

4
按照“从内侧插入，从内侧穿出”的方法，将缝纫针插入第3针和第5针下针中。

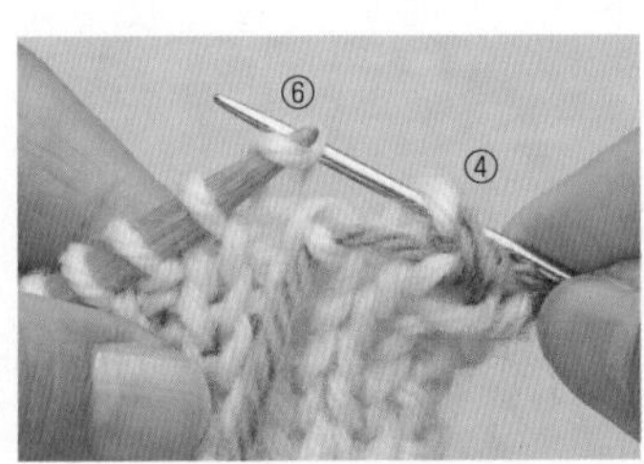

5
再按照“从外侧插入，从外侧穿出”的方法，将缝纫针插入第4针和第6针上针中。之后，重复步骤2~5的做法。

收针终点（上针2针时）

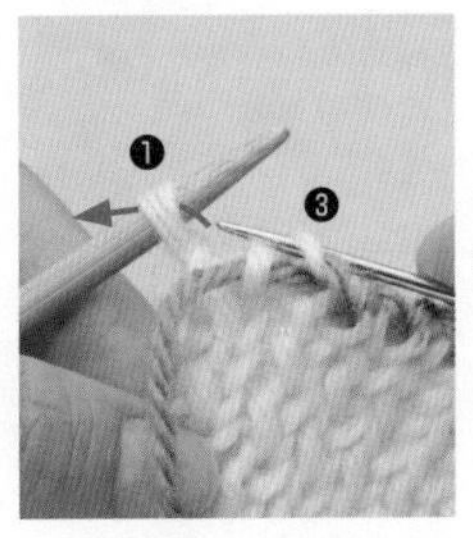

6 在收针终点处，分别将缝纫针从外侧插入倒数第3针（上针）和倒数第1针（下针）中，拉紧线。

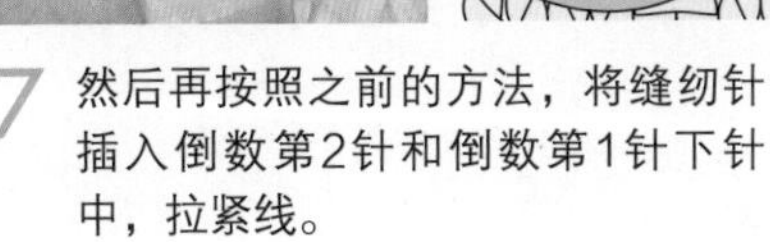

7 然后再按照之前的方法，将缝纫针插入倒数第2针和倒数第1针下针中，拉紧线。

8 单罗纹针收针完成后如图。

双罗纹针收针

此收针法既不会破坏罗纹针的伸缩性，又能保持双罗纹针的状态。用罗纹针进行收针时，要在织片的右侧完成编织，然后用编织终点的线头（长度约是织片的3倍）收针。

收针起点

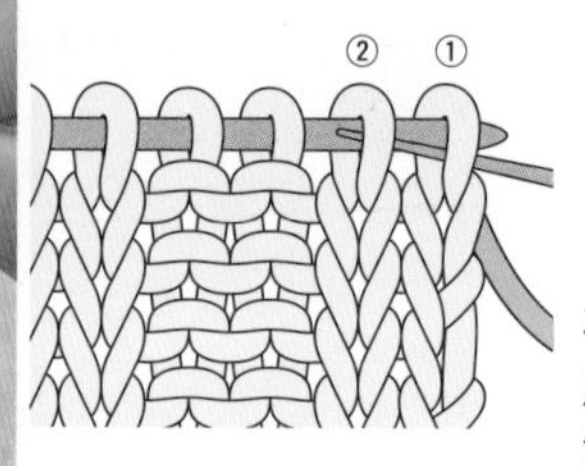

1

将编织终点的线头穿入缝纫针中，然后按照箭头所示将缝纫针插入最初的第1针和第2针中，拉紧线。

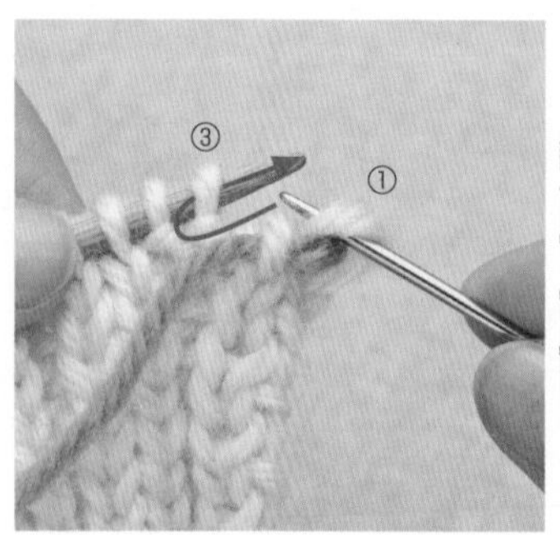

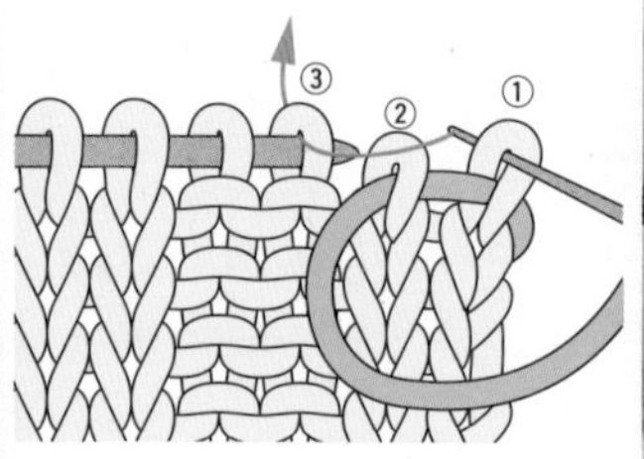

按照P.79专栏中的介绍，此处将线轻轻往上拉，让收针的针目保持直立。这样一来，针目更清晰，完成后的效果也更好。

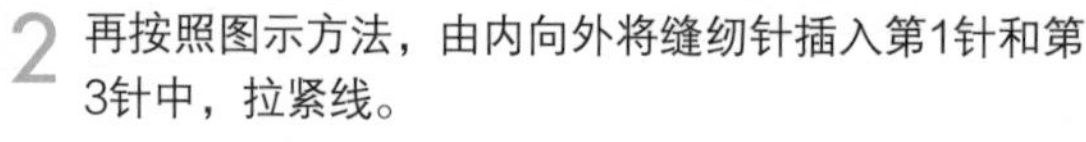

2 再按照图示方法，由内向外将缝纫针插入第1针和第3针中，拉紧线。

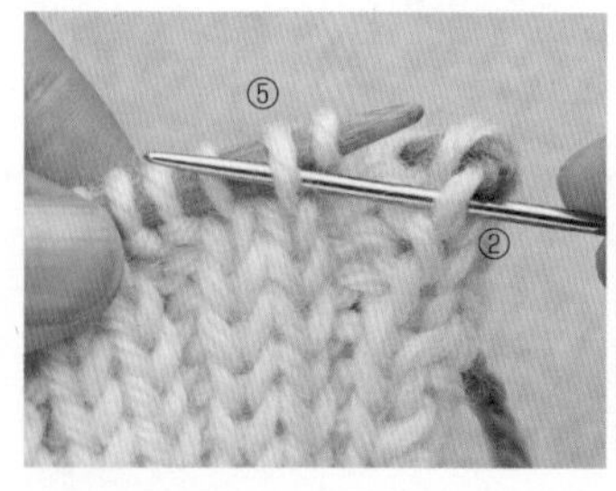

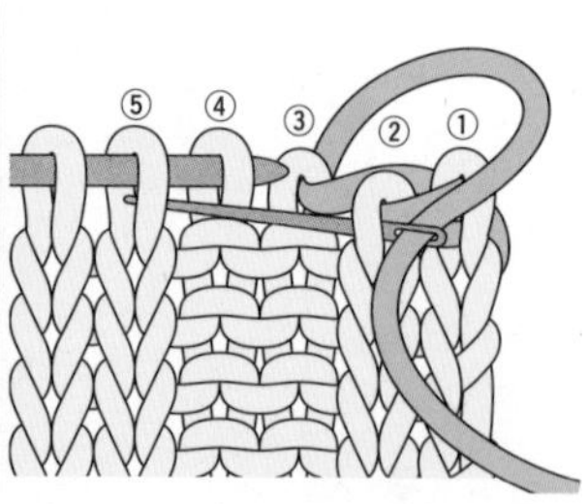

3

按照图示方法，将缝纫针插入第2针和第5针下针中，拉紧线。与单罗纹针收针的情况相同，依照“从内侧插入，从内侧穿出”的方法，将缝纫针插入各下针中。

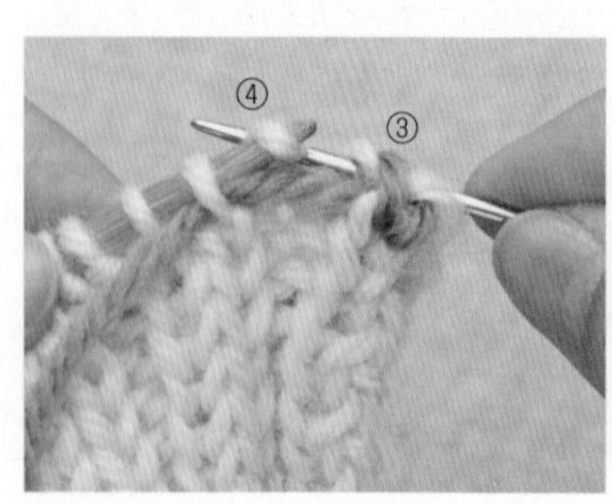

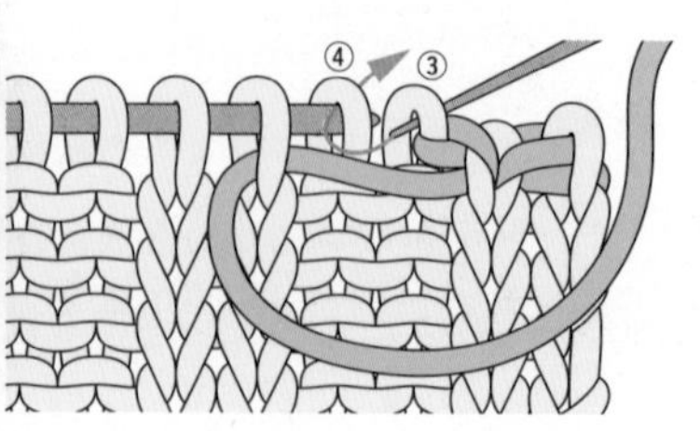

4

按照图示方法，将缝纫针插入第3针和第4针上针中，拉紧线。与单罗纹针收针的情况相同，依照“从外侧插入，从外侧穿出”的方法，将缝纫针插入各上针中。

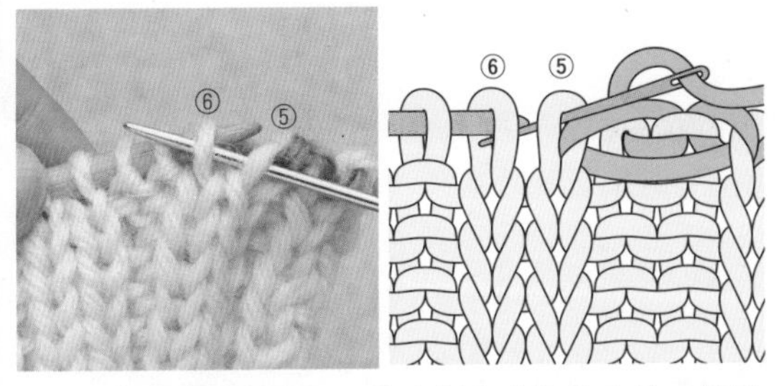

5 按照“从内侧插入、从内侧穿出”的方法，将缝纫针插入第5针和第6针下针中，再拉紧线。

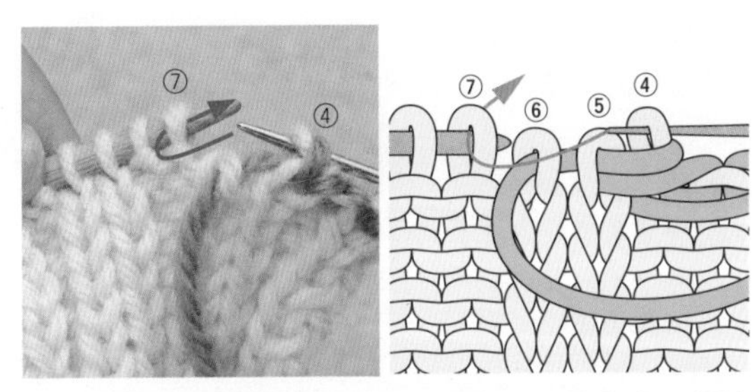

6 按照“从外侧插入、从外侧穿出”的方法，将缝纫针插入第4针和第7针上针中，再拉紧线。

7 之后，重复步骤3~6。左图为缝纫针插入第6针和第9针下针中进行收针，右图为缝纫针插入第7针和第8针上针中进行收针。

收针终点

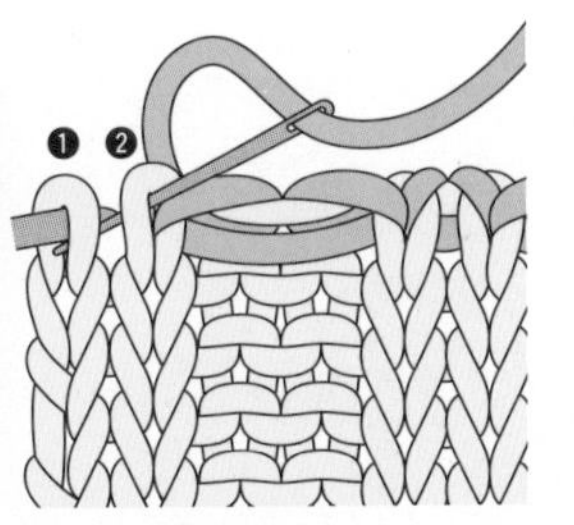

8 收针至末端，按照之前的方法将缝纫针插入倒数第2针和倒数第1针下针中，再拉紧线。

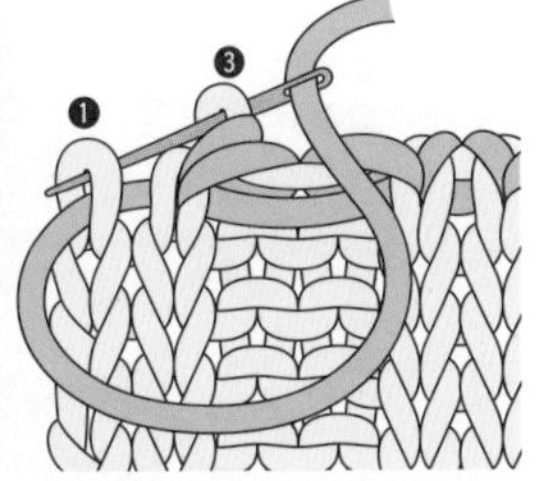

9 最后，按照图示方法，将缝纫针插入倒数第3针（最末端的上针）和倒数第1针（最末端的下针）中，再拉紧线。

10 完成双罗纹针收针后如图。

环形编织的罗纹收针

中间的收针方法与平针编织罗纹收针的方法相同，但收针起点和收针终点有所不同。

单罗纹针收针时

收针起点

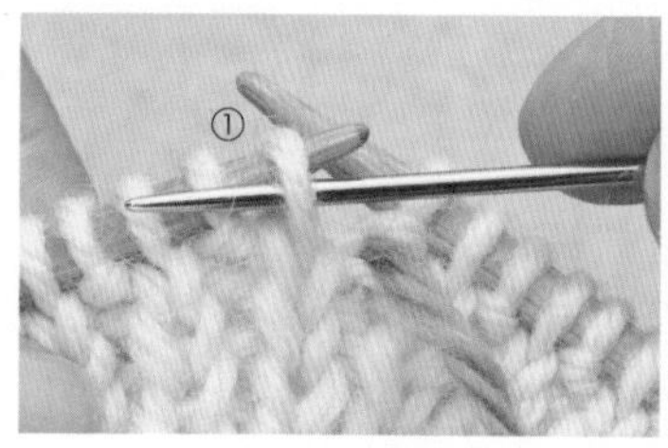

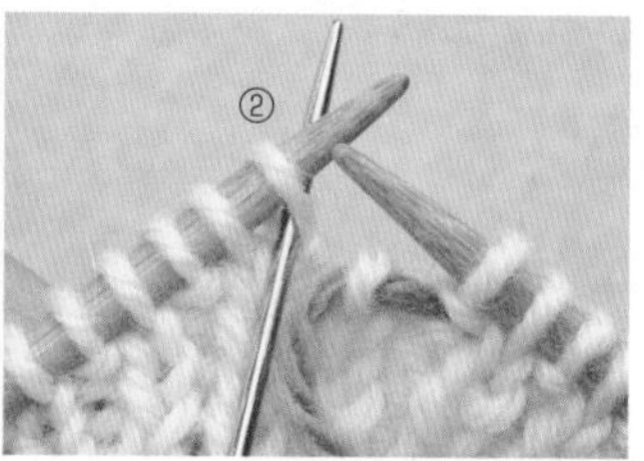

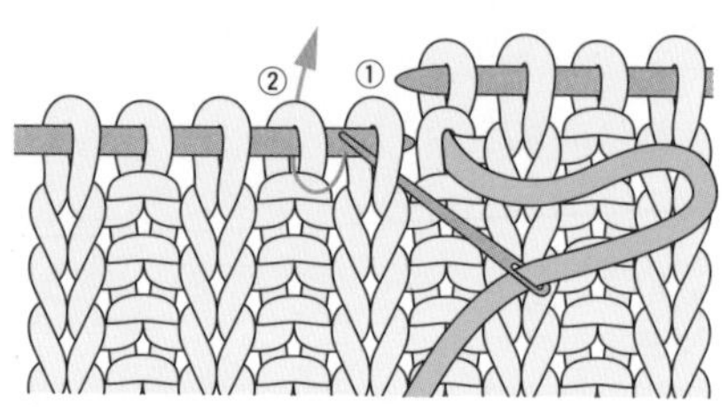

1 把编织终点的线穿入缝纫针中，然后将缝纫针从外侧插入编织起点的第1针（左图）、从内侧插入第2针（右图）中，再拉紧线。

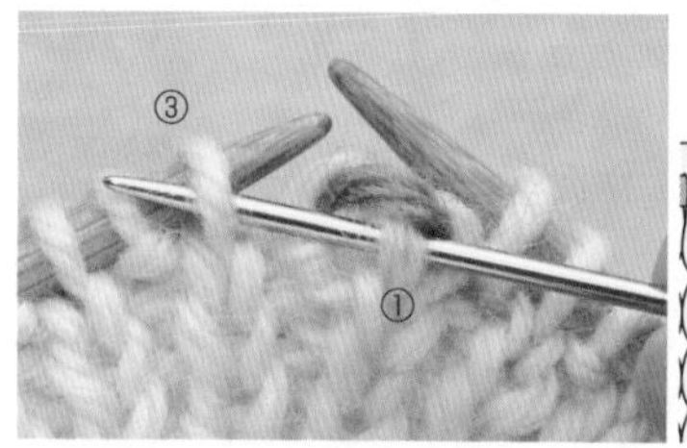

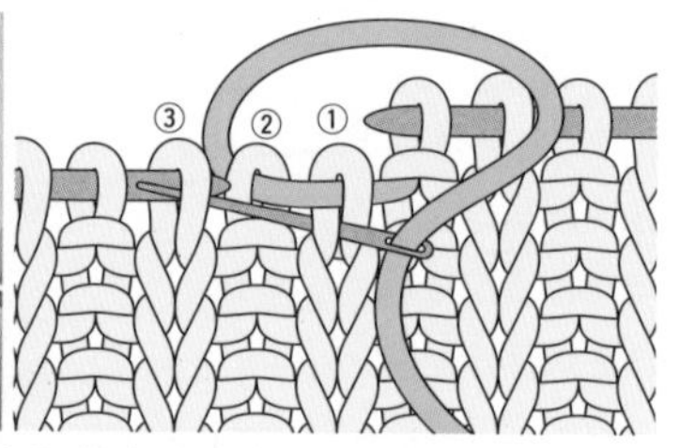

2 按照“从内侧插入、从内侧穿出”的方法，将缝纫针插入第1针和第3针下针中，拉紧线。

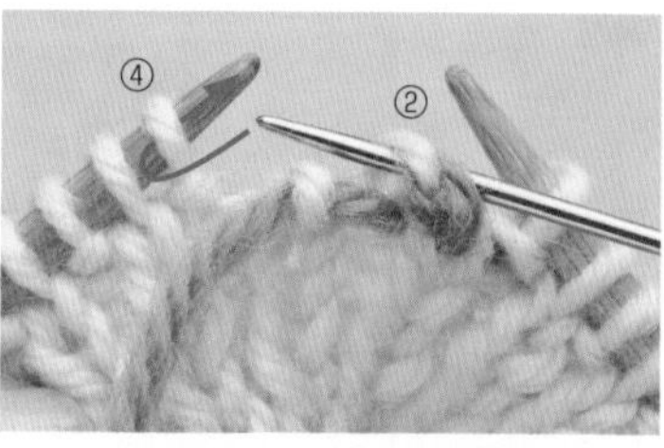

3 之后再按照“从外侧插入、从外侧穿出”的方法，将缝纫针插入第2针和第4针上针中，拉紧线。接着按照平针编织的单罗纹收针（P.78~79）方法重复编织。

收针终点

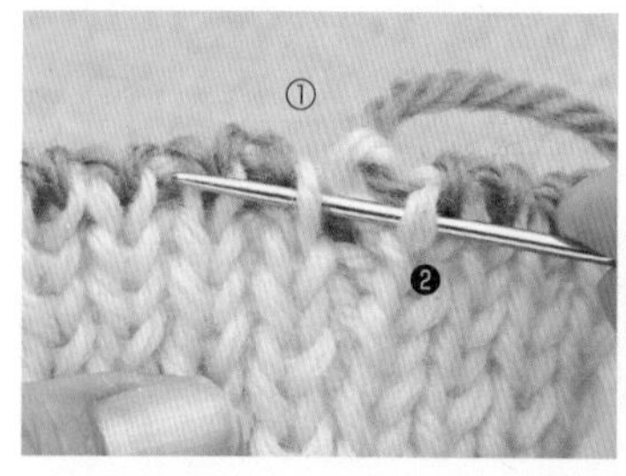

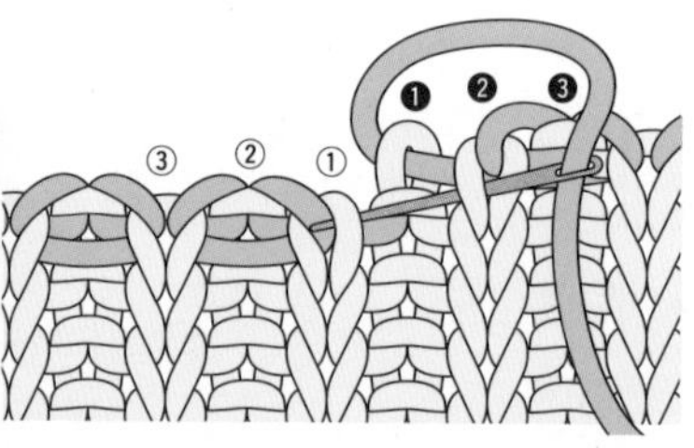

4 编织终点处按照“从内侧插入、从内侧穿出”的方法，将缝纫针插入倒数第2针和收针起点第1针的下针中，再拉紧线。

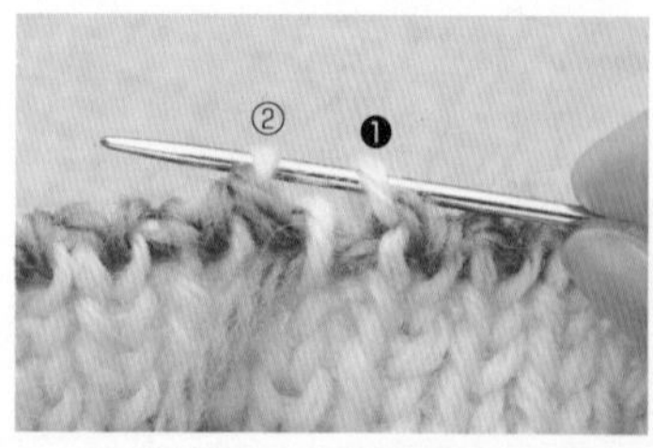

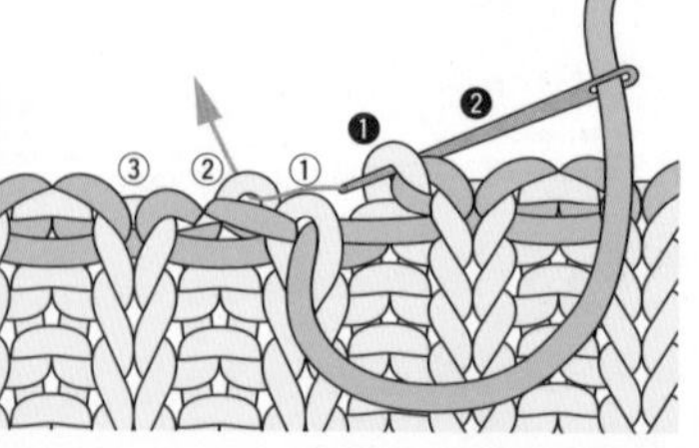

5 最后按照“从外侧插入、从外侧穿出”的方法，将缝纫针插入倒数第1针和收针起点第2针的上针中，再拉紧线。

6 环形编织的单罗纹针收针完成。

双罗纹收针时

收针起点

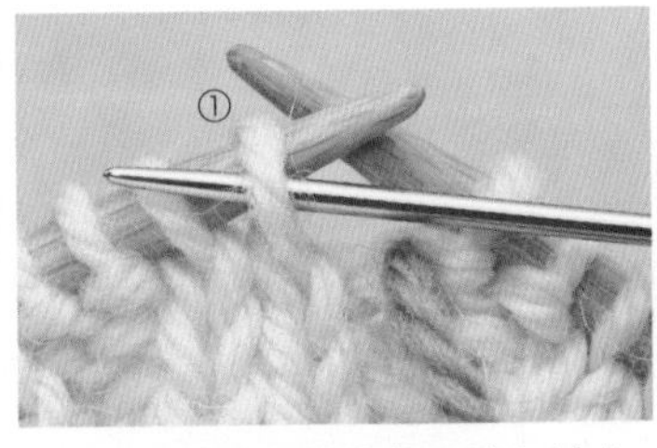

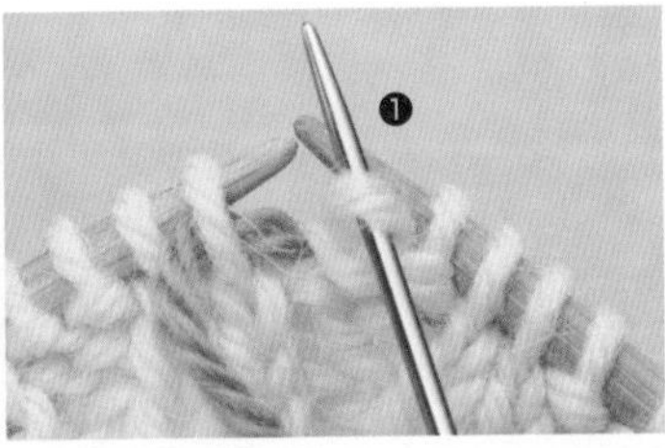

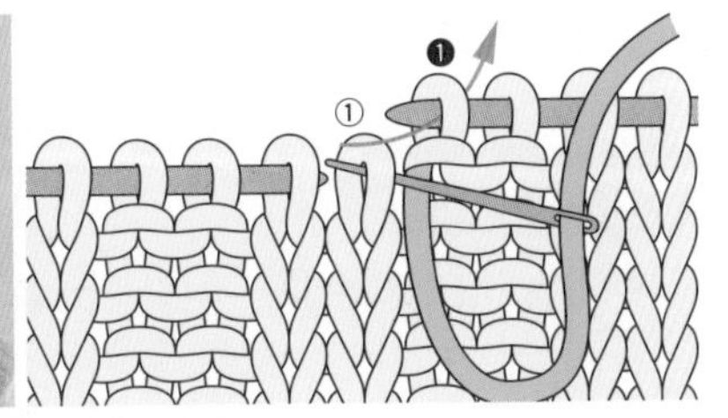

1 把编织终点的线穿入缝纫针中，再将缝纫针从外侧插入编织起点处的第1针（左图）、从内侧插入编织终点处的倒数第1针（右图）中，然后拉紧线。

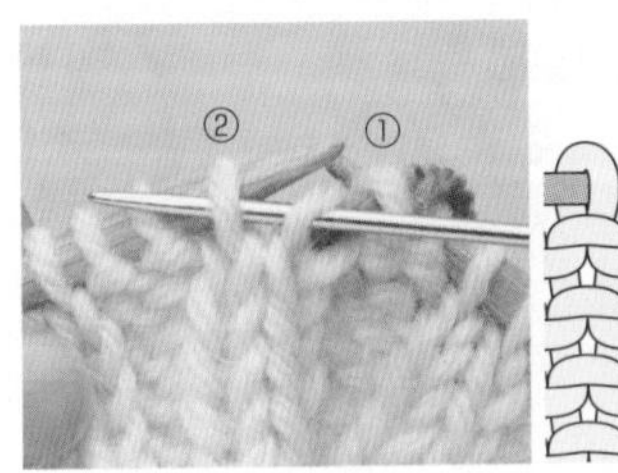

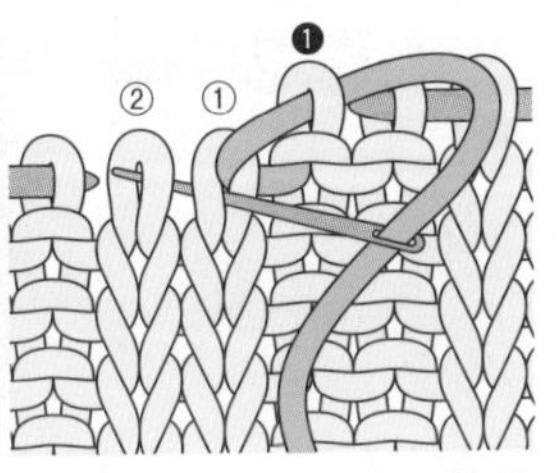

2 按照“从内侧插入、从内侧穿出”的方法，将缝纫针插入编织起点的第1针和第2针下针中，再拉紧线。

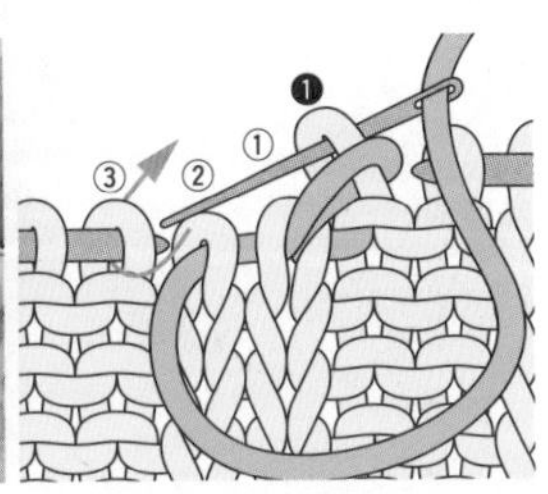

3 再按照“从外侧插入、从外侧穿出”的方法，将缝纫针插入编织终点处的倒数第1针和编织起点处第3针的上针中，再拉紧线。

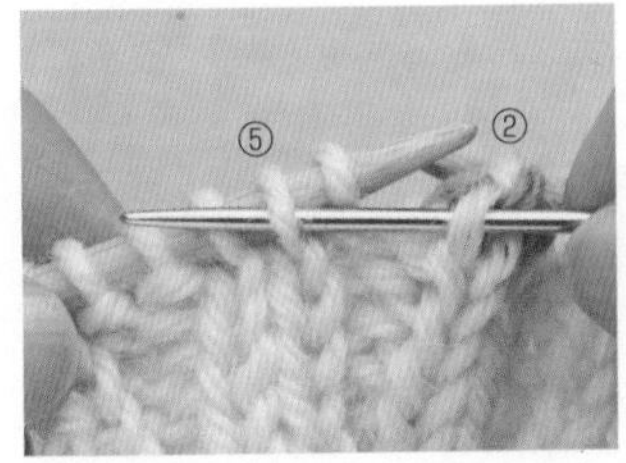

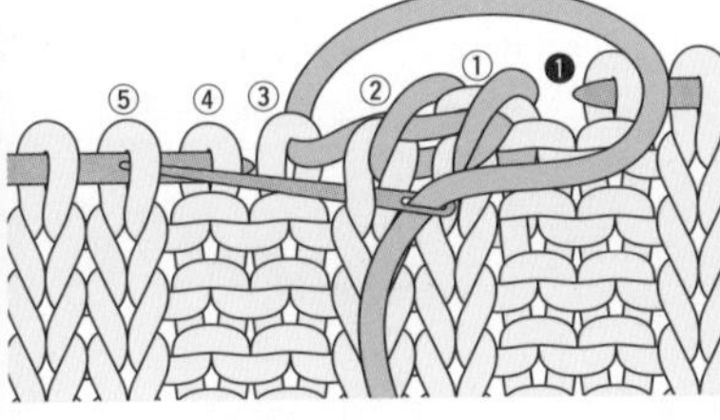

4 按照“从内侧插入、从内侧穿出”的方法，将缝纫针插入编织起点的第2针和第5针的下针中，拉紧线。之后按照平针编织双罗纹针收针（P.80~P.81）的方法重复编织。

收针终点

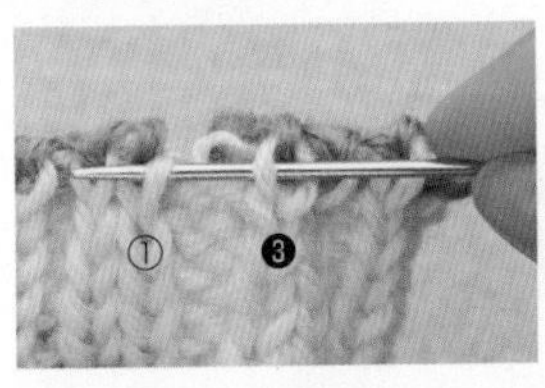

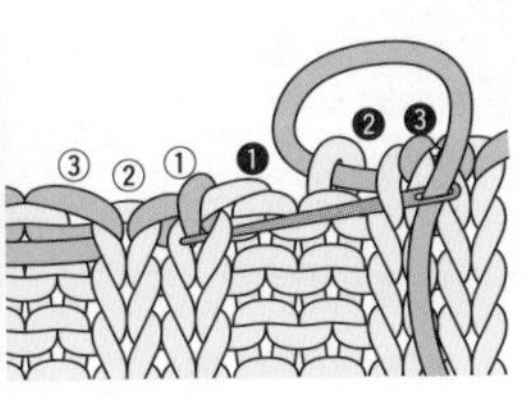

5 收针终点处，按照“从内侧插入、从外侧穿出”的方法将缝纫针插入倒数第3针和收针起点第1针的下针中，再拉紧线。

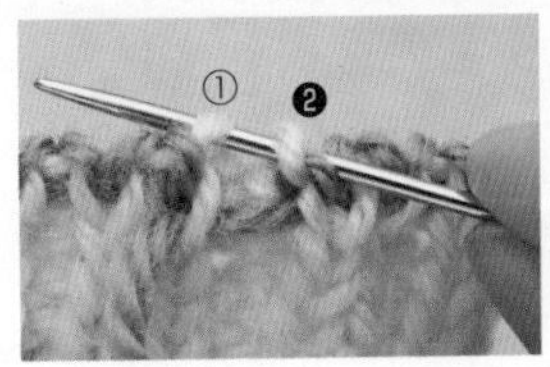

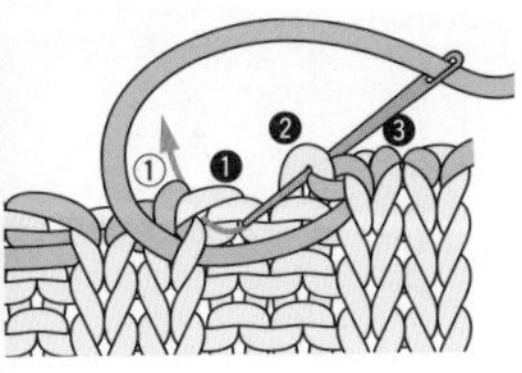

6 最后，按照“从外侧插入、从外侧穿出”的方法，将缝纫针插入倒数第2针和倒数第1针的上针中，再拉紧线。

7 环形编织的双罗纹针收针完成。

7 订缝织片

所谓“订缝”是指将两块织片的针目与针目缝合、针目与行间缝合的方法，是编织毛衣的必备技法。可根据织片和成品效果选择适合的方法。

盖针订缝

两块织片正面相对合拢，用其中一块织片的针目将另一块织片的针目盖住，然后再钩织引拔针的缝合方法。盖针订缝的针目薄且漂亮，是缝合肩部最常用的方法。

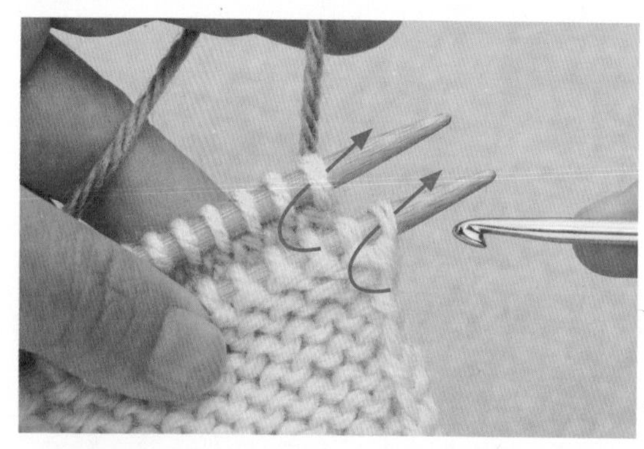

1 把两块织片正面相对合拢，按照箭头所示，依次先将钩针插入内侧的织片中。

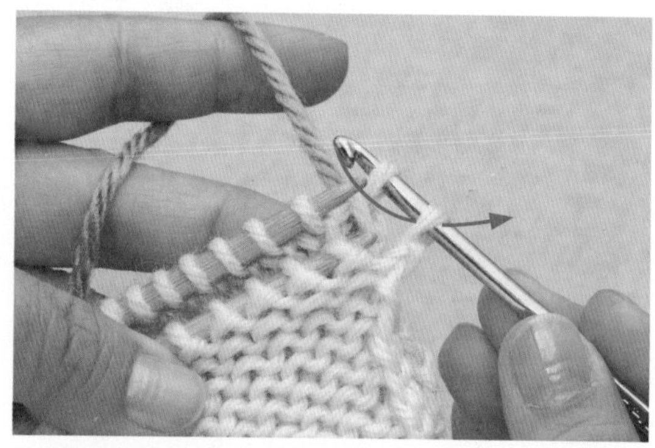

2 用钩针将步骤1中的2针钩好，再从棒针上滑脱，接着将外侧织片的针目挂到钩针上，再用内侧的针目将其盖住。

3 用内侧的针目盖住后，按箭头所示在钩针上挂线。

4 按箭头所示挂线后引拔抽出。

5 引拔出线后，按照步骤1的方法，将钩针插入两块织片下面的针目中，再从棒针上滑脱。

6 按照步骤2的方法，将外侧织片的针目挂到钩针上，用内侧的针目盖住。

7 再次在钩针上挂线，然后一次引拔穿过钩针上的两个线圈。

8 完成1针盖针订缝后如图。

9 重复步骤1~7。盖针订缝3针后如图所示。

10 最后再钩织1针锁针，引拔抽出线头收针。

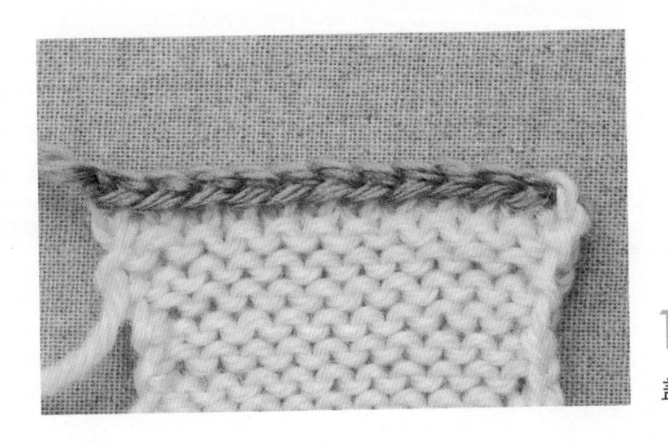

11

盖针订缝完成。

引拔针订缝

与“盖针订缝”不同，引拔针针订缝不需要盖住针目，只需用钩针钩织引拔针缝合即可，是基本的订缝方法。订缝的针目没有延伸性，常用于毛衣肩部的订缝。

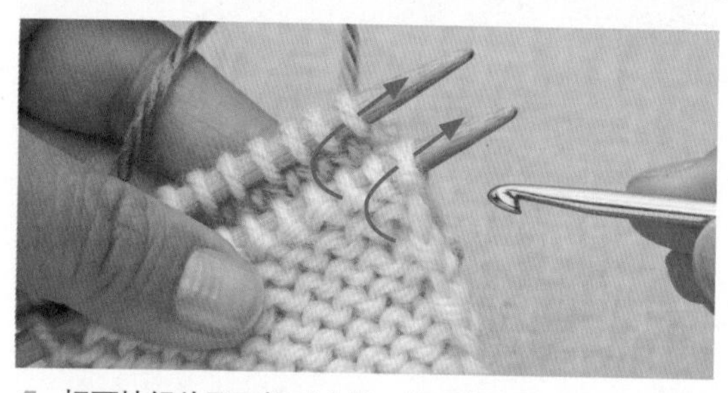

1 把两块织片正面相对合拢，按照箭头所示，将钩针插入织片内侧的两个针目中，再从棒针上滑脱针目。

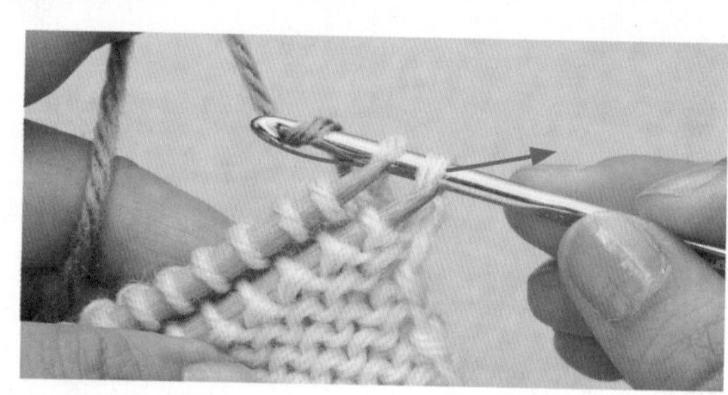

2 钩针上挂线，一次性引拔穿过两针。

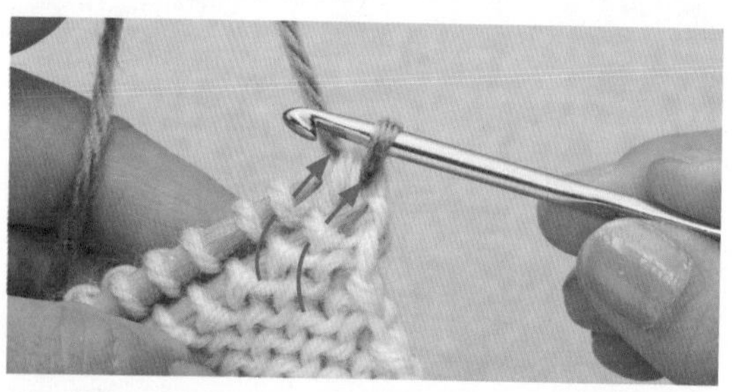

3 引拔出线后如图。按照步骤1的方法，沿箭头将钩针插入下面的针目中。

4 钩针上挂线，一次性引拔穿过3针。

5 完成1针引拔订缝后如图。

6 重复步骤3~5。引拔订缝3针后如图所示。

7 最后钩织1针锁针，引拔抽出线头收针。

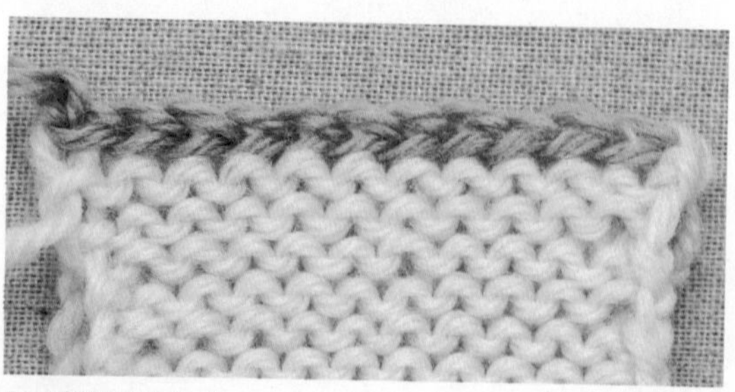

8 引拔订缝完成。

上下针订缝

如果想要订缝的针目不明显，可以一边编织上下针中的下针，一边缝合织片。

1 按照图示方法将两块织片相对放好。将编织终点处的线（事先留出线头，长约订缝部分的3倍）穿入缝纫针孔中，然后从外侧穿入下侧织片的第1针中，穿出线后，将这1针从棒针上滑脱。

重点

用上下针进行订缝时，除顶端的针目以外：
① 每个针目中都要穿两次缝纫针。
② 第1次是从反面穿到正面，第2次则是从正面穿到反面，编织过程中要随时确认这两个要点。另外，两块织片的针目会错开半针，还需注意订缝线不要拉得过紧，要看着织片的正面订缝。

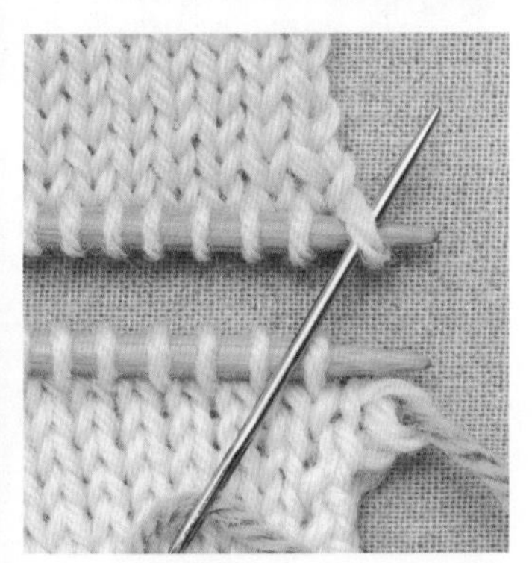

2 从反面将缝纫针插入上侧织片的第1针中，拉出线。

3 然后再按照图示方法，将缝纫针插入下侧织片的第1针和第2针中，拉出线。

4 按照图示方法，将缝纫针插入上侧织片的第1针和第2针中，拉出线。

5 按照步骤3的方法，将缝纫针插入下侧织片的第2针和第3针中，拉出线。

6 按照步骤4的方法，将缝纫针插入上侧织片的第2针和第3针中，拉出线。

7 重复步骤3~6，上下针订缝完成。

卷针订缝

此订缝方法是将伏针收针的针目逐一挑起后做卷针缝，其特征是订缝线会露在外面。

1 将伏针收针的针目按照图示方法相对放好。上侧织片编织终点处的线头穿入缝纫针孔中，然后再从反面将缝纫针插入下侧织片的第1针中，拉出线。

2 将上下两片织片伏针收针的针目整针挑起，再抽出线。

3 下面的针目也按同样的方法整针挑起，抽出线。之后如此重复。

4 卷针订缝完成。

专栏 洗涤时的注意事项

作品编织完成进行洗涤时，请先查看编织线上的标签。对照下面的图示进一步确认后再清洗。这些图都是按照JIS（日本工业规格）绘制的。

使用中性洗涤剂，手洗。水温约30℃。

禁止使用含氯的漂白剂。

熨烫时需用垫布，控制在中温（140~160℃）。

熨烫时需用垫布，控制在低温（80~120℃）。

可干洗。

不易用手拧干，可短时间地离心脱水。

展平晾干。

展平置于背阴处晾干。

针与行的订缝方法

一片在行间，另一片在针目中的订缝方法。针与行中，行数一般都会多于针数，因此在等间隔处将两行一起挑起进行订缝。下面介绍的是每3针将2行一起挑起的方法。

1 将上侧织片的行与下侧织片的针目订缝。两片都是看着织片的正面进行缝合。把下侧织片编织终点的线穿入缝纫针中，然后从反面插入第1针中，再拉出线。

2 用缝纫针将上侧织片顶端1针内侧的横向渡线挑起，拉紧线。

3 按照上下针订缝（P.87）的方法，将缝纫针插入下侧织片的第1针和第2针中，再拉紧线。

4 将上侧织片第2行的横向渡线挑起，拉紧线。

5 再将缝纫针插入下侧织片的第2针和第3针中，拉紧线。

6 将上侧织片第3行和第4行的横向渡线一起挑起，拉紧线。

7 重复步骤2~6，完成针与行的订缝。

8 接缝织片

所谓“接缝”是指将两块织片的行与行缝合的方法，是缝合毛衣前后片、袖下等必用的技法。可根据织片和成品效果选择最适合的方法。

上下针挑针接缝

将1针内侧横向渡线挑起接缝。顶端的1针形成缝份，看着织片的正面进行接缝。

1 起针剩余的线头穿入缝纫针孔中，然后用缝纫针将左侧织片的起针线（①）挑起，再拉紧线。

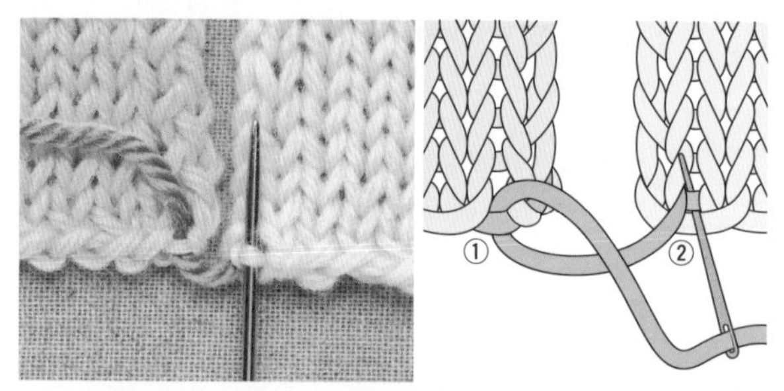

2 用同样的方法将右侧织片的起针线（②）挑起，拉紧线。

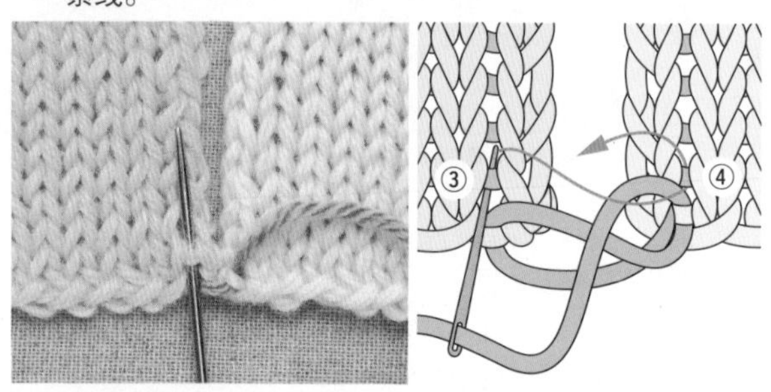

3 然后用缝纫针将左侧织片第2行距离顶端1针内侧横向渡线（③）挑起，再拉紧线。

4 接着用缝纫针将右侧织片第2行距离顶端1针内侧的横向渡线（步骤3插图中的④）挑起，再拉紧线。

5 按照步骤3~4，将步骤3插图中的粉色线交替挑起。挑针至第6行后如图所示。为了让渡线方法更明晰，图片中的线较为松散，实际挑针时要将线拉紧至看不到接缝线的程度。

6 上下针挑针接缝完成后如图。接缝线隐藏在缝份中看不到。

反上下针挑针接缝

将1针内侧横向渡线挑起接缝。顶端的1针形成缝份，看着织片的正面进行接缝。

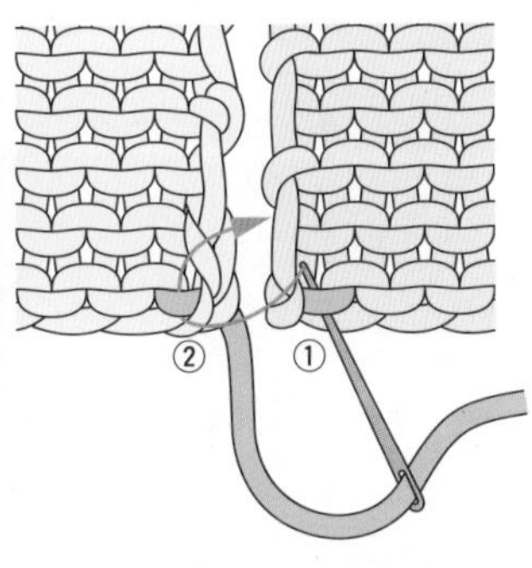

1 将起针剩余的线头穿入缝纫针孔中。然后用缝纫针将右侧织片起针上方的横向渡线（①）挑起，再拉紧线。

2 用同样的方法，将左侧织片起针上方的横向渡线（步骤1插图中的②）挑起，再拉紧线。

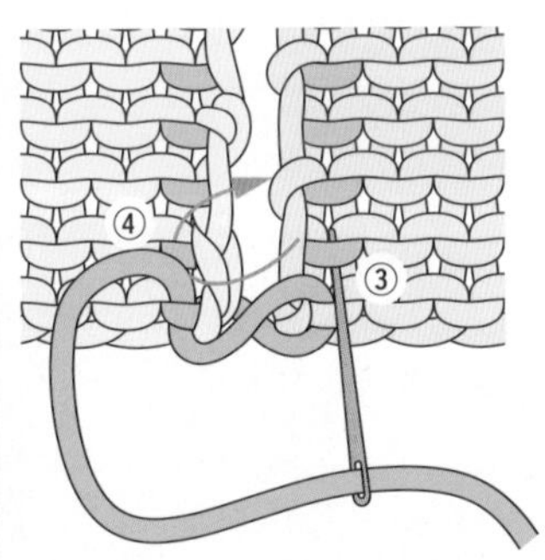

3 然后用缝纫针将右侧织片第2行距离顶端1针内侧的横向渡线（③）挑起，拉紧线。

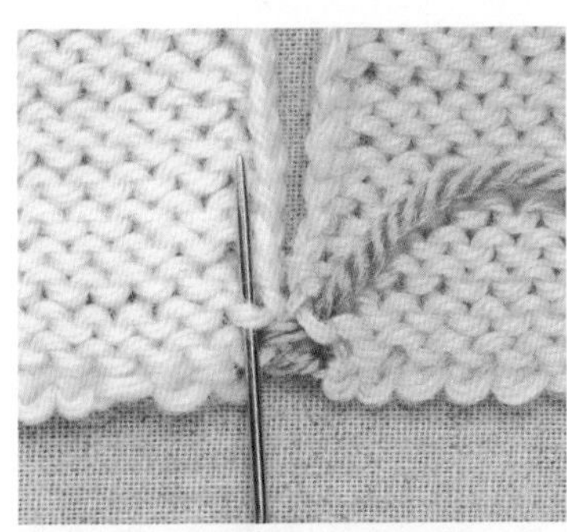

4 接着用缝纫针将左侧织片第2行距离顶端1针内侧的横向渡线（步骤3插图中的④）挑起，再拉紧线。

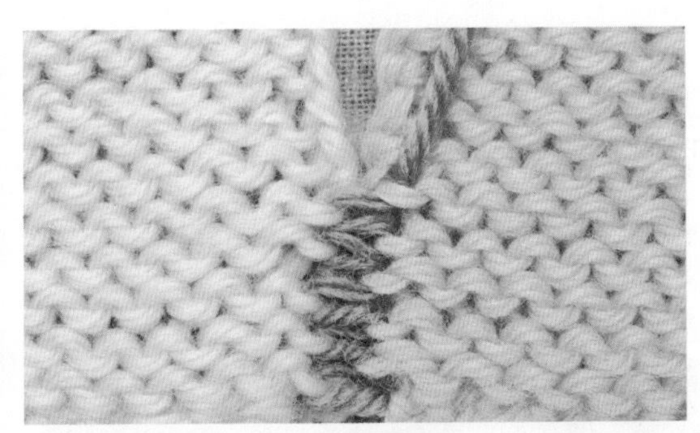

5 按照步骤3~4的方法，将步骤3插图中的粉色线交替挑起。挑针至第5行后如图所示。为了让渡线方法更明晰，图中的线较为松散，实际挑针时要将线拉紧至看不到接缝线的程度。

6 反上下针挑针接缝完成后如图。

平针挑针接缝

与上下针的织片相比，平针编织的织片具有纵向伸缩性，因此如果每行都挑针，顶端容易伸缩变形，所以要隔1行再挑针接缝。同样是看着织片的正面进行接缝。

1 把起针剩余的线头穿入缝纫针孔中。然后再用缝纫针将左侧织片的起针线（①）挑起，拉紧线。

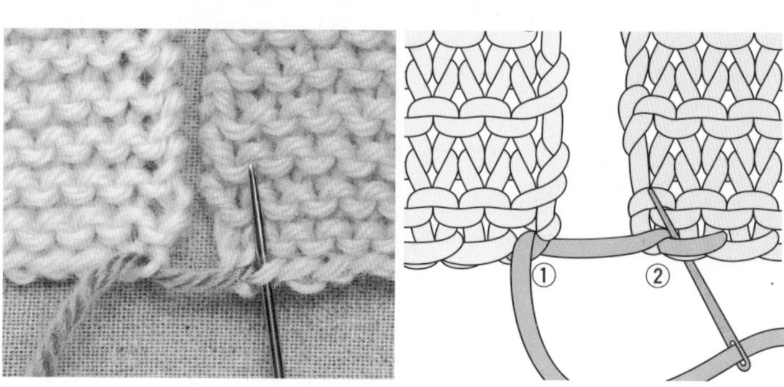

2 按照同样的方法，用缝纫针将右侧织片的起针线（②）挑起，再拉紧线。

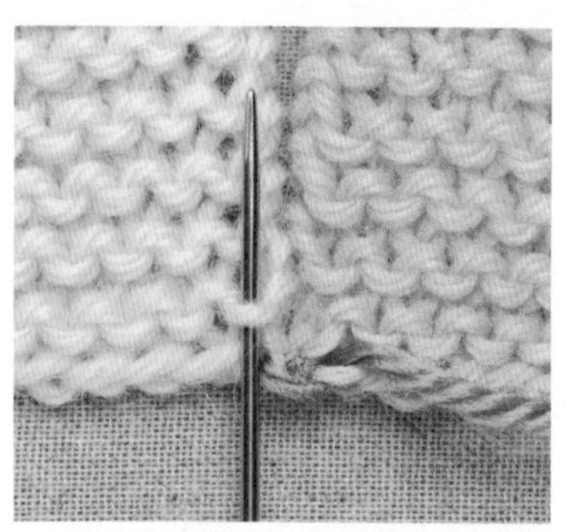

3 用缝纫针将左侧织片第2行距离顶端1针内侧处向下的线圈（步骤4插图中的③）挑起，拉紧线。

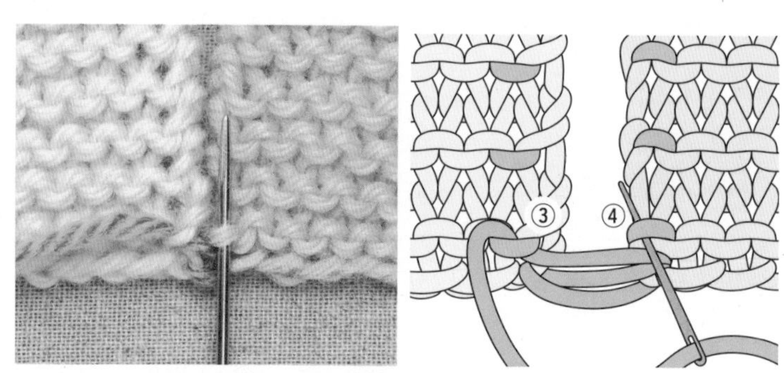

4 再用缝纫针将右侧织片顶端的针目（④）挑起，之后拉紧线。

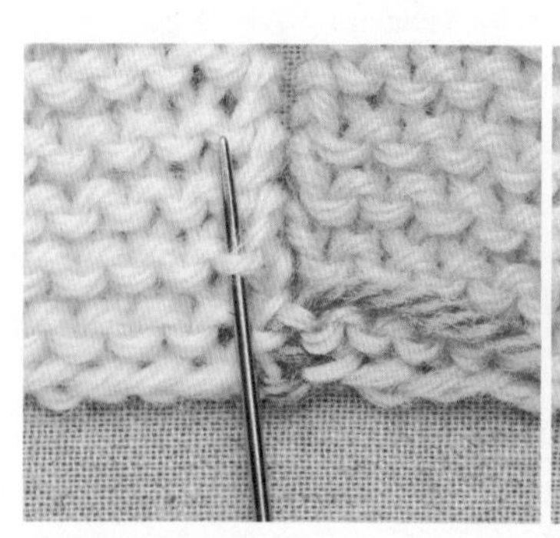

5 按照步骤3~4的方法，将步骤4插图中粉色标示的部分交替挑起。

6 平针挑针接缝完成后如图。

单罗纹针的挑针接缝

将单罗纹针针目漂亮地连接在一起的缝合方法。下面介绍的是从编织终点进行的挑针接缝，同样是看着织片的正面接缝。

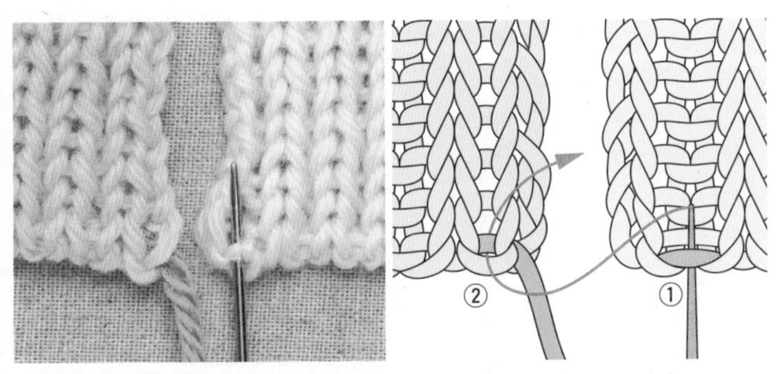

1 把编织终点的线从缝纫针孔中穿过。然后用缝纫针将右侧织片罗纹针收针处的横向渡线（①）挑起，拉紧线。

2 再用缝纫针将左侧织片距离顶端1针内侧的横向渡线（步骤1插图中的②）挑起，拉紧线。

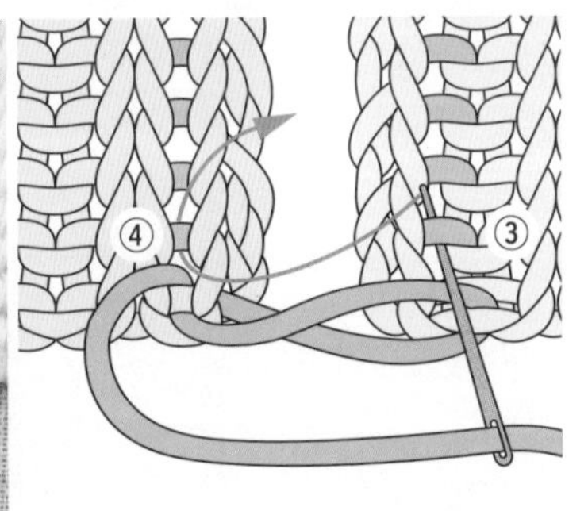

3 随后再用缝纫针将右侧织片第2行距离顶端1针内侧的横向渡线（③）挑起，拉紧线。

4 用缝纫针将左侧织片第2行距离顶端1针内侧的横向渡线（步骤3插图中的④）挑起，再拉紧线。

5 按照步骤3~4的方法，将步骤3插图中粉色部分的线交替挑起。单罗纹针的挑针接缝完成后如图。

双罗纹针的挑针接缝

将双罗纹针针目漂亮地连接在一起的缝合方法。下面介绍的是从编织终点进行的挑针接缝，同样是看着织片的正面接缝。

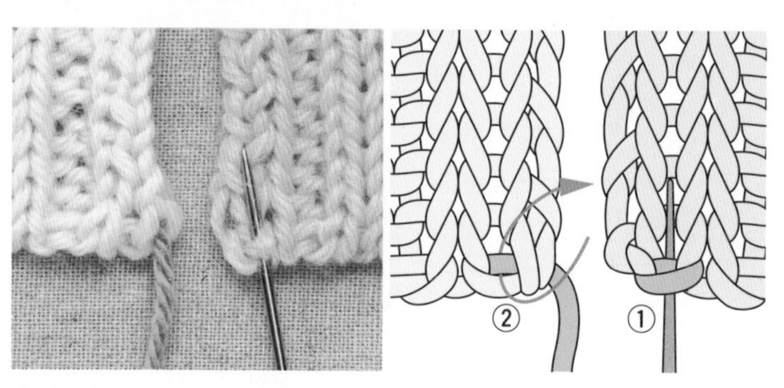

1 把编织终点的线从缝纫针孔中穿过。然后用缝纫针将右侧织片罗纹收针处的横向渡线（①）挑起，再拉紧线。

2 再用缝纫针将左侧织片距离顶端1针内侧的横向渡线（步骤1插图中的②）挑起，拉紧线。

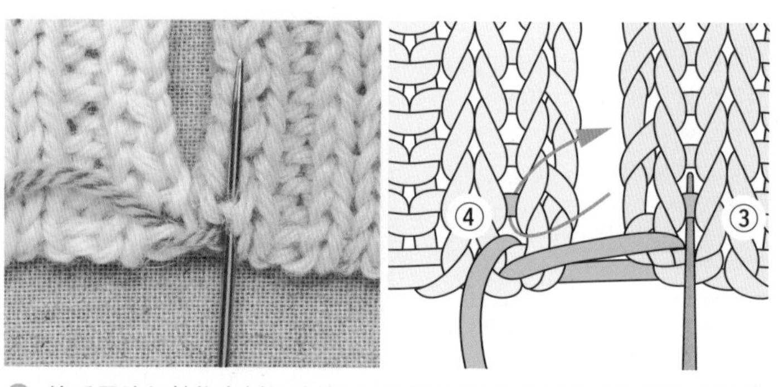

3 然后用缝纫针将右侧织片第2行距离顶端1针内侧的横向渡线（③）挑起，拉紧线。

4 再用缝纫针将左侧织片第2行距离顶端1针内侧的横向渡线（步骤3插图中的④）挑起，拉紧线。

5 按照步骤3~4的方法，将步骤3插图中粉色部分的线交替挑起。完成双罗纹针的挑针接缝后如图。

途中不知该挑哪根线时……

进行罗纹针的挑针接缝时，如果不太清楚接下来要挑哪根线，可以将缝纫针插入缝纫线穿过的缝隙中（左图）。然后直接将针向上穿，针上的线即是下面要挑的线（右图）。

从罗纹针到上下针移动过程中的挑针接缝

毛衣两侧和袖下等边缘有罗纹针的上下针织片常采用的接缝方法。由于是用另线钩织锁针起针、编织上下针后，再将起针解开编织罗纹针，因此相接部分的编织方向是相反的，接缝位置也会错开半针。

1

罗纹针的部分按照P.93~P.94的方法挑针接缝。挑起单罗纹针的最后1针后如图所示。

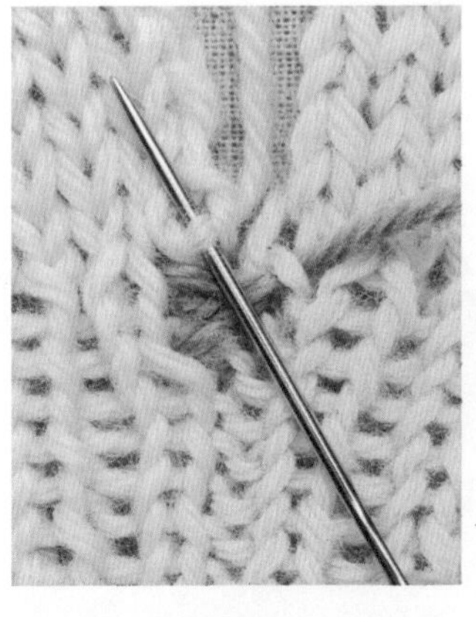

2

此处为与上下针相接的部分。左侧的织片中，与之前挑过的针目相比往右侧错开半针（步骤1插图中粉色的部分），将此针目挑起。

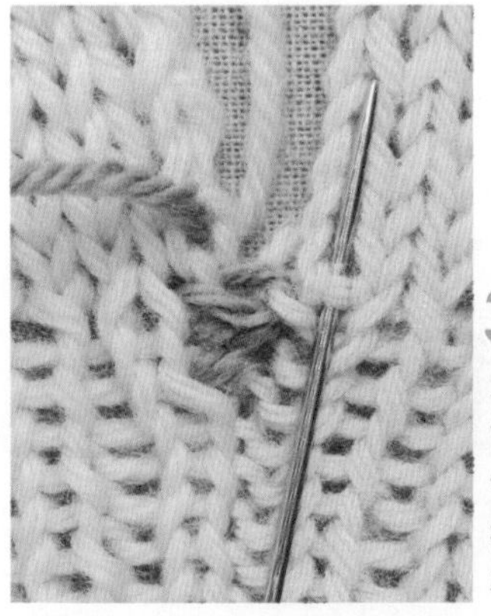

3

右侧的织片同样比之前挑过的针目往右侧错开了半针（步骤1插图的粉色部分），将此针目挑起。

4

从罗纹针接缝移动到上下针接缝后如图。可以清晰地看到，相接处往右侧错开了半针。

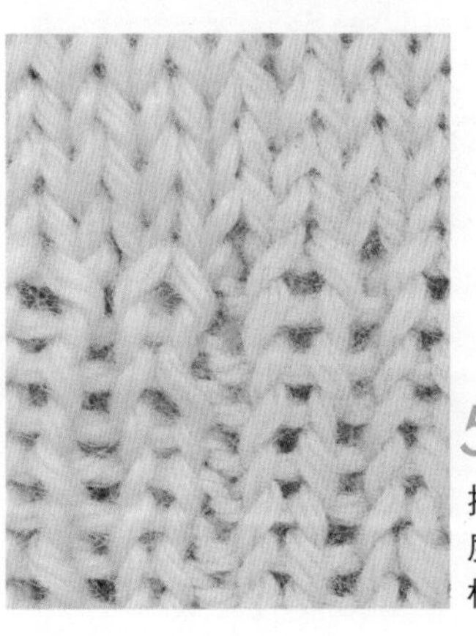

5

接缝完成后如图。适度拉紧线，针目自然相连，完成。

引拔针接缝

将两块织片正面相对合拢，按照钩针引拔针的方法，用钩针进行接缝的方法。简单方便，完成后的针迹也比较漂亮。

插入钩针的位置

将钩针插入标有●、距离顶端1针内侧的位置，挂线后引拔钩织。

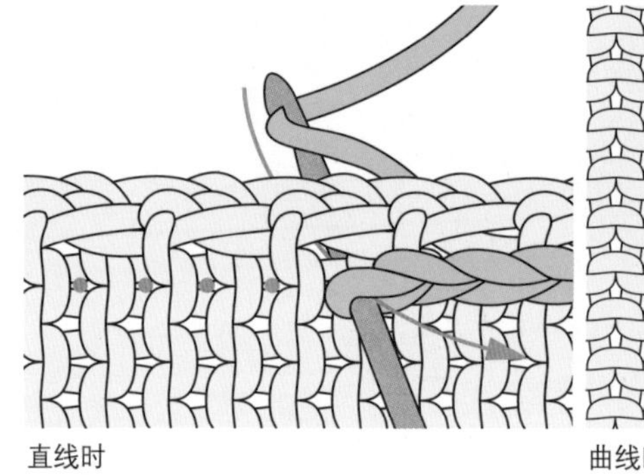

直线时

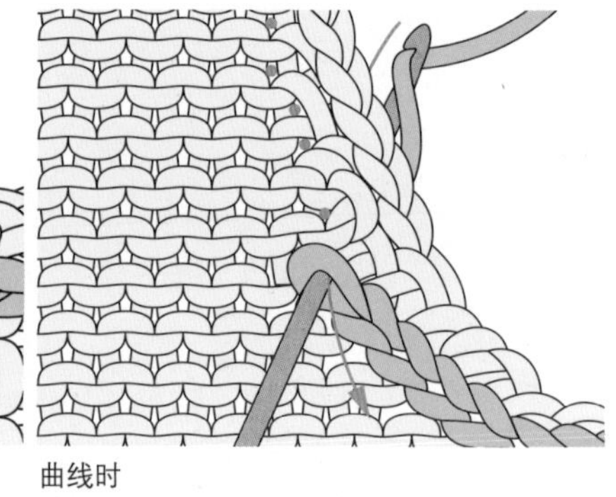

曲线时

1 将两块织片正面相对合拢，按照上面插图所示，将钩针插入距离顶端1针内侧的针目中。

2 钩针上挂线，按照箭头所示引拔穿过两块织片的针目。

3 引拔出线后如图。

4 引拔针接缝完成后如图。

9 处理线头

处理线头要在接缝、订缝完成之后。接入新线时，要将线头处理到反面，避免接头影响到织片的正面效果。如果是下面这种情况，需要处理两根线的线头时，可以将线头藏到各自对应的针目中。

在织片顶端换线时处理线头

换线时，尽量隐藏好针迹，因此在织片顶端替换线是最基本的方法。

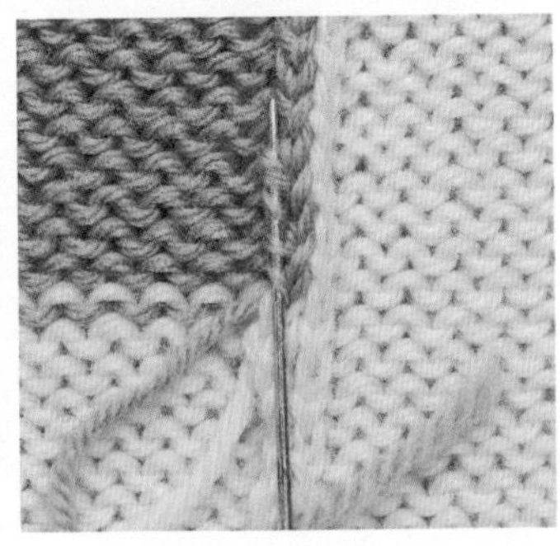

1 将其中一根的线头穿入缝纫针孔中，然后将它藏到同种线编织的顶端针目中，注意将缝线分开。分开线再将线头藏于其中的方法能让线不易松动，如果缝线不方便分开，可以将线头藏于针目中。

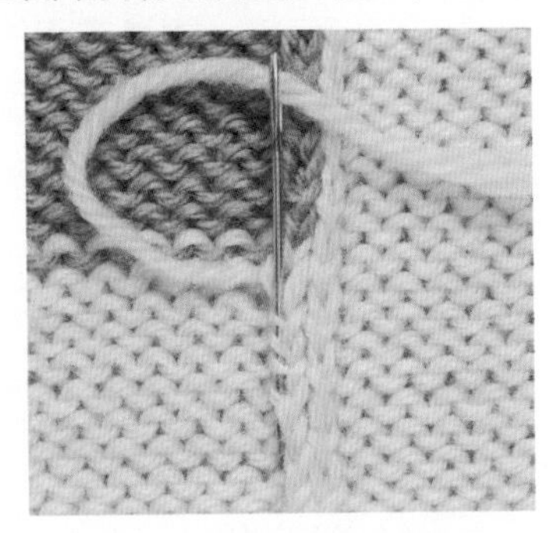

2 将另外一根的线头也按照同样的方法穿入缝纫针孔中，藏于同种线编织的顶端针目中，尽量将缝线分开。

3 线头处理完成后如图。

在织片途中换线时处理线头

编织线不够，必须要在中途换线时处理线头的方法。

1 把其中一根线头穿入缝纫针孔中，沿编织前进的方向，将行间过渡的线分开，把线头藏于其中。

2 把另一根线头也按同样的方法穿入缝纫针孔中，与步骤1的方向相反，将同一行的缝线分开后，把线头藏在其中。

3 线头处理完成后如图。

10 编织纽扣眼

制作纽扣眼分为一边编织一边留出纽扣眼的方法和编织完成后再制作纽扣眼的方法。可根据纽扣的大小选择适合的方法。

1针的纽扣眼

一边编织一边留出纽扣眼的方法具有伸缩性，适合稍大些的纽扣。

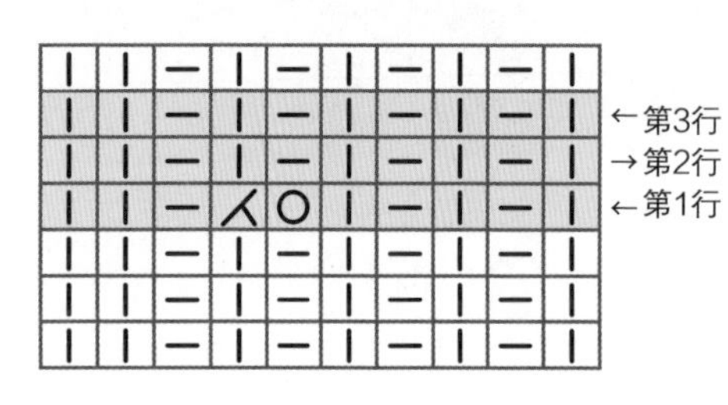

第1行・看着正面编织

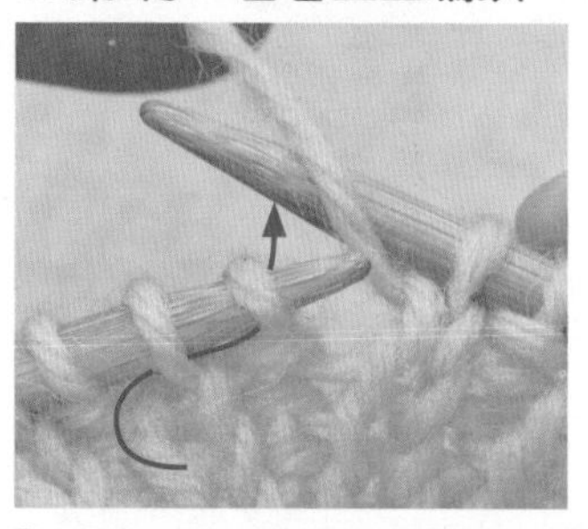

1 编织至留出纽扣眼的位置，挂线。之后按照箭头所示将右针插入两个针目中。

2 两针一起编织下针。

挂针

3 2针并1针完成后如图，接着继续按照编织图编织。

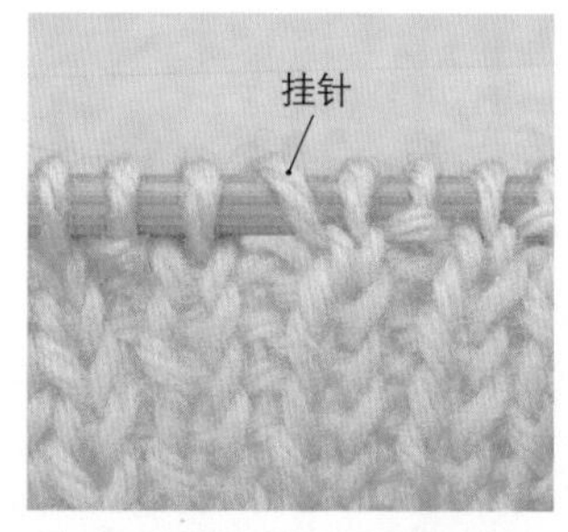

4 纽扣眼的第1行编织完成。

第2行・看着反面编织

5 把织片翻到反面，编织上针至上一行编织2针并1针的位置，挂针的位置织下针。

6 按照编织图继续编织至顶端。反面如图所示。

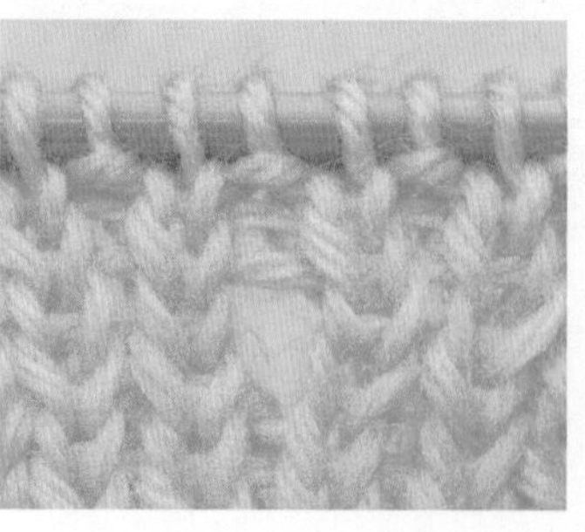

7 完成1针的纽扣眼。编织完成1行，从织片正面看如图。

纽扣眼

编织完成后再制作纽扣眼的方法，适合一般大小的纽扣。

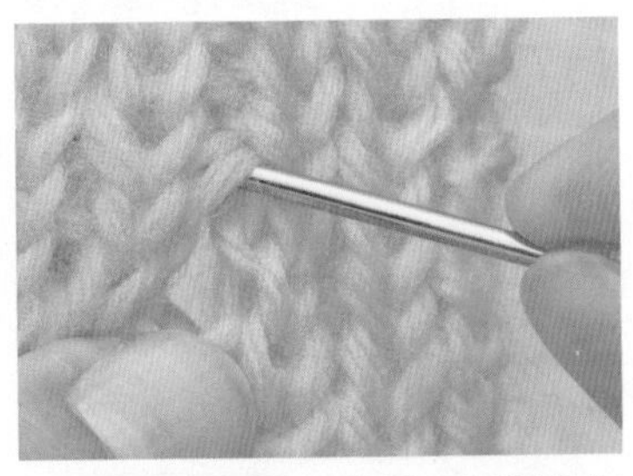

1 用手指把缝纫针插入要制作纽扣眼的位置。

2 把缝制纽扣眼的线穿入缝纫针孔中，然后将缝纫针从针目缝隙中穿出，再将缝隙下方的3根横线挑起（左图），拉紧线（右图）。挑线的根数可根据纽扣的大小调整。

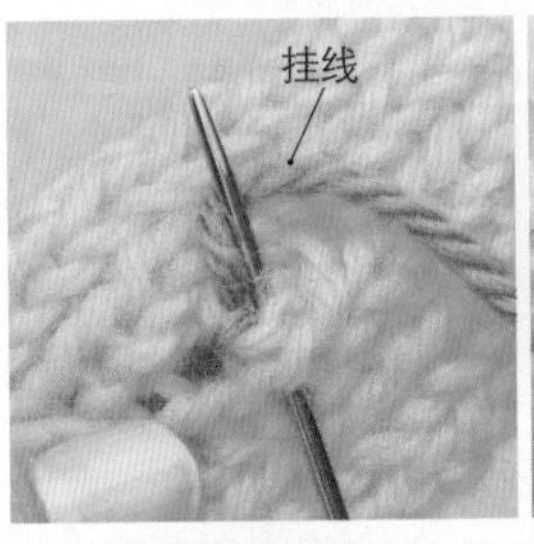

3 接着将右侧挑起，缝纫针上挂线（左图），然后抽出针拉紧线（右图）。

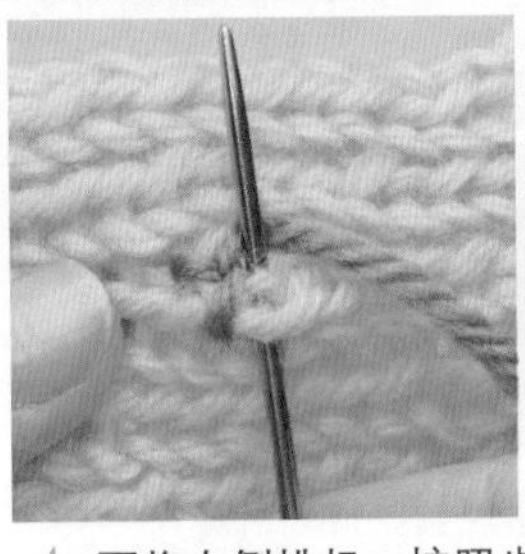

4 再将右侧挑起，按照步骤3的方法将线挂到缝纫针上（左图），抽出针后拉紧线（右图）。

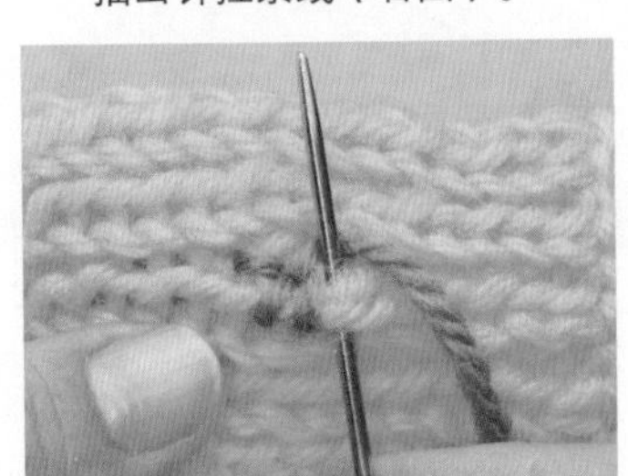

5 按照步骤3~4，每行依次挑起织片，在纽扣眼的周围缝一圈。

6 最后按照图示方法将一开始的线挑起，从反面穿出针，使前后相连，再拉紧线。

7 缝好纽扣眼后，将线穿到织片反面不显眼的针目中，来回缝几次，防止其松散，再处理好线头。

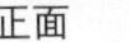

正面

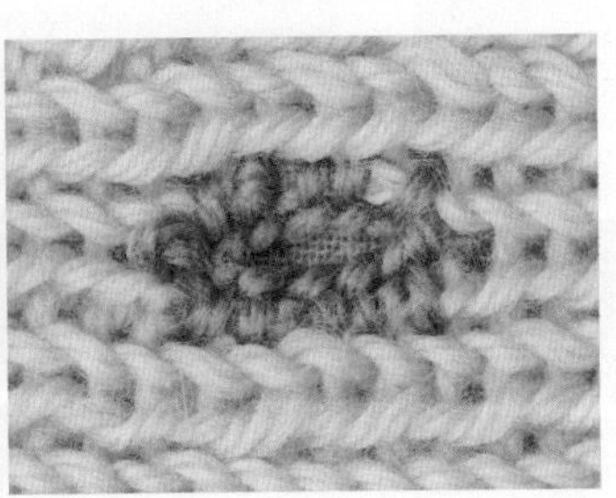

反面

8 纽扣眼完成。

11 缝纽扣

在织片上缝纽扣的方法与在布料上缝不同，而且所用的纽扣也是针织物常用的透明亚克力扣，一般是在织物的正反面各缝一颗纽扣，这种方法可以防止缝线散开，纽扣缝得更结实。缝纽扣时使用纽扣缝纫线和拆分线（将线拆分后所得的细线）。

缝纽扣的方法

1 此处采用的纽扣缝纫线为2股线。缝纫针从反面穿入纽扣的两个孔中，再从反面穿出，然后按照图示方法将针穿入2股线形成的线圈中。

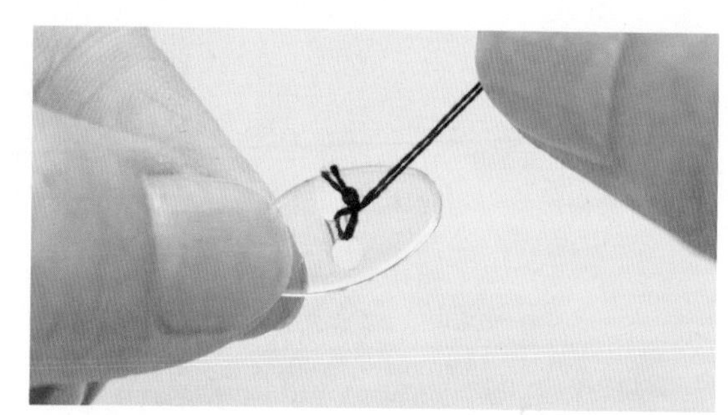

2 在纽扣的反面拉紧线。之所以将针从缝纫线的线圈中穿过，是因为与缝纫线相比，针织物的针目较粗，无法打结固定，才采用此方法代替。

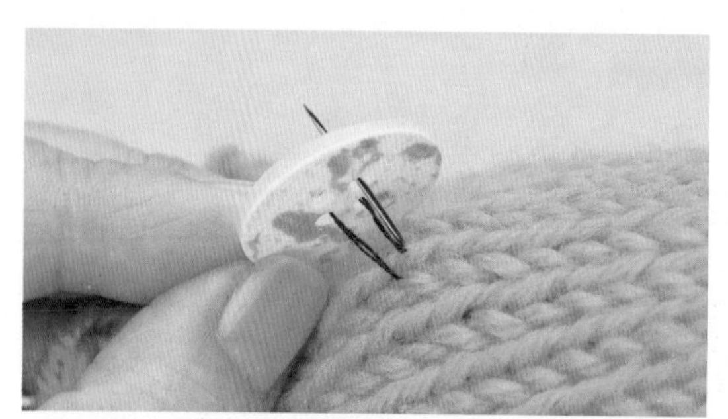

3 然后从织片的反面插入针，再从正面穿出，之后再从纽扣孔中穿入线。与在布料上缝纽扣相同，在每个孔中来回穿2~4次。

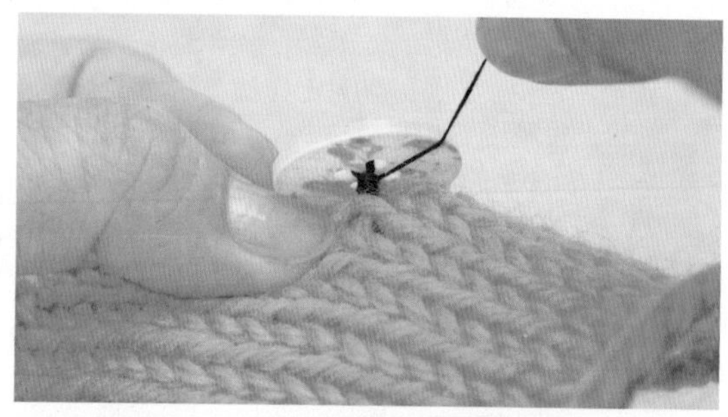

4 线在纽扣中穿过几次后，再将针从纽扣和织片的缝隙间穿出，然后在纽扣底部的缝纫线上缠4~5圈。

5 再从织片的反面缝线部分的边缘、纽扣与织片之间的缝隙中穿出缝纫针。

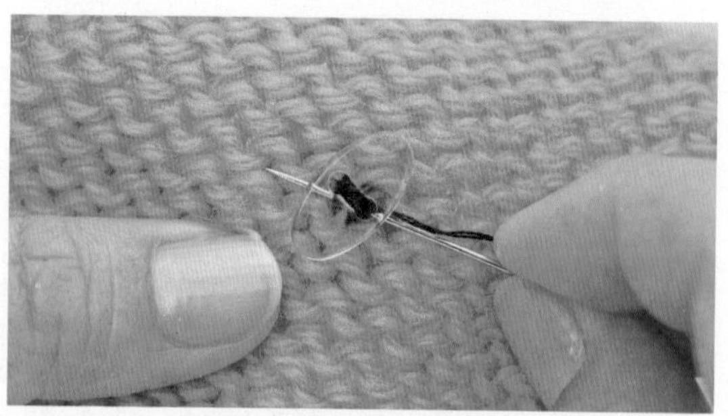

6 打结后，将纽扣底部挑起，剪断线。

12 制作绒球、线穗、流苏、线绳

作品中常用到的这些饰物制作方法都非常简单。掌握了这些技法后，还可以作一些创新调整。

绒球

毛线球具有轻柔感，是相当可爱的饰物。用线多缠几圈完成后会更蓬松。

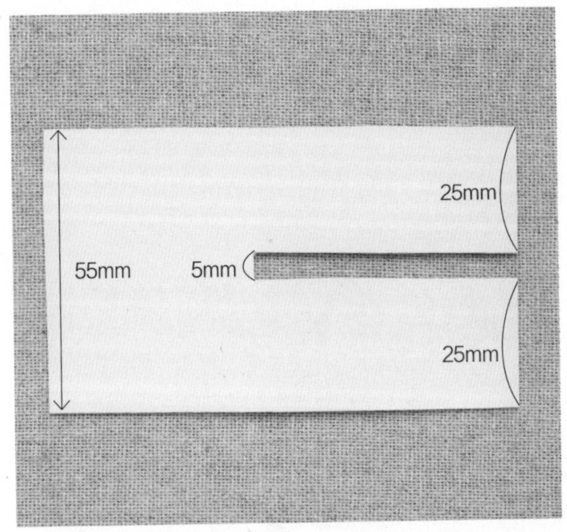

1 准备一张比成品直径长5mm的硬纸，然后在中央剪出宽5mm的切口。此处制作的是直径为50mm的绒球。

2 在硬纸上缠毛线。考虑到毛线球的体积，注意适量。缠好100圈后如图所示。然后用剪刀剪断线。

3 准备好结实的棉线，通过硬纸的切口在缠线的中央系紧打结，然后取出硬纸。

4 用剪刀剪开两端的圆环。

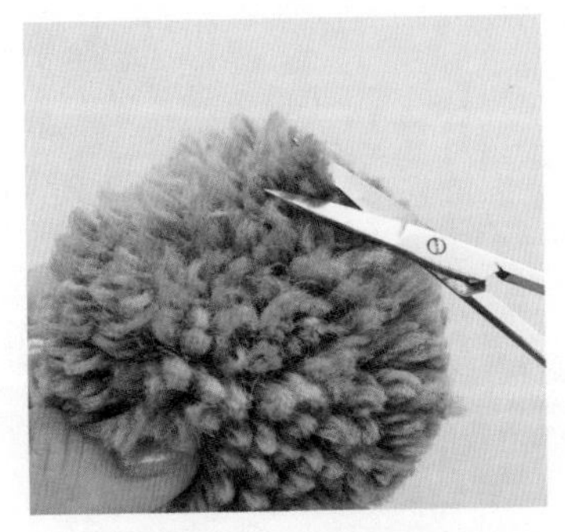

5 再将步骤4中剪开的圆环线头修剪成球形，使其整齐漂亮。

6 绒球制作完成。

线穗

用在帽子上做点缀的可爱饰物。线的粗细、材质及缠线的多少、长度等都会影响到最后呈现的效果。

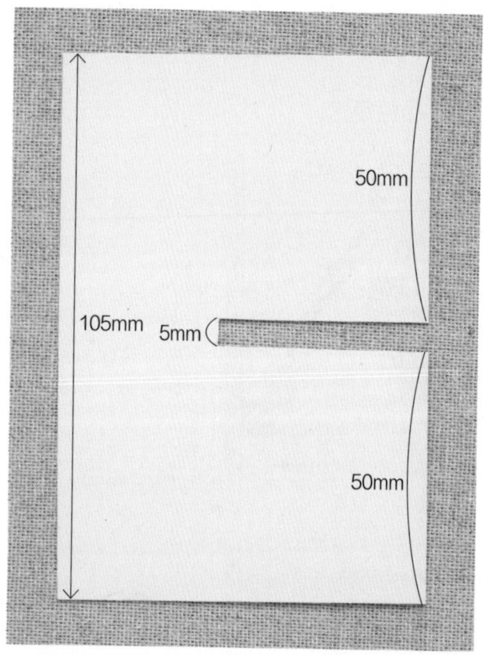

1 准备一张稍大的硬纸，长度约是成品的2倍，中央剪出宽5mm的切口。此处制作的是长50mm的线穗。

2 在硬纸上缠毛线。考虑到线穗的体积，注意适量。

3 缠好后（图中为缠绕10圈）用剪刀剪断线。

4 准备好结实的棉线，通过硬纸的切口将缠线的中央系紧打结，再从纸上取出。

5 将步骤4用线系好的部分对折，在距离打结部分1cm处用与穗相同的线绑住。

6 绑好后用缝纫针将线头处理到中间，变成穗的一部分。

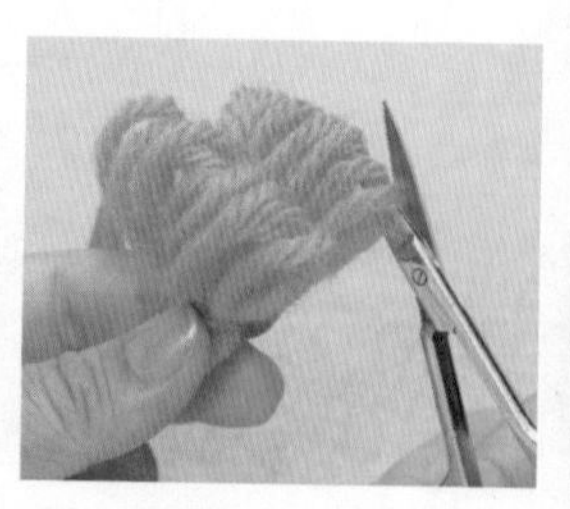

7 线圈部分用剪刀剪开。

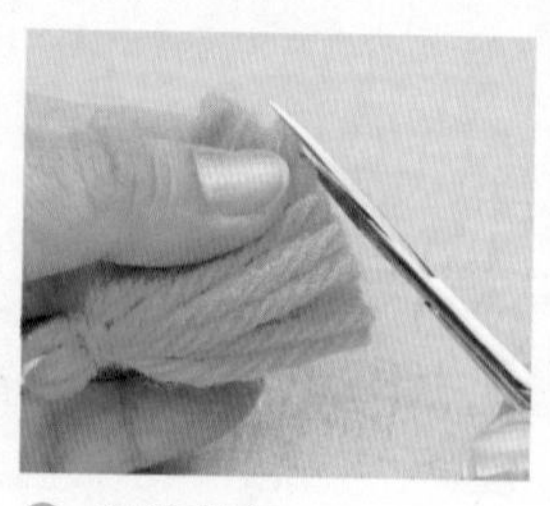

8 顶端剪齐。

9 线穗制作完成。

流苏

常用于围巾、披肩做边缘装饰。线的长度和多少可按个人喜好调整，准备时要注意用量。

1 线的长度约是成品长度的2倍多一点，准备好必须的用量，剪齐。钩针从正面插入拼接流苏的位置，将对折过的线成束引拔出。

2 再将线束从引拔出的圆环中穿过。

3 拉紧结头。

4 线头用剪刀修剪整齐，完成。

双重锁针线绳

用途多样、简单方便的线绳。使用不带圆头的棒针，编织时不用将每行织片都翻到反面。

1 按照一般的起针方法编织2针。

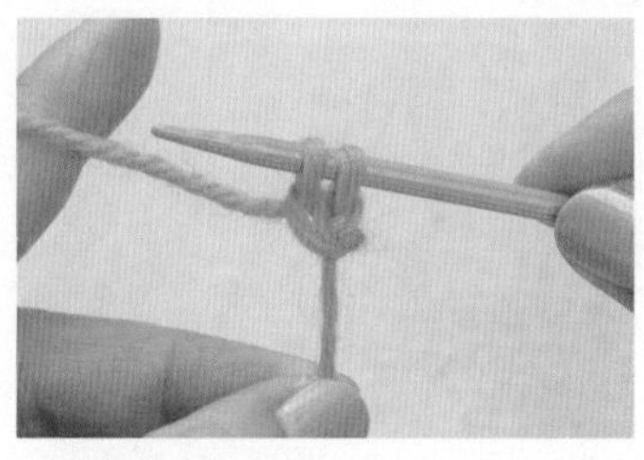

2 抽出1根棒针后，织片转向反面，编织2针下针。

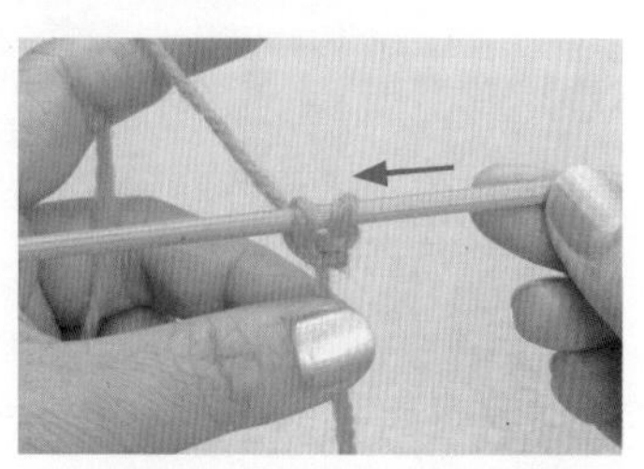

3 再将织片直接拉到棒针左侧。

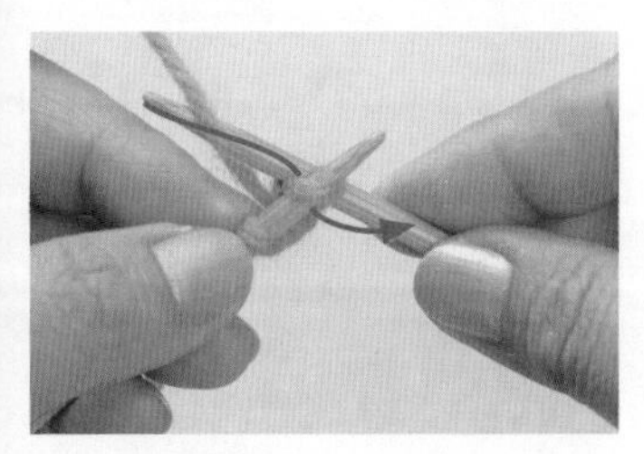

4 编织2针下针。

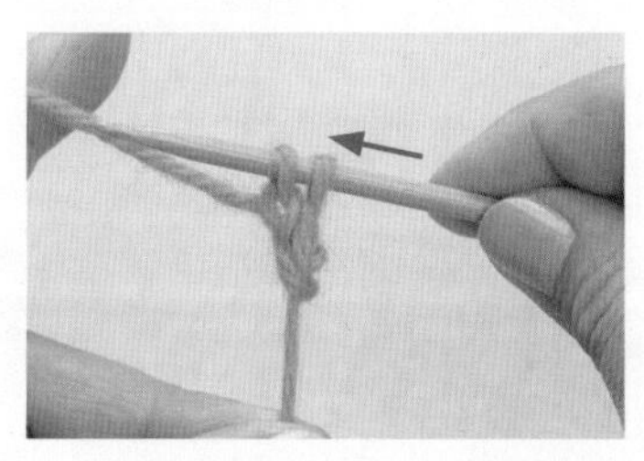

5 然后再将织片拉到棒针左侧，编织2针下针。之后都如此重复。

6 编织至需要的长度。

13 遇到这种情况怎么办?

中途发现织错了

已经往后编织了许久才发现中间织错了针目时，只需将此针拆至错误行，重新编织即可。

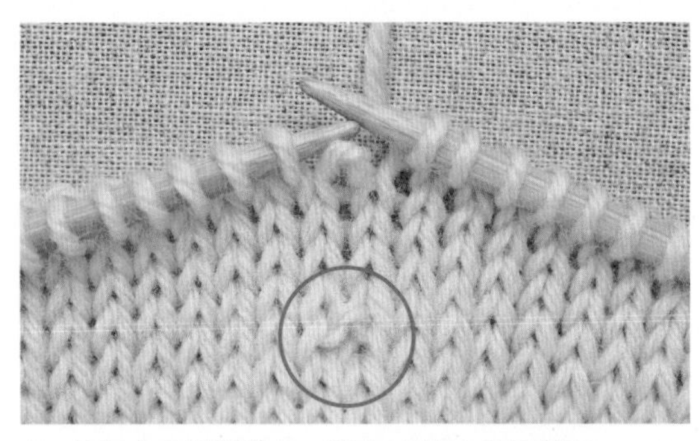

1 编织上下针的途中，发现1个地方编织错了。

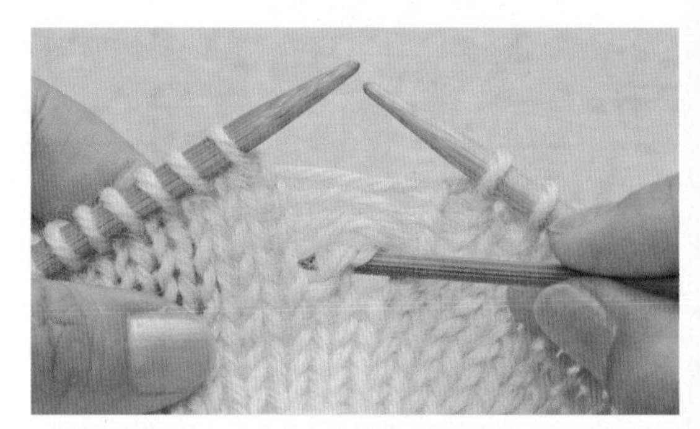

2 错误针目上方的所有行都散开。

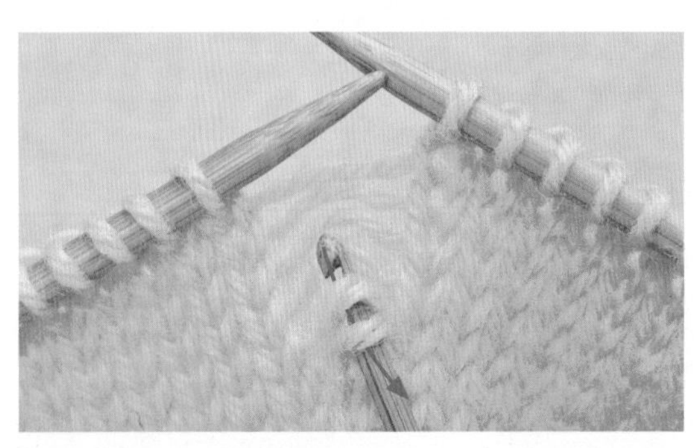

3 把钩针插入错误的针目中，将上方最近的横向渡线挂到针上，引拔钩织。

4 重复步骤3的方法，钩织上面的所有行，再按照箭头所示将左针插入最后一针中。

5 将挂在钩针上的针目移到左侧的棒针上。

6 错针目修改完成。

针目滑脱了

即便编织途中针目从棒针上滑脱散开，也有方法复原。重点在于滑脱针目返回棒针时的方向。要留心注意，保证棒针插入的方向准确无误。

1
发现针目从棒针上滑脱了。

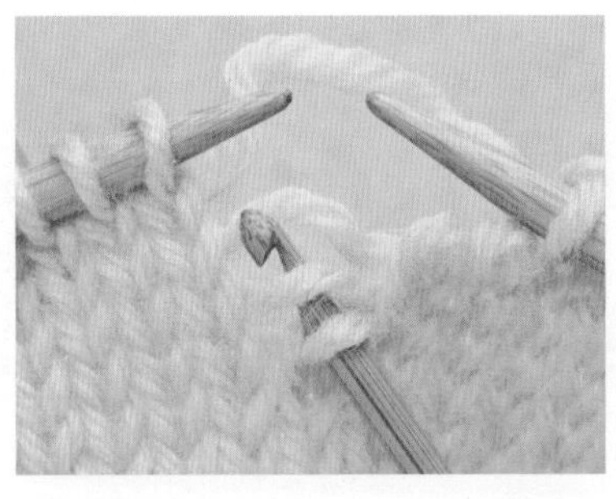

2
与“发现织错了”的处理方法一样，插入钩针，将滑脱的针目挑至当前的编织行。

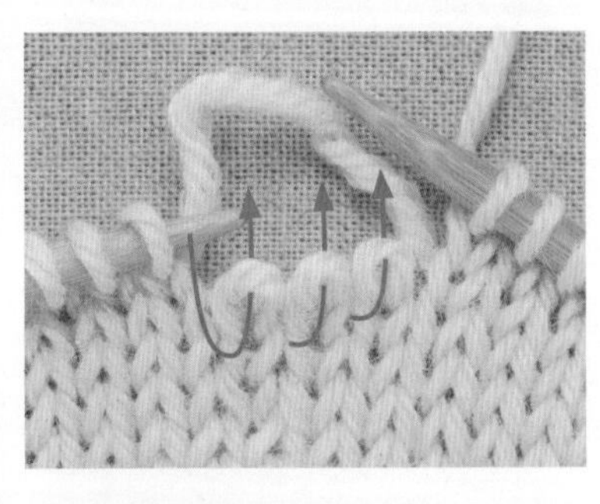

3
按照箭头所示，将左针插入滑脱的3针中，把它们移回左针。

4
3针移回左针后如图。

5
插入右针，用反面散开的渡线编织下针。

6
还原1针后如图。

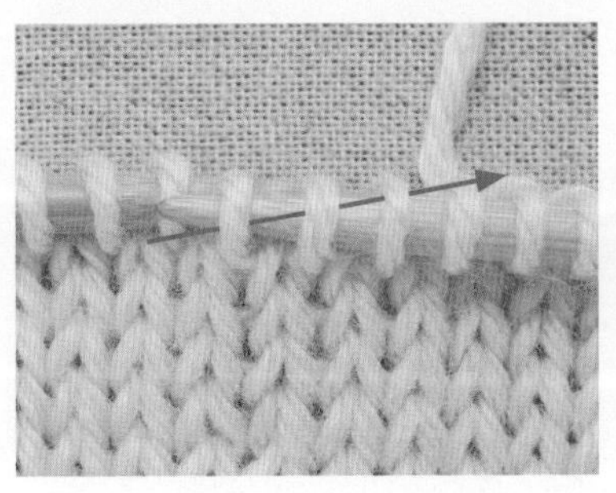

7
剩余的2针也按照步骤5的方法编织下针。左针按照箭头所示插入重新编织的3针中，将它们移回左针。

8
移回左针后，再继续编织。

要重新编织刚才的针目

如果刚编织的针目错了，可以将针目挑起返回左针上拆开，但要注意勿拧扭。若要在同一行往前退几针时，也可按同样的方法处理针目。

上下针编织时

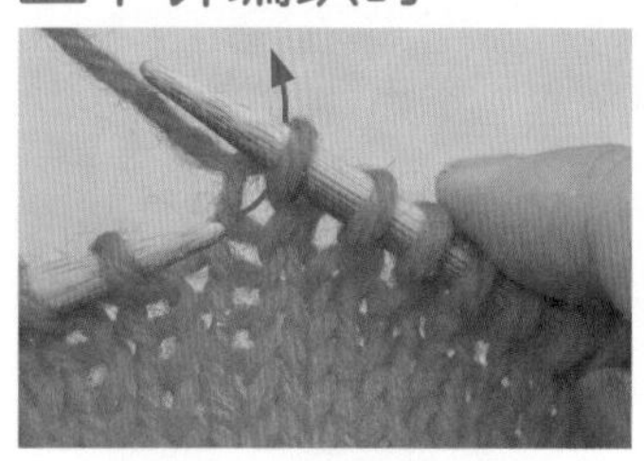

1 想要修正刚编织的针目时，可按箭头所示从内侧插入左针。

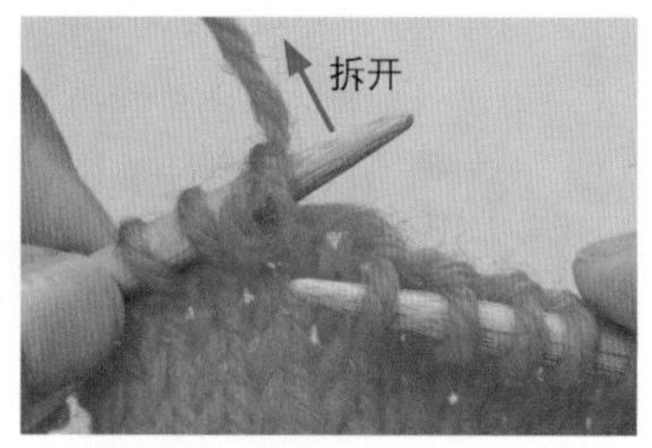

2 把针目穿到左针上后，再拉动引拔出的线，将其拆开。

3 针目恢复原状后如图。再织入正确的针目。

反上下针编织时

1 想要修正刚编织的针目时，可按箭头所示从内侧插入左针。

2 针目穿到左针上后，再拉动引拔出的线，将其拆开。

3 针目恢复原状后如图。再织入正确的针目。

拆去多行针目

拆除多行编织错误的针目时，要注意针插入的方向。

1 拆去多行针目后如图。

2 从外侧插入棒针，进行挑针。下针的处理方法也是一样。

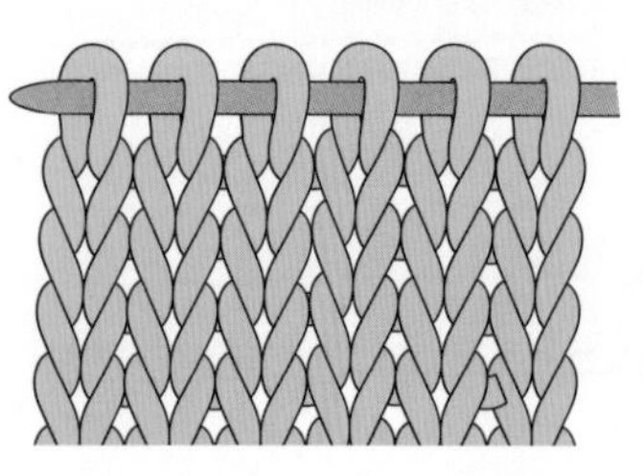

正确的针目中，线圈的左侧必定是在棒针的外侧。从反面看时也是同样的。

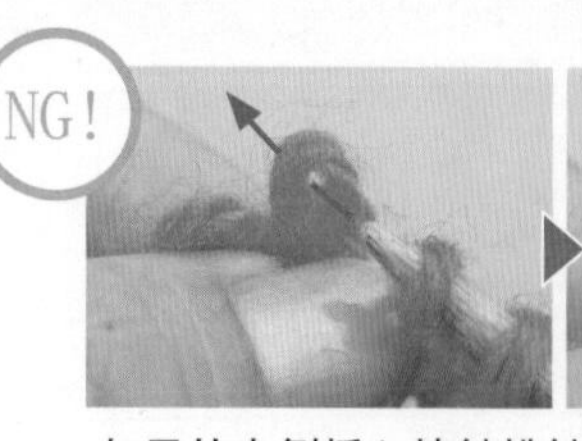

如果从内侧插入棒针挑针，针目是呈拧扭状态的。

专栏 编织图的看法

本书中使用的编织图分为两种。一种是标有作品尺寸和用针、起针和加减针数等信息的“制图”，另一种是将花样编织的针目等每针使用的编织方法都用符号表示出来的“编织方法图”。这些图对于各种标记都有相应的规定，请参考下述内容。

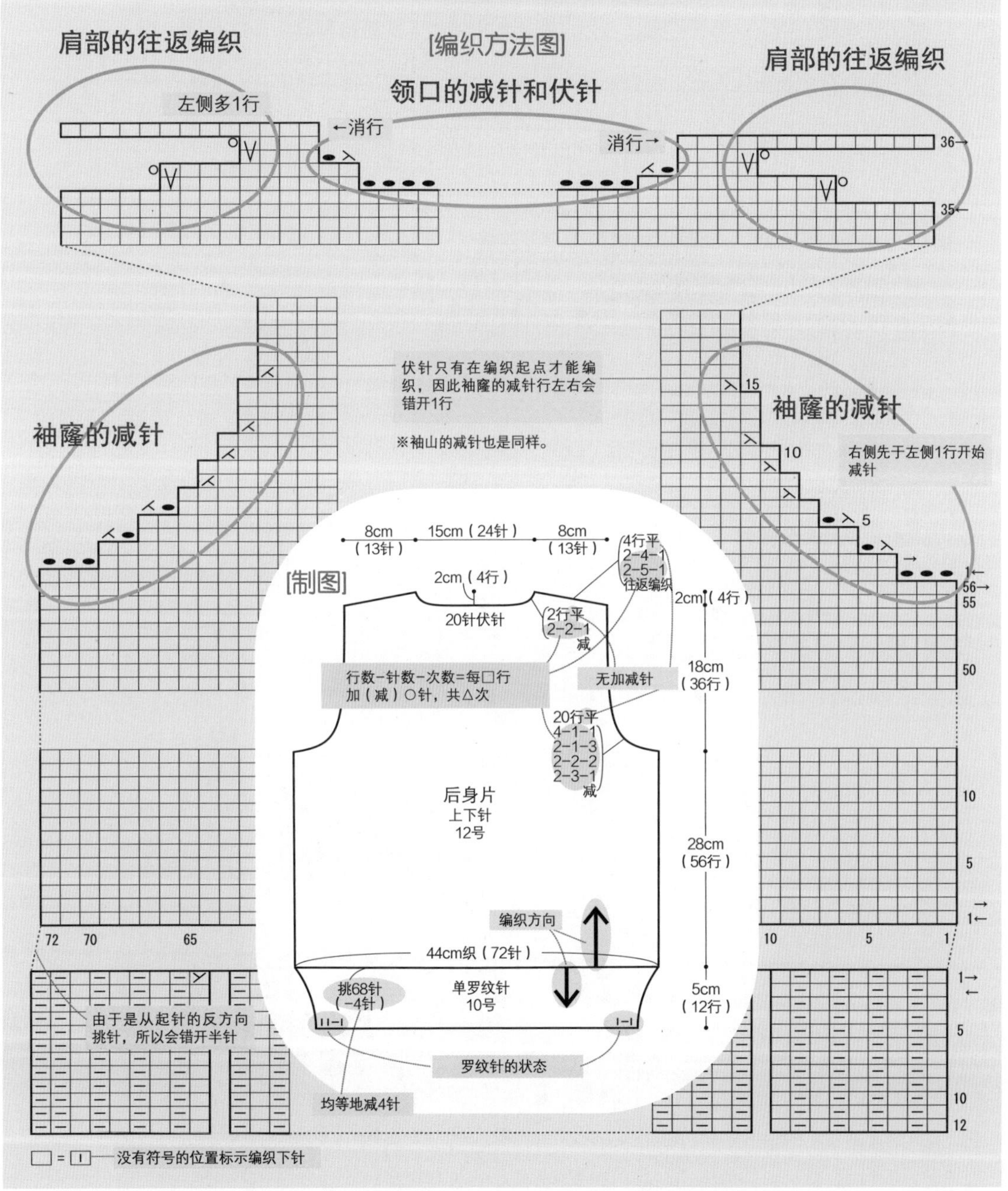

词 典 篇

棒针编织的设计图也可以称做编织图，使用的“针法符号”都是根据JIS（日本工业规格）指定的简便符号，任何人都能明白其表示的是何种编织方法。一眼看上去很复杂的花样编织也是由针法符号组合而成的。对照下面的内容逐一确认，再试着编织出各种花样吧。

简单的短袜（编织方法和编织图见P.162~P.163）

嵌入花样手提包（编织方法和编织图见P.164~P.165）

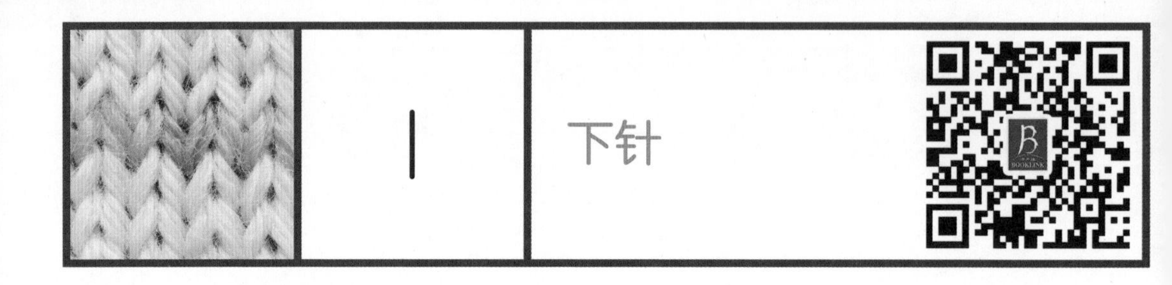

下针

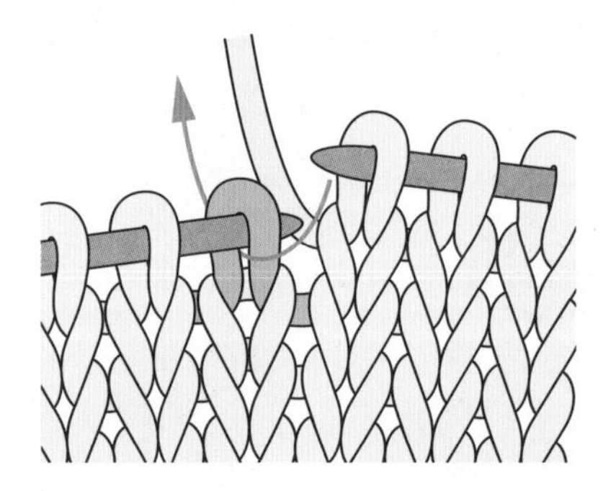

1 按照箭头所示，从线圈内侧插入右针。

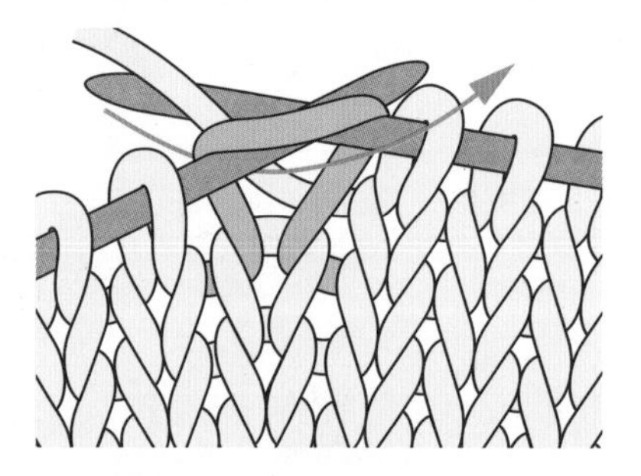

2 在右针上挂线，然后按照箭头所示转动右针，引拔出线。

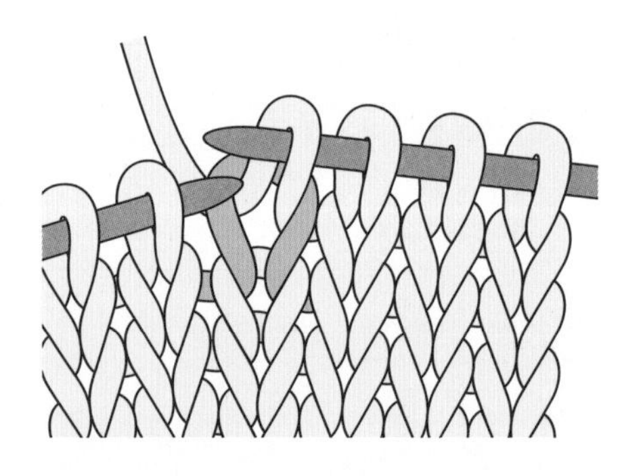

3 拉出线后，再抽出左针。

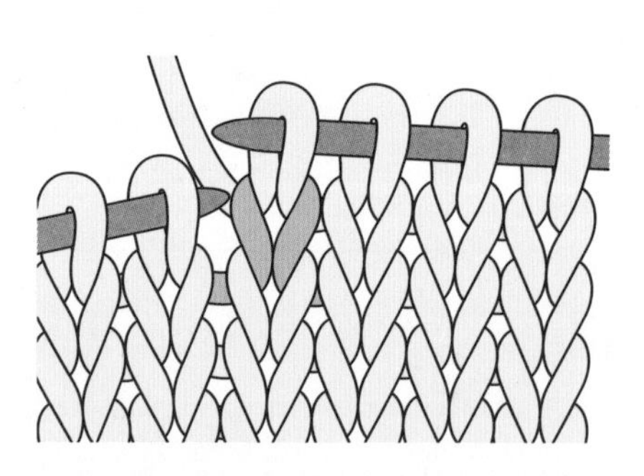

4 下针编织完成。

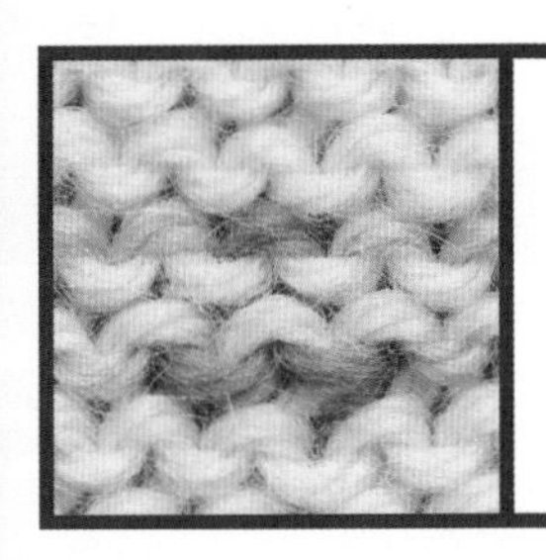	—	上针 

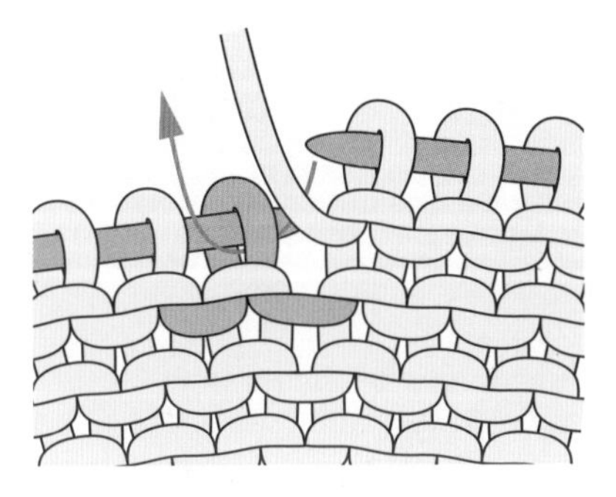

1 按照箭头所示，从线圈外侧插入右针。

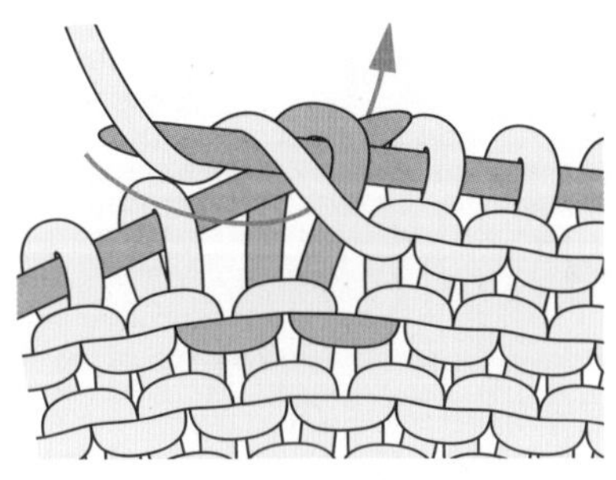

2 在右针上挂线，然后按照箭头所示转动右针，引拔出线。

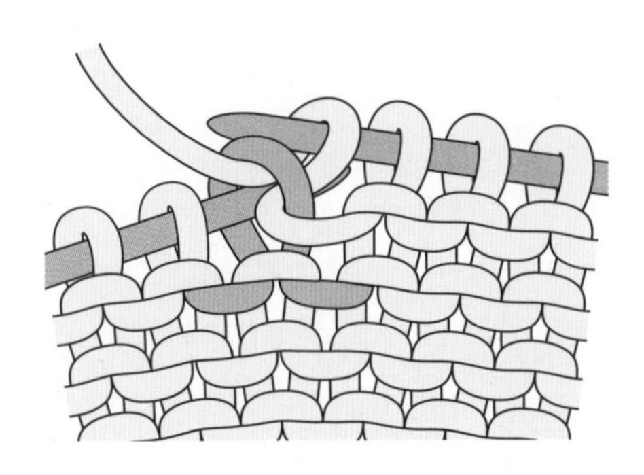

3 拉出线后，再抽出左针。

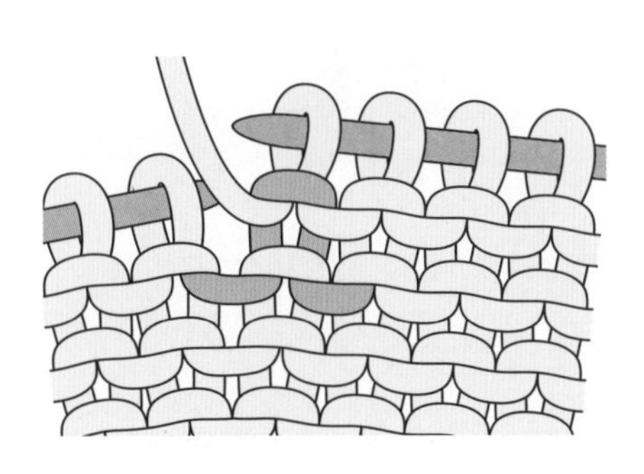

4 上针编织完成。

○

挂针

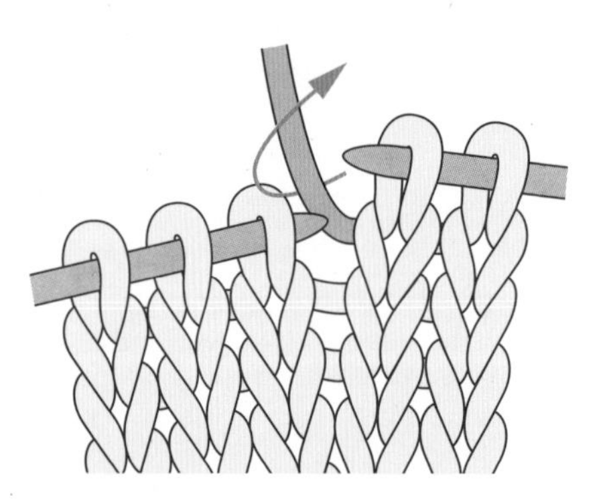

1 按照箭头所示转动右针，挂线。

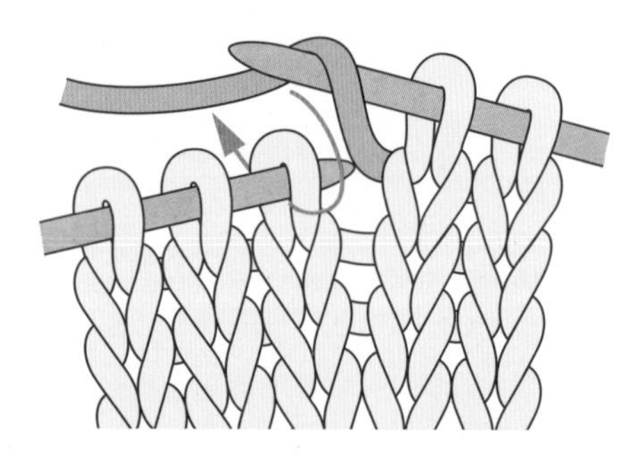

2 再按照箭头所示，从线圈内侧插入右针，编织下针。

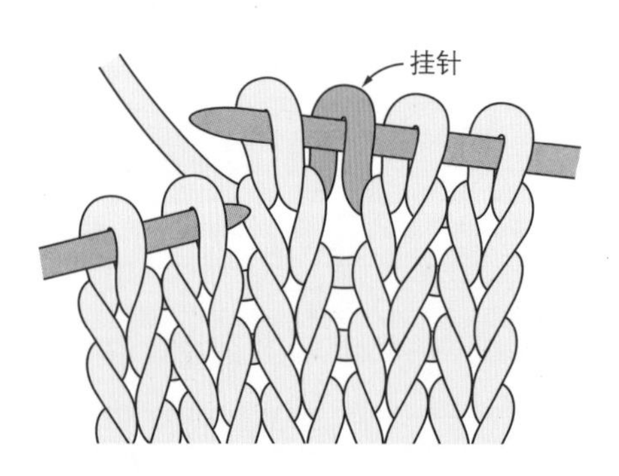

3 挂针完成。

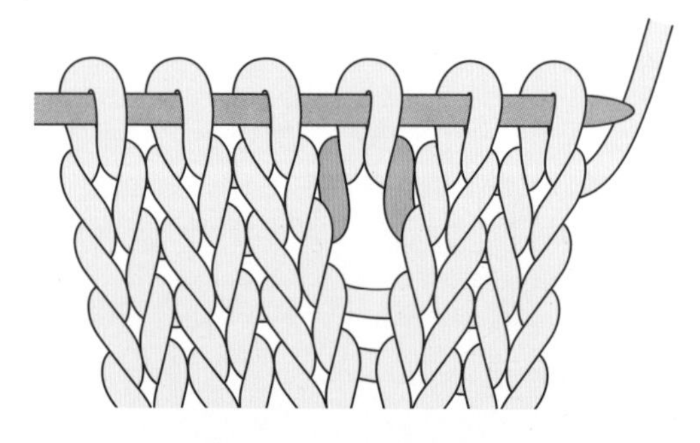

4 按照步骤3的方法编织至顶端后，再编织完1行后如图。蓝色的针目是挂针（未编织直接挂线的针目）的部分。

○

挂针（上针）

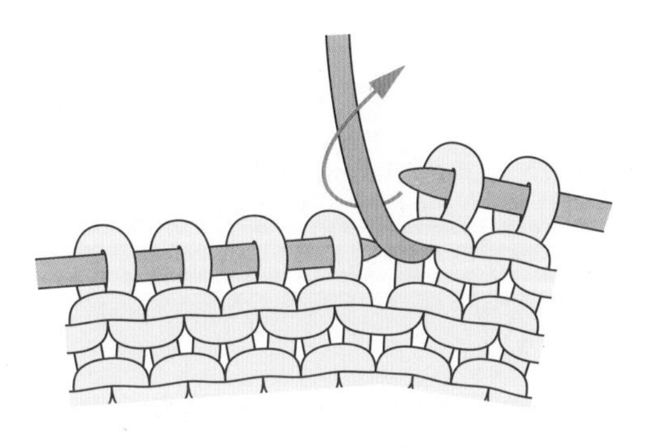

1 按照箭头所示转动右针，挂线。

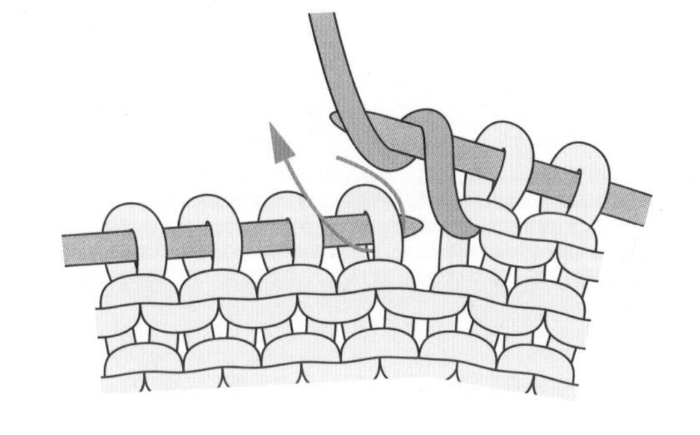

2 按照箭头所示，从线圈外侧插入右针，编织上针。

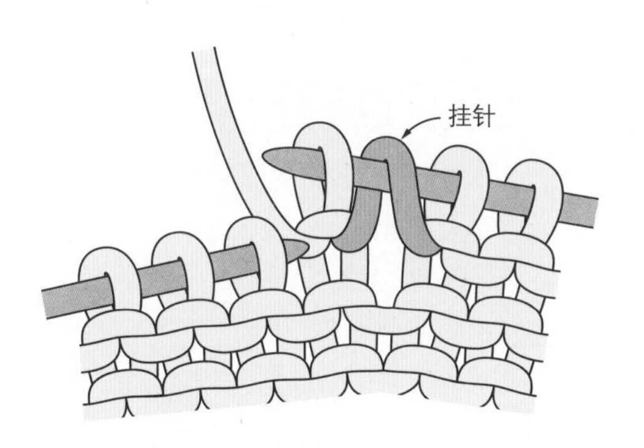

3 上针的挂针完成。

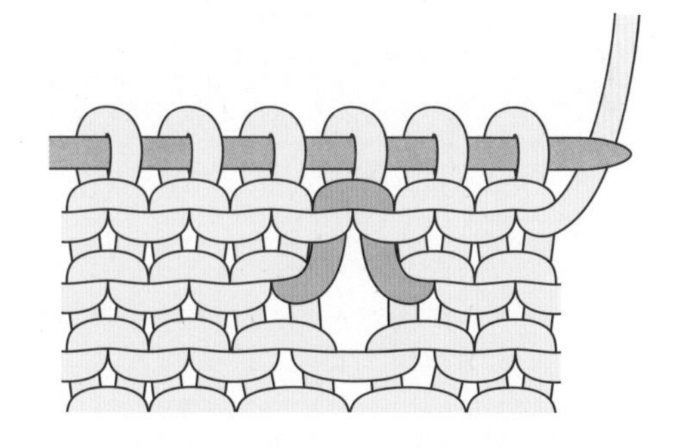

4 按照步骤3的方法编织至顶端后，再编织完1行后如图。蓝色的针目是挂针（未编织直接挂线的针目）的部分。

入

右上2针并1针

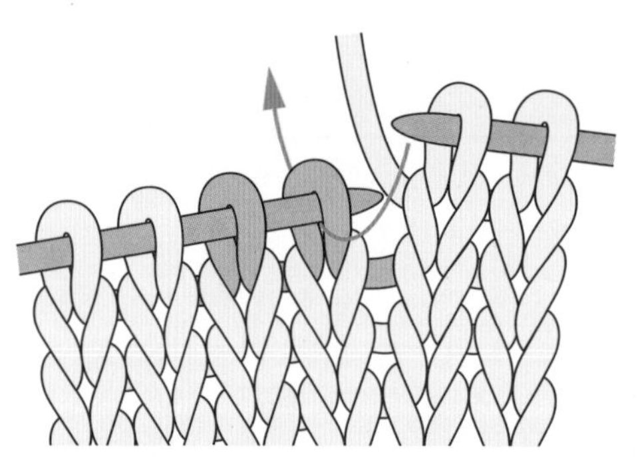

1 按照箭头所示，从线圈内侧插入右针，不编织直接将针目移到右针。

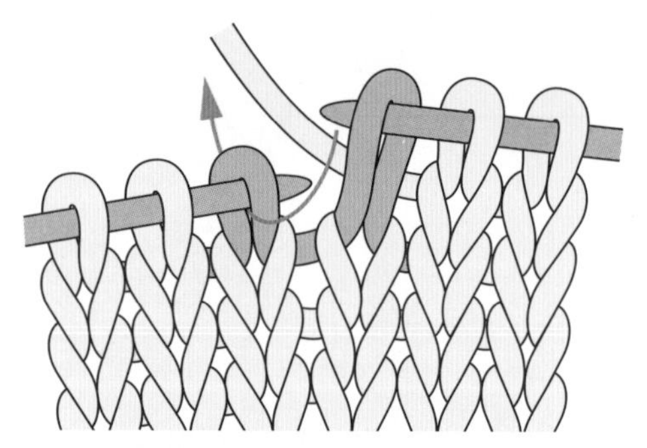

2 按照步骤1的方法，将右针插入下1针目中，不编织直接移到右针。

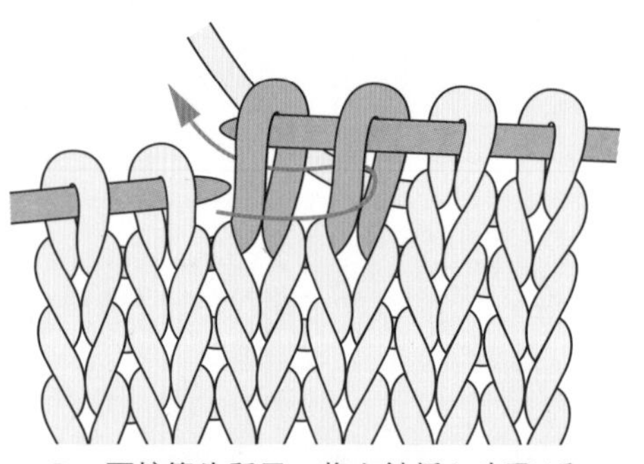

3 再按箭头所示，将左针插入步骤1和2中移到右针的两个针目中。

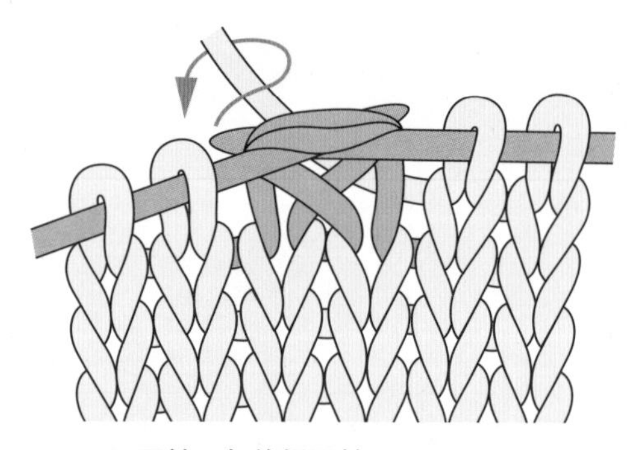

4 两针一起编织下针。

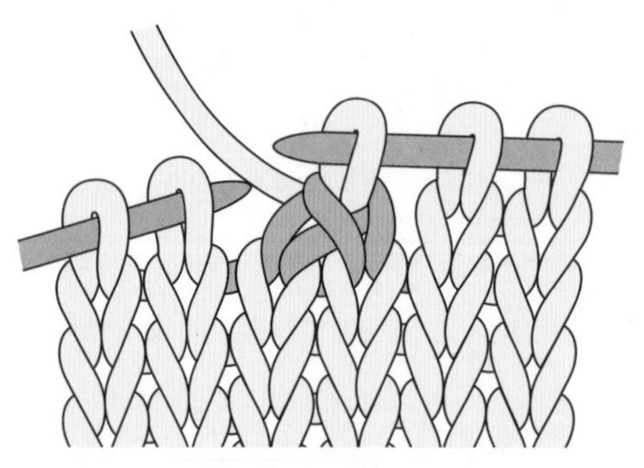

5 右上2针并1针完成。

△

右上2针并1针（上针）

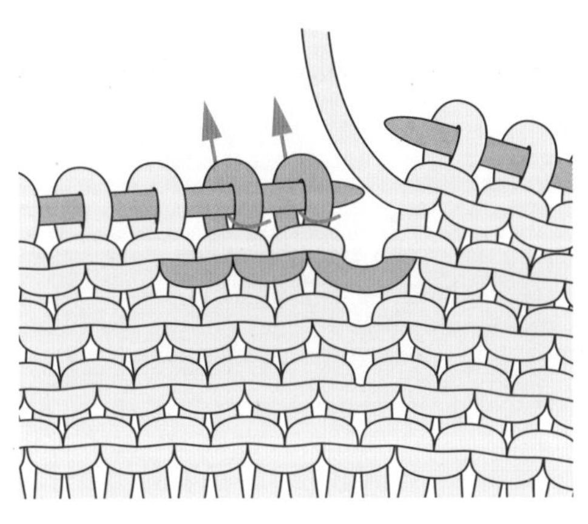

1 按照箭头所示，依次将右针从线圈内侧插入左针的两个针目中，不用编织直接移到右针上。

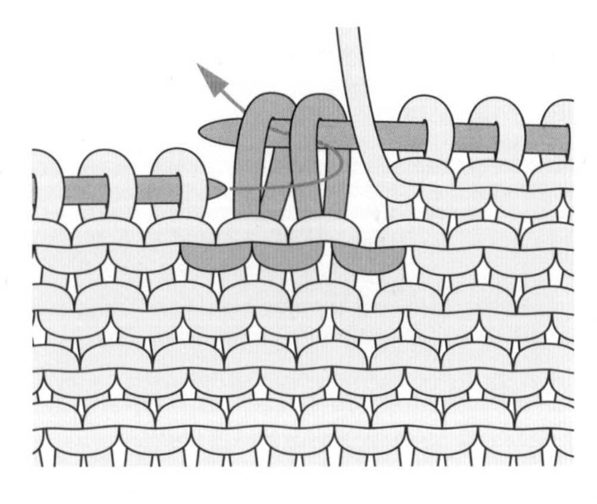

2 按照箭头所示，将左侧插入步骤1移动的两个针目中，再移回左针。

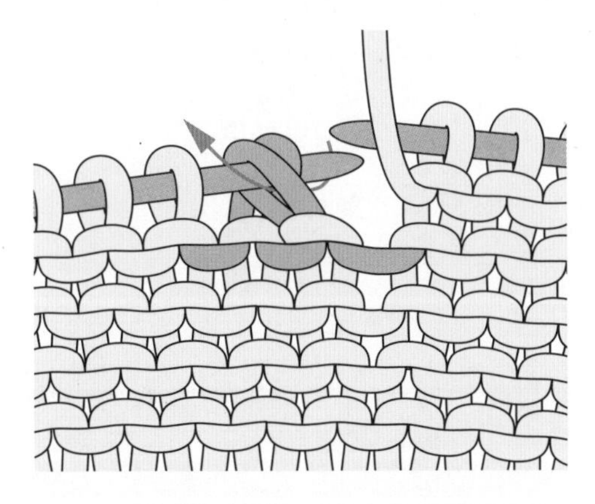

3 再按照箭头所示，将右针从线圈外侧插入步骤2移回左针的两个针目中，然后两针一起编织上针。

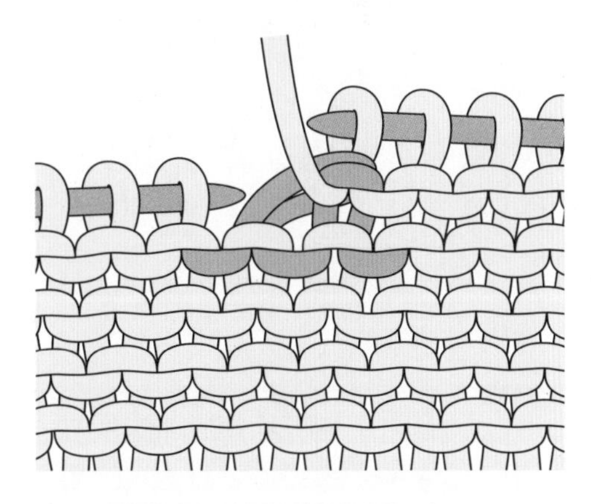

4 上针的右上2针并1针完成。

左上2针并1针

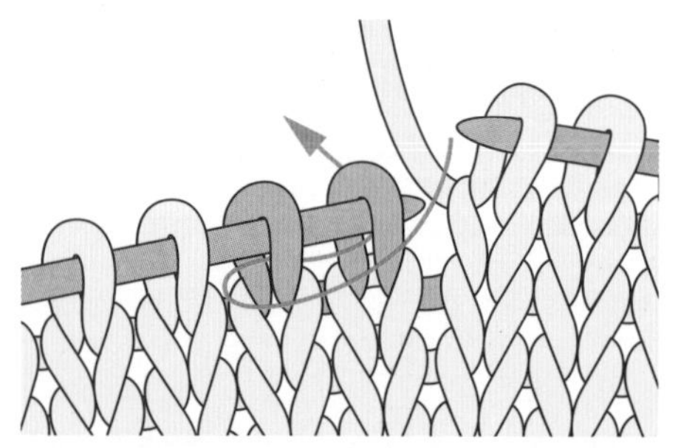

1 按照箭头所示，将右针插入左针的两个针目中。

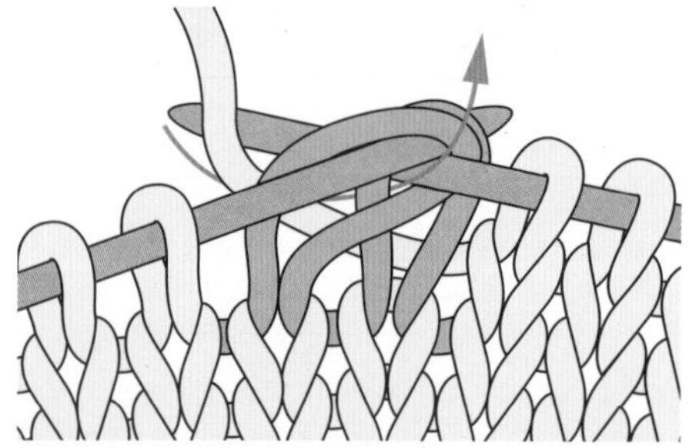

2 两针一起编织下针。

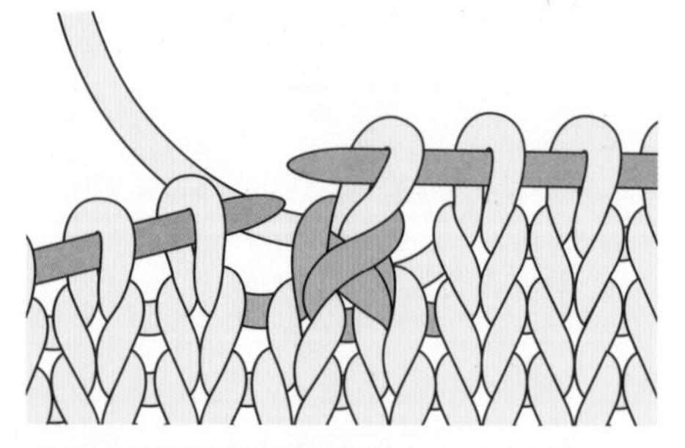

3 左上2针并1针完成。

左上2针并1针（上针）

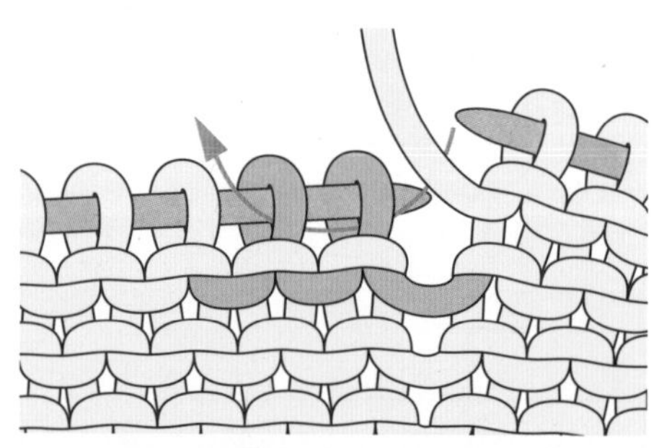

1 按照箭头所示将右针插入左针的两个针目中。

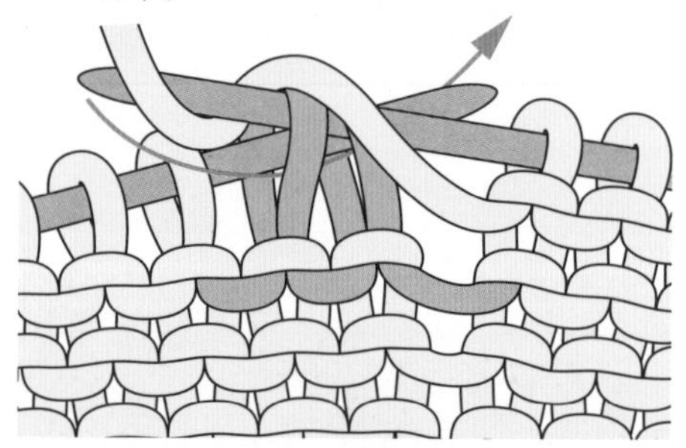

2 两针一起编织编织上针。

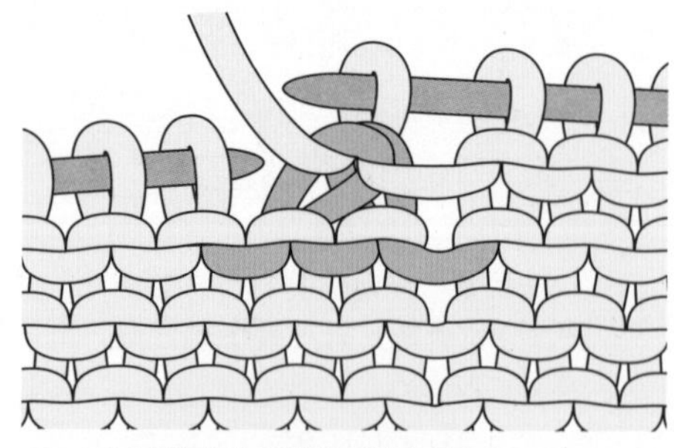

3 上针的左上2针并1针完成。

人

中上3针并1针

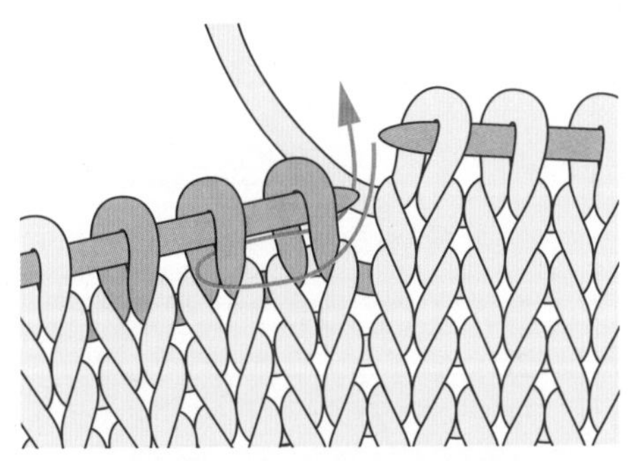

1 按照箭头所示，将右针插入左针的两个针目中，不用编织直接移到右针。

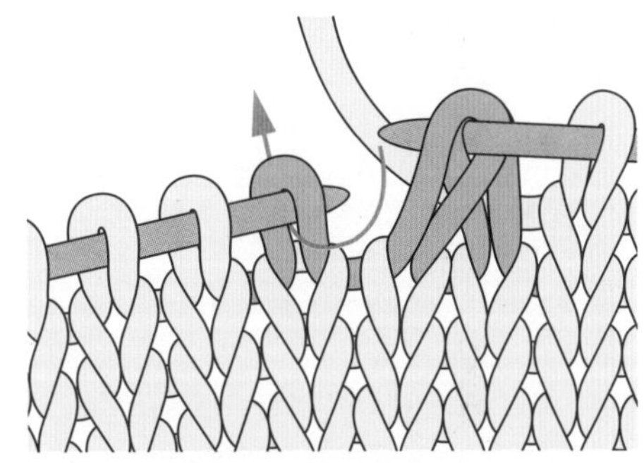

2 再按箭头所示将右针插入下面的针目中，不用编织直接移到右针。

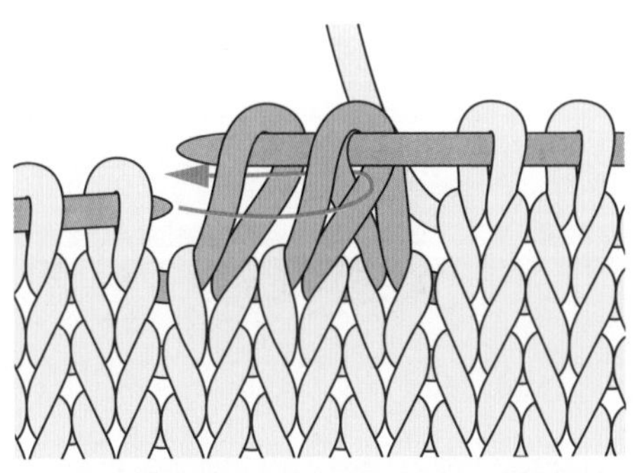

3 然后按箭头所示将左针插入刚移到右针的3个针目中。

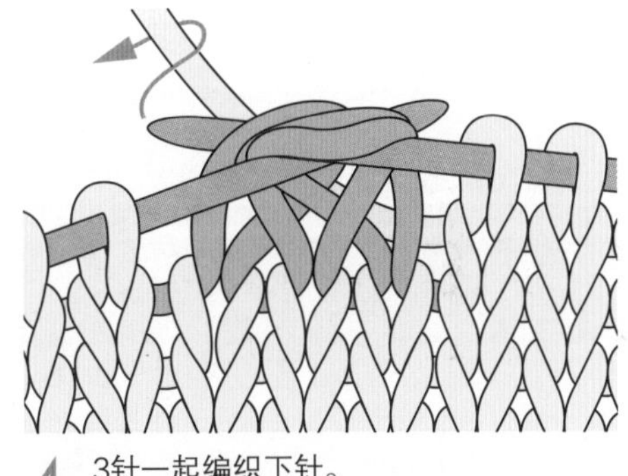

4 3针一起编织下针。

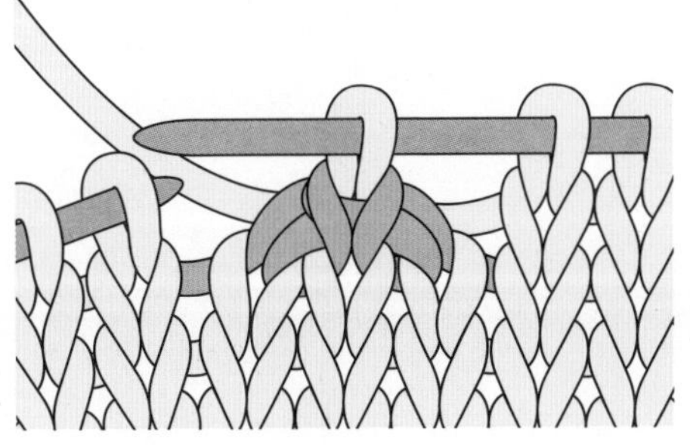

5 中上3针并1针完成。

重点·建议

像"○上△针并1针"这样的符号，表示的都是看着织片的正面，将"○侧的针目朝上，△针一起编织"。比如"中上3针并1针"即"中央的针目朝上，与左右的针目一起编织"。

中上3针并1针
（上针）

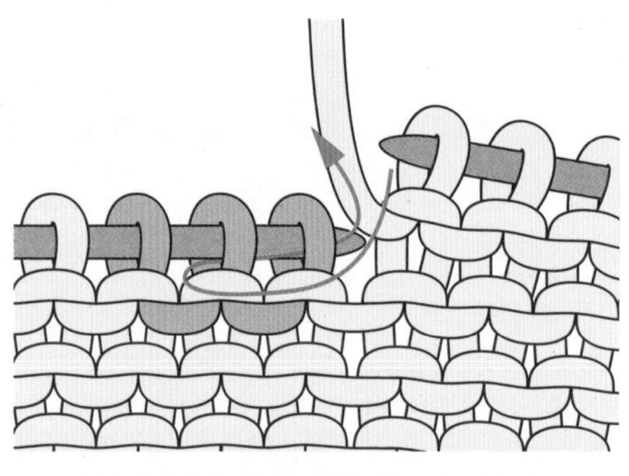

1 按照箭头所示将右针插入左针的两个针目中，不用编织直接移到右针。

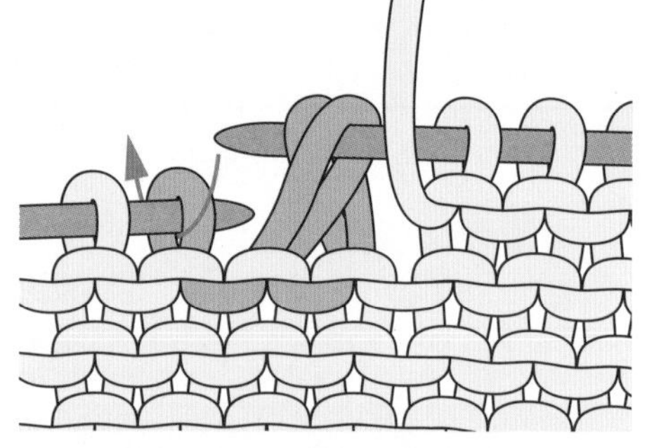

2 再按箭头所示将右针插入下面的针目中，不用编织直接移到右针。

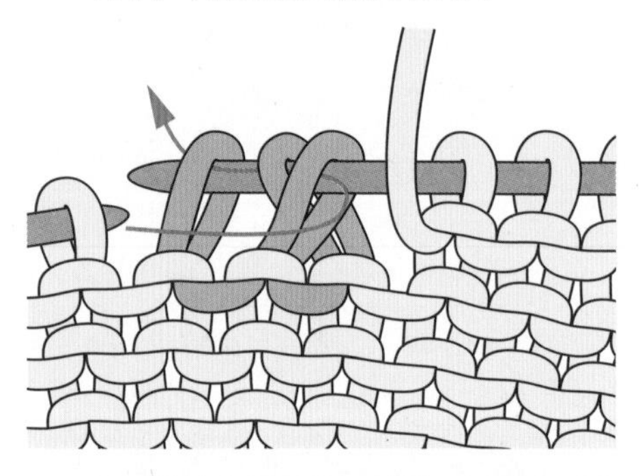

3 然后按箭头所示将左针插入刚移动到右针的3个针目中，将它们移回左针。

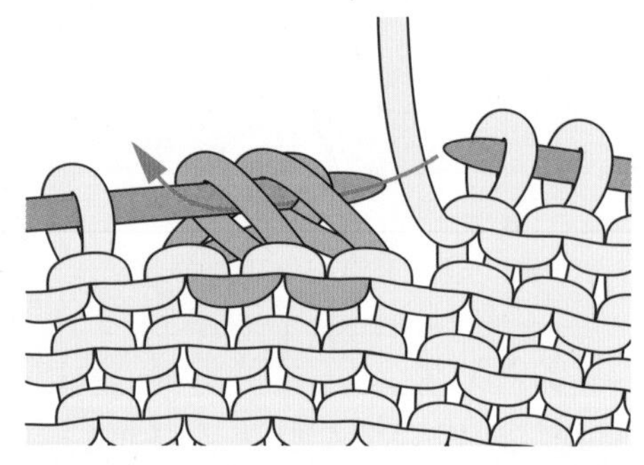

4 按照箭头所示插入右针，3针一起编织上针。

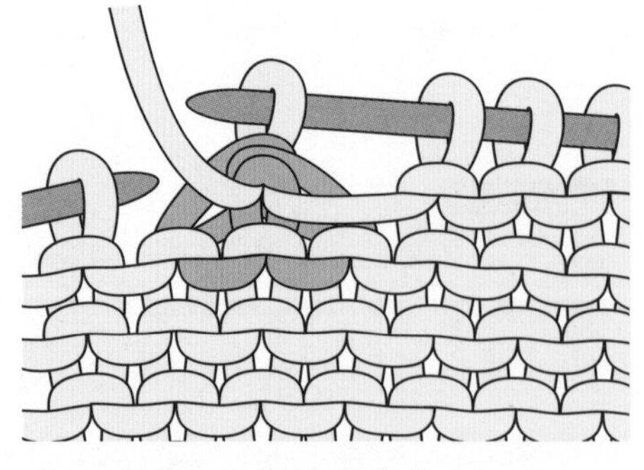

5 上针的中上3针并1针完成。

右上3针并1针

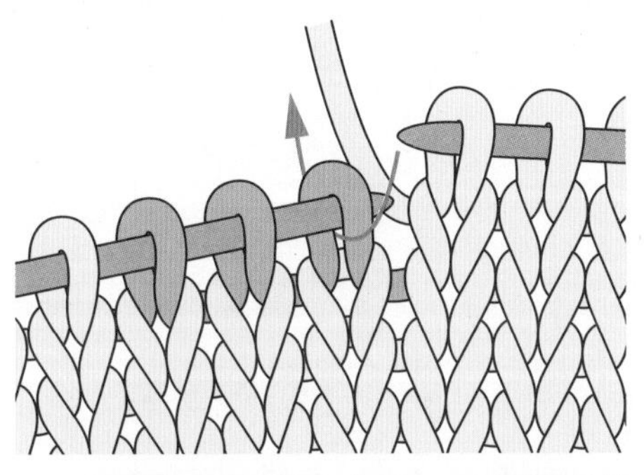

1 按照箭头所示插入右针，不用编织将针目直接移到右针。

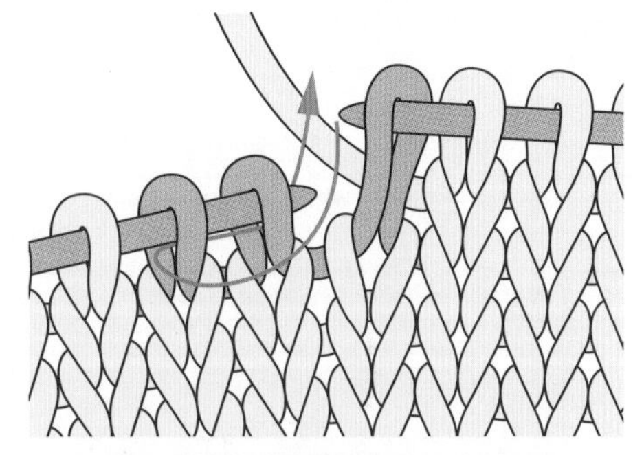

2 再按照箭头所示将右针插入左针的两个针目中，不用编织直接移到右针。

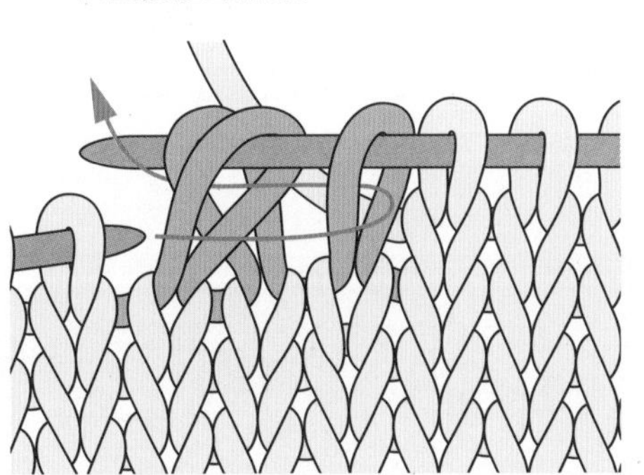

3 然后按照箭头所示，将右针插入刚移到右针的3个针目中。

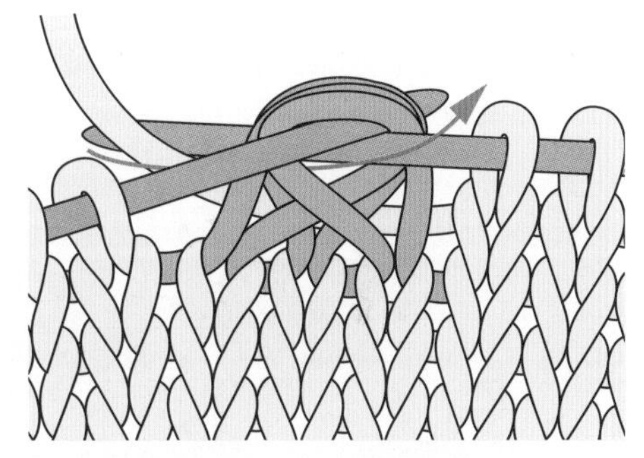

4 右针上挂线，3针一起编织下针。

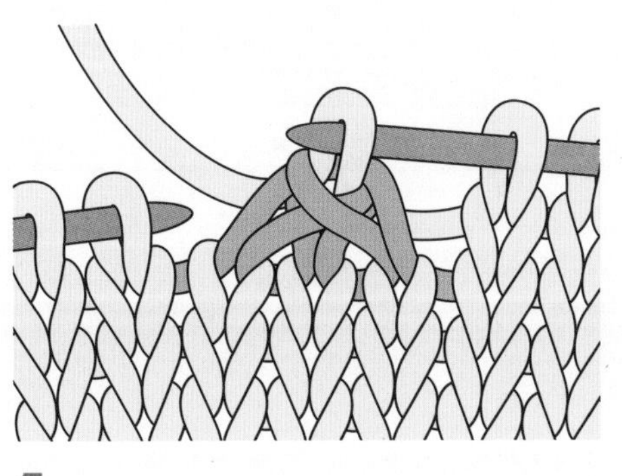

5

丄

右上3针并1针（上针）

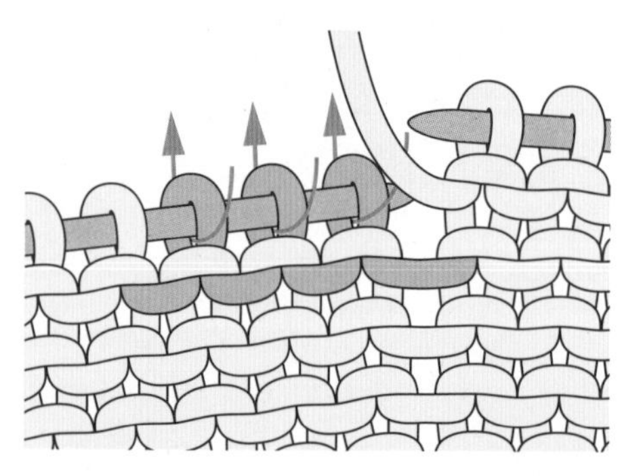

1 按照箭头所示，依次将右针从线圈内侧插入左针的3个针目中，不用编织直接移到右针。

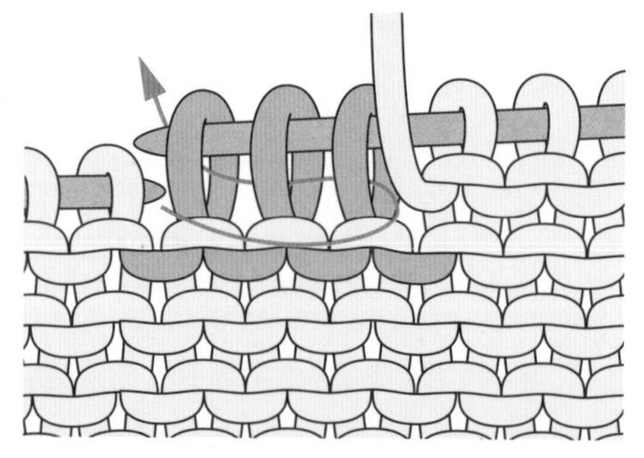

2 然后按箭头所示将左针插入步骤1移到右针的3个针目中，将它们移回左针。

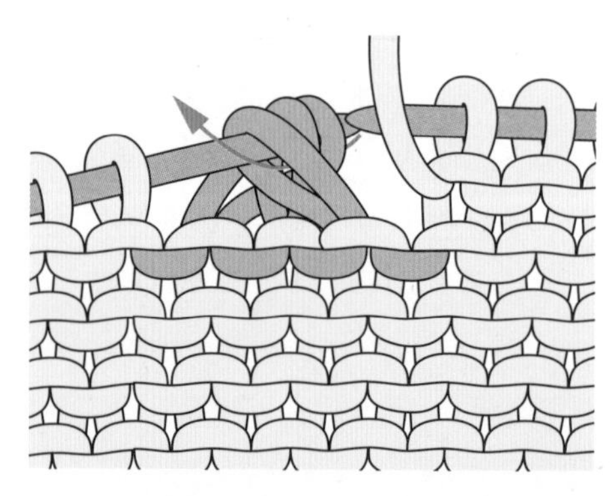

3 接着再按照箭头所示，从外侧将右针插入步骤2移回的3个针目中，一起编织上针。

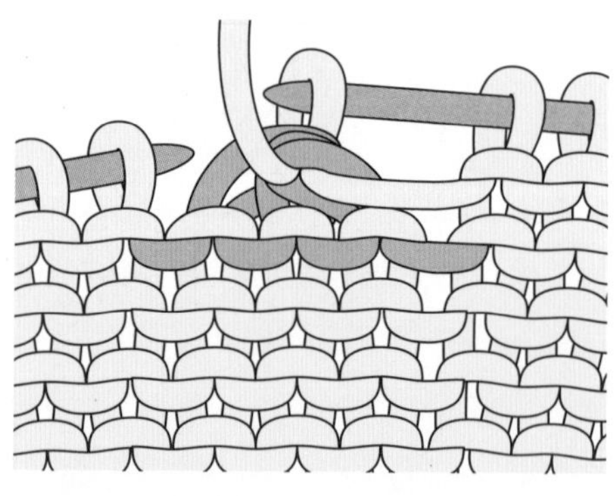

4 上针的右上3针并1针完成。

左上3针并1针

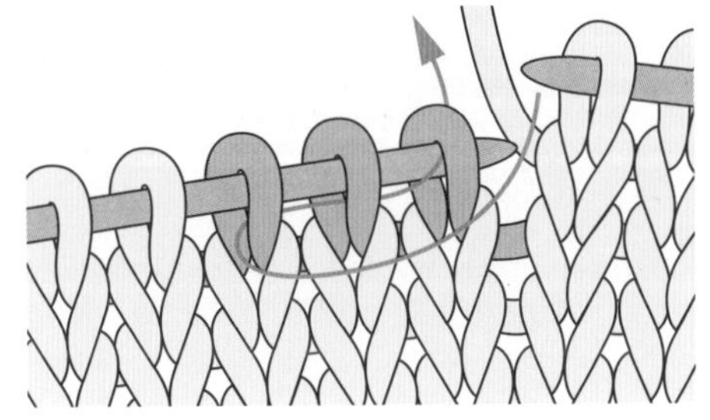

1 按照箭头所示将右针插入左针的3个针目中。

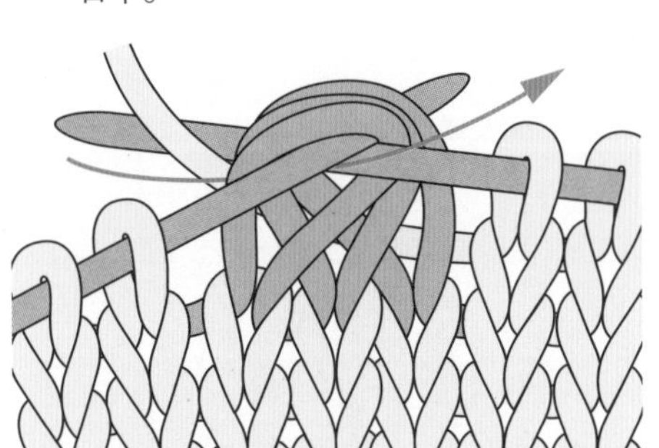

2 右针挂线后3针一起编织下针。

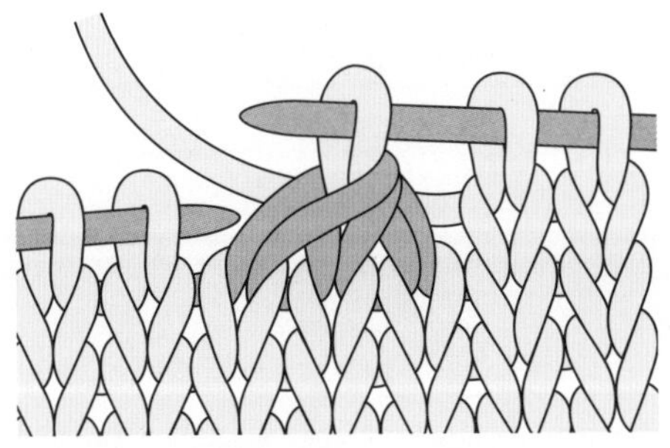

3 左上3针并1针完成。

左上3针并1针（上针）

1 按照箭头所示将右针插入左针的3个针目中。

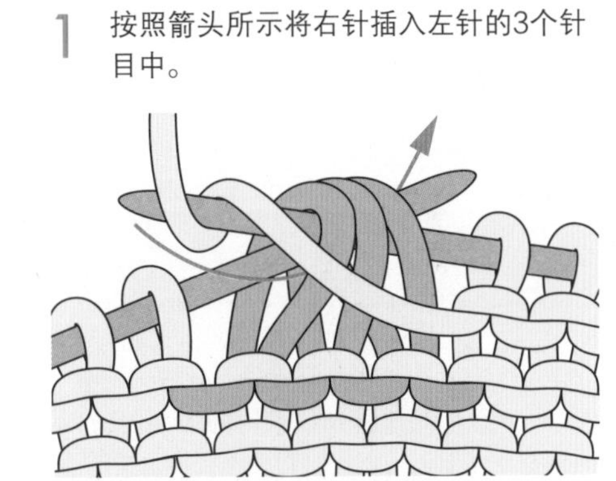

2 右针挂线后3针一起编织上针。

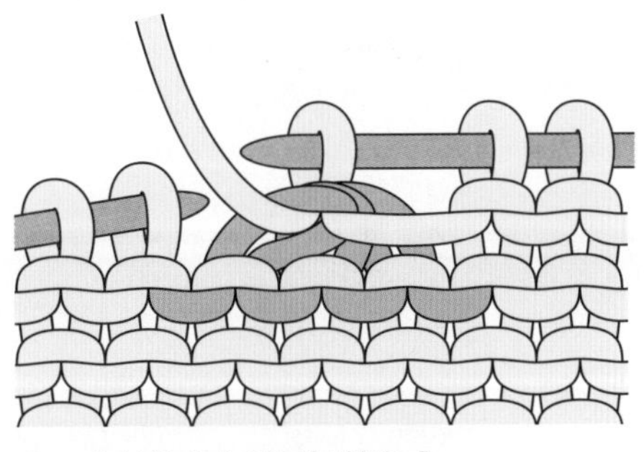

3 上针的左上3针并1针完成。

右加针

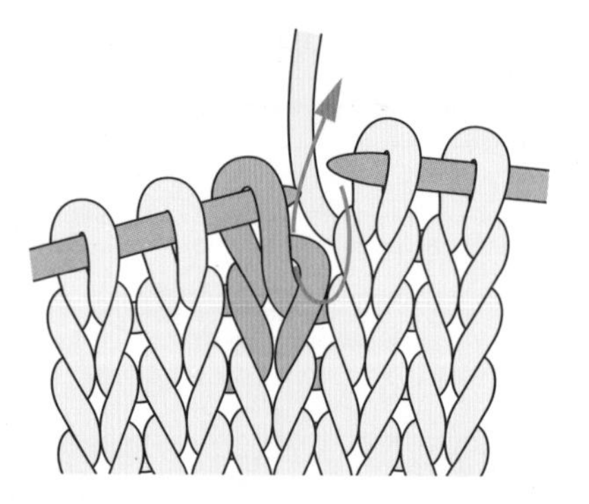

1 编织下一针目之前，按照箭头所示方向，右针从线圈外侧插入下面一行的针目中。

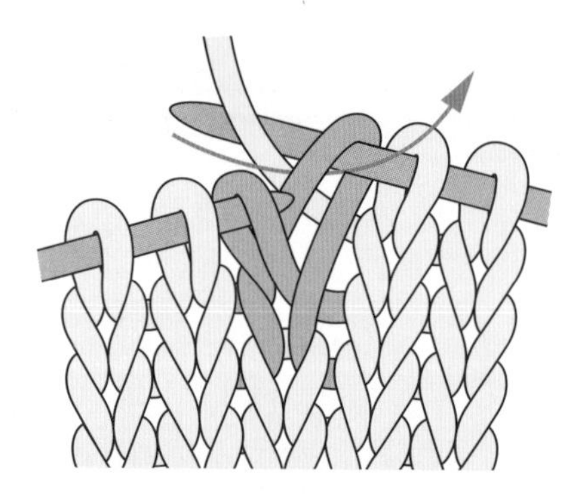

2 把步骤1中插入右针的针目向上挑，然后按照图示方法在右针上挂线，编织下针。

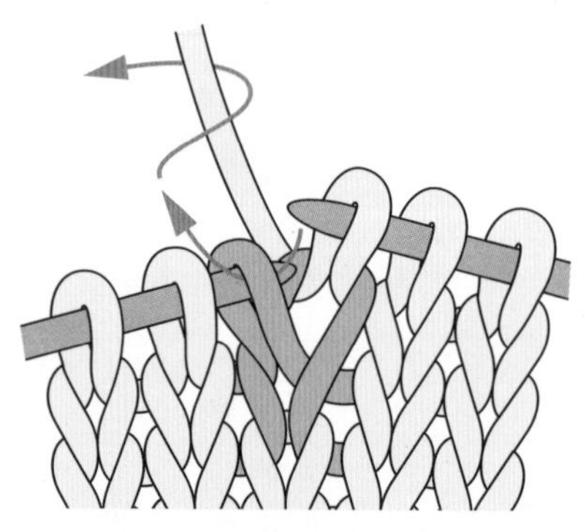

3 下面一针也是织入下针。

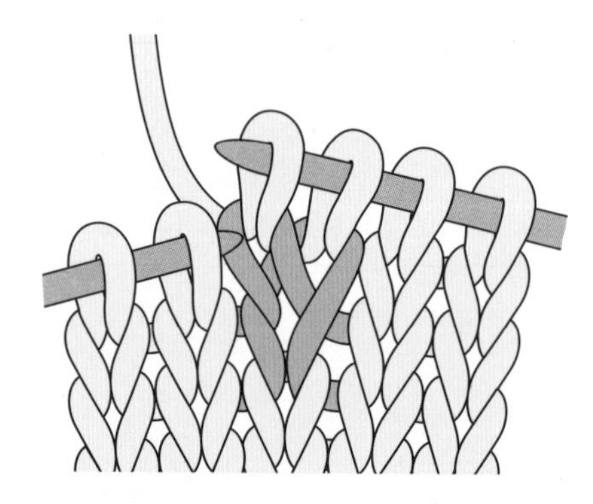

4 右加针编织完成。

右加针（上针）

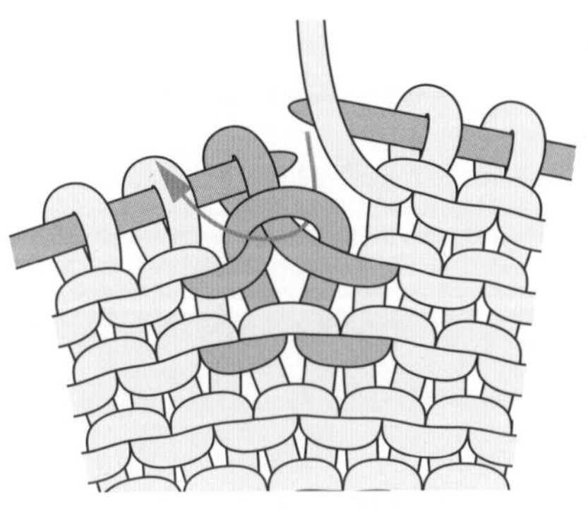

1 编织下一针目之前，按照箭头所示方法，将右针从线圈外侧插入下面一行的针目中。

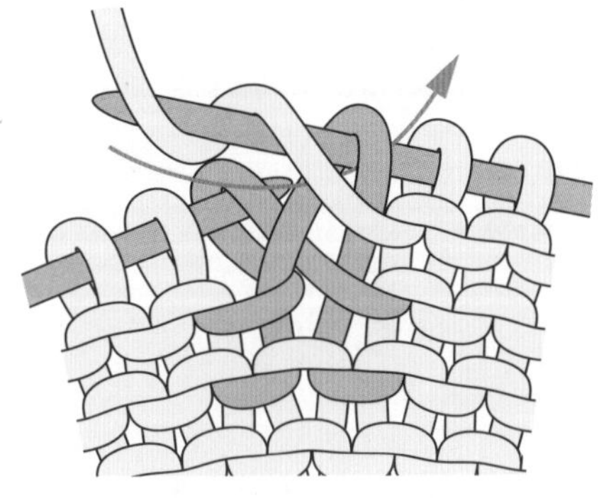

2 把步骤1中插入右针的针目向上挑，然后按照图示方法在右针上挂线，编织上针。

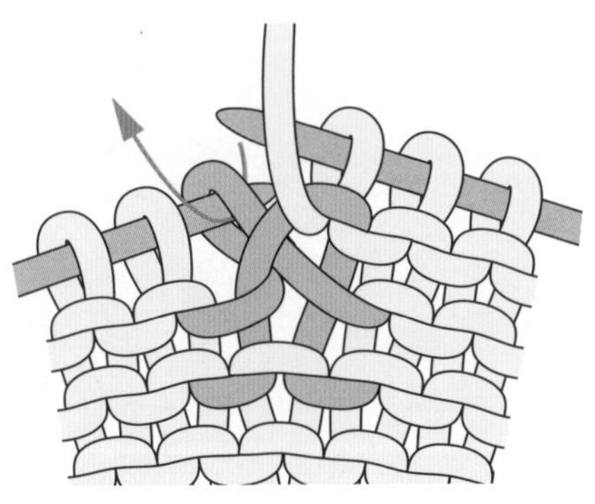

3 下面一针也织上针。

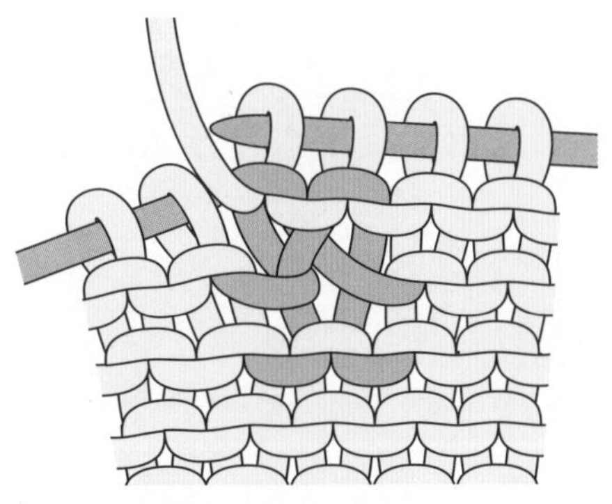

4 上针的右加针编织完成。

左加针

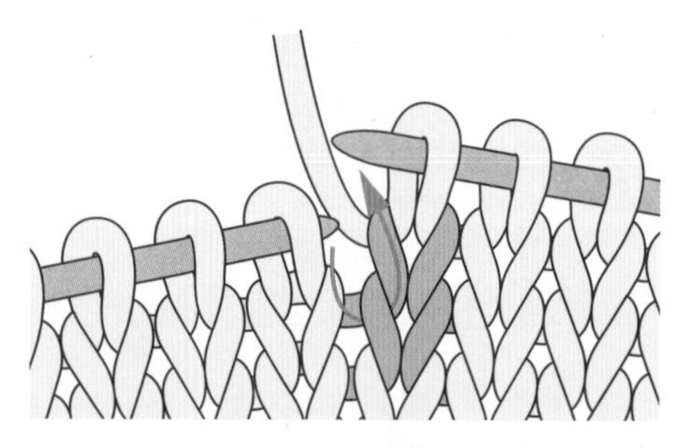

1 编织完下针后，按照箭头所示从线圈外侧将左针插入下面一行的针目中。

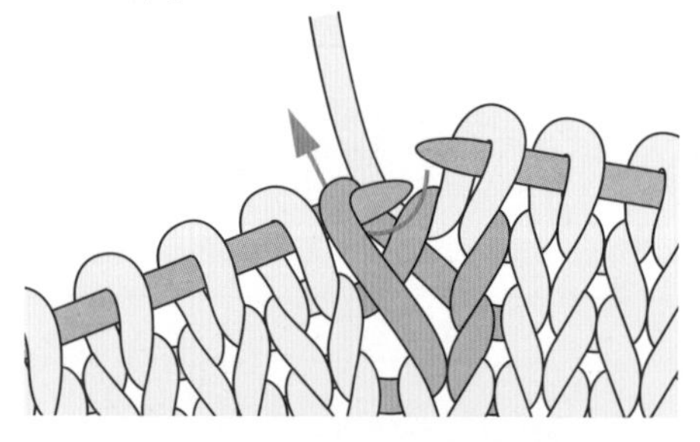

2 把步骤1中插入左针的针目向上挑，然后按照箭头所示插入右针，编织下针。

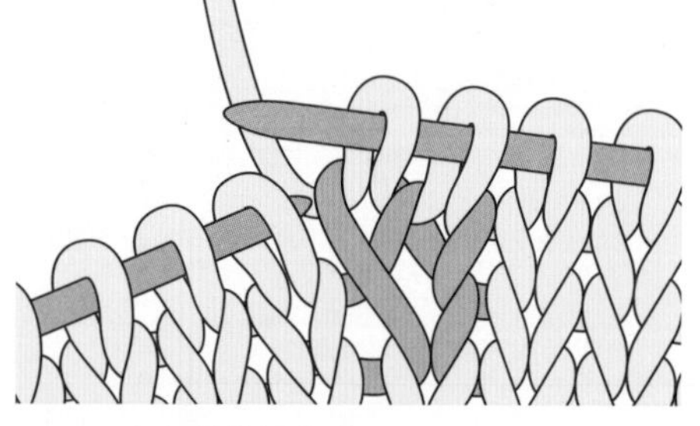

3 左加针编织完成。

左加针（上针）

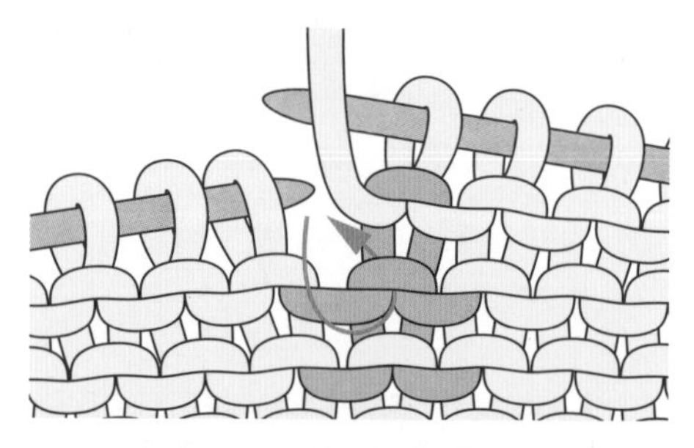

1 编织完上针后，按照箭头所示从线圈内侧将左针插入下面一行的针目中。

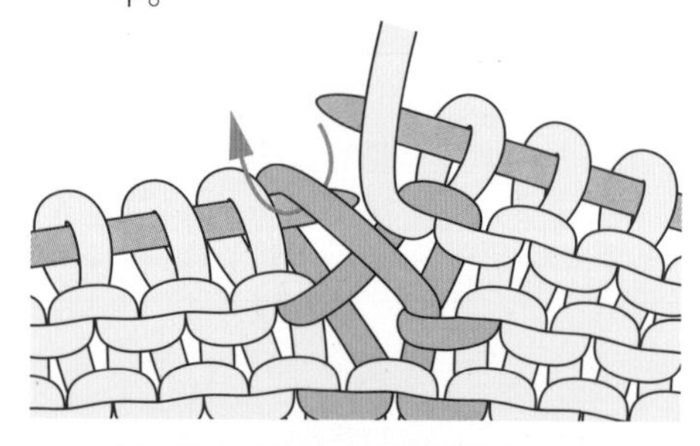

2 把步骤1中插入左针的针目向上挑，然后按照箭头所示插入右针，编织下针。

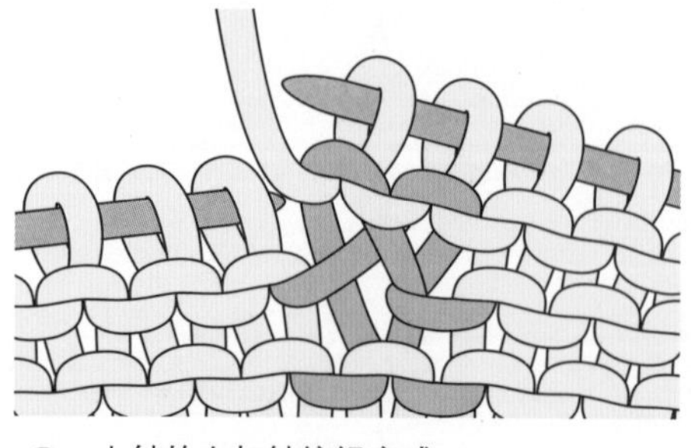

3 上针的左加针编织完成。

1针放3针（加针）

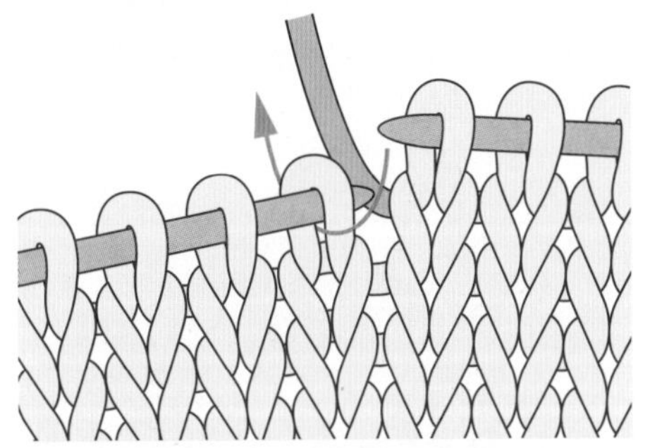

1 按照箭头所示从线圈内侧插入右针。

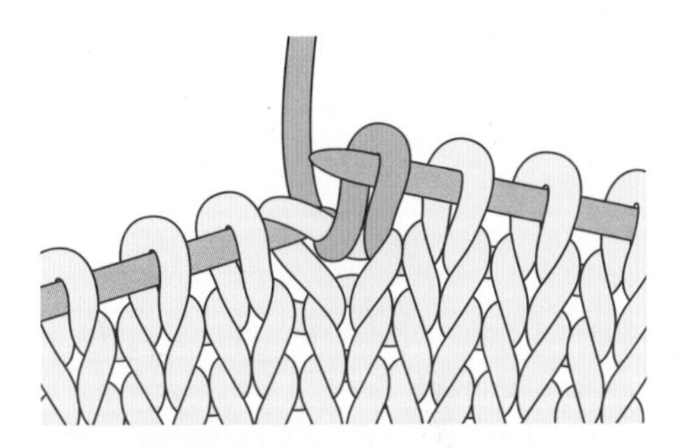

2 右针挂线，编织下针。用右针引拔出线后不用抽出左针，保持原状。

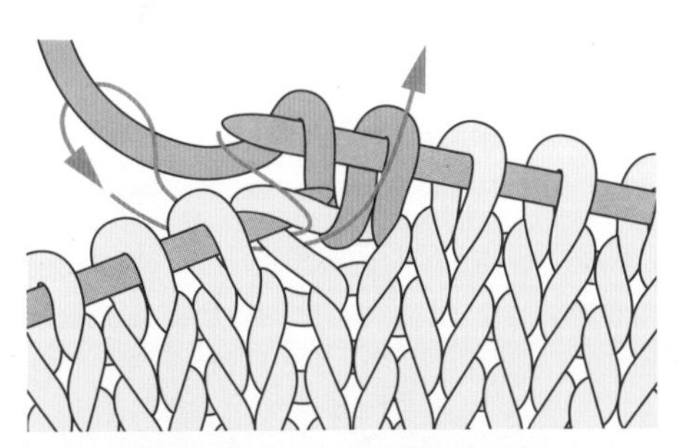

3 按照图示方法，右针挂线后织挂针，再在步骤2的同一针目中编织下针。

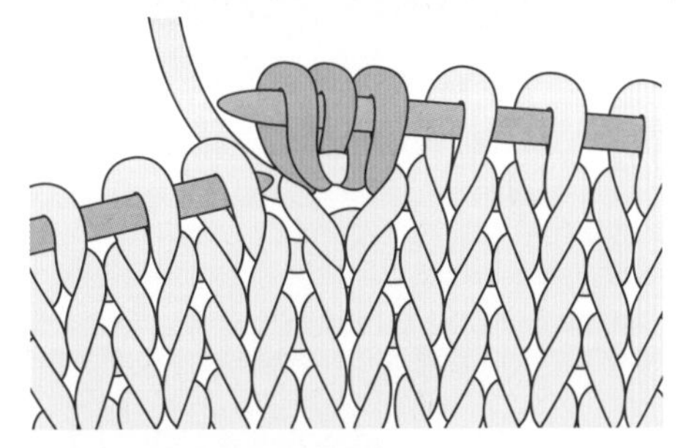

4 1针放3针完成后如图。

1针放5针（加针）

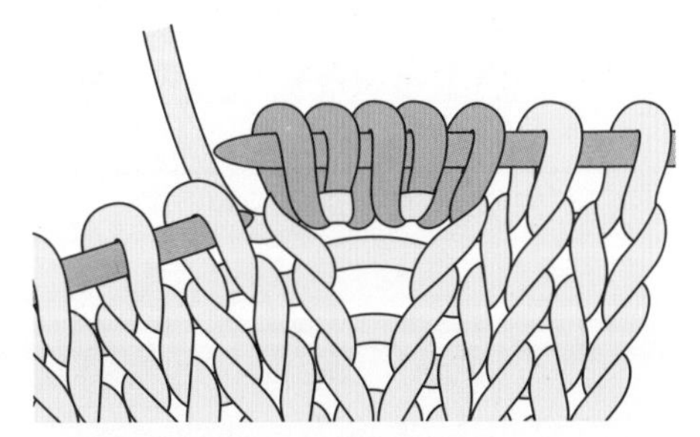

1针放3针的加针方法编织至步骤3，然后再织1针挂针和下针，完成1针放5针。

右上交叉

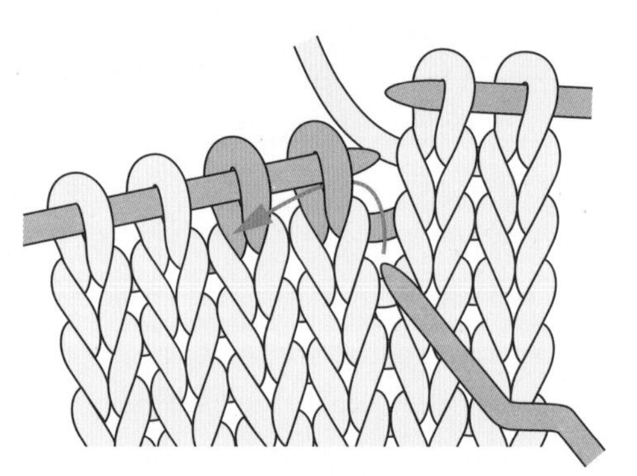

1 按照箭头所示，将扭花针插入左针右侧的针目中，置于织片内侧，暂时不织。

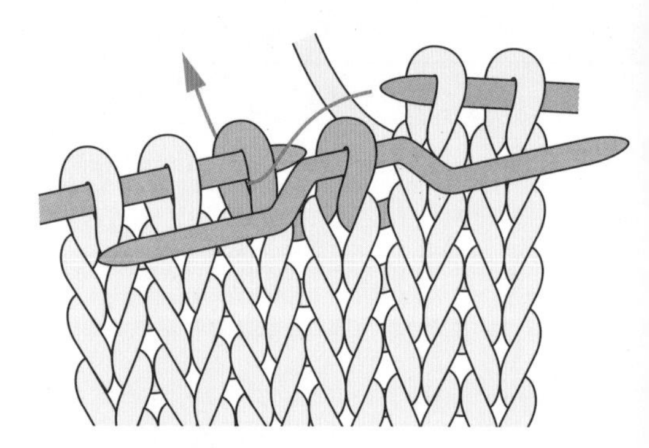

2 再按箭头所示将右针插入左侧的针目，编织下针。

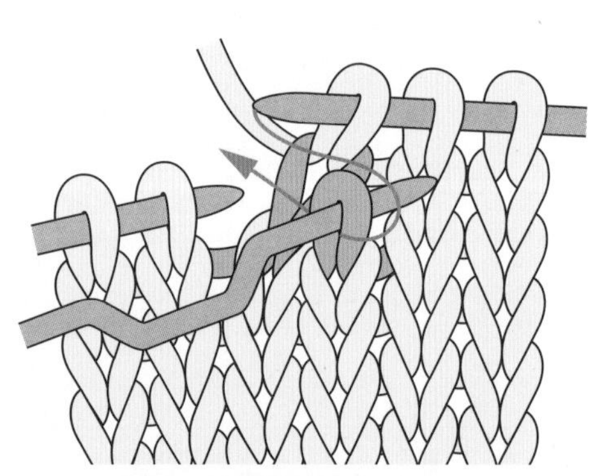

3 按箭头所示将右针插入扭花针上刚才未织的针目中，编织下针。

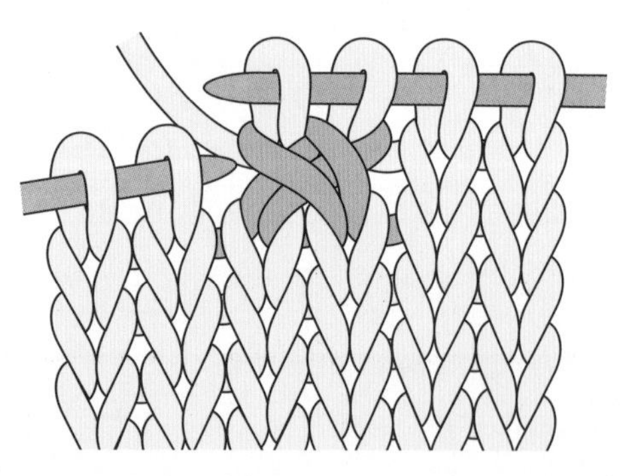

4 右上交叉完成。

左上交叉

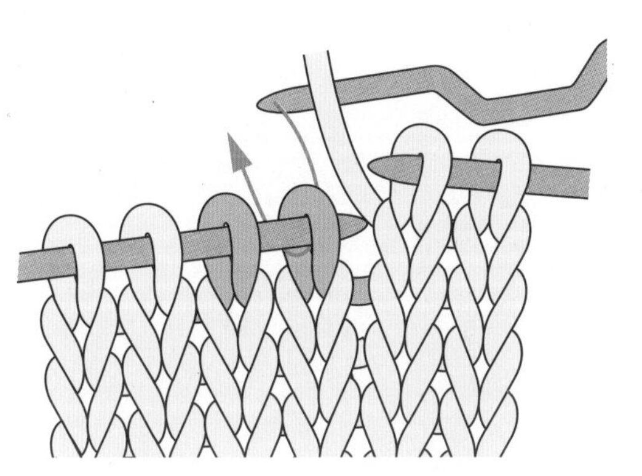

1 按照箭头所示，将扭花针插入左针右侧的针目中，置于织片外侧，暂时不织。

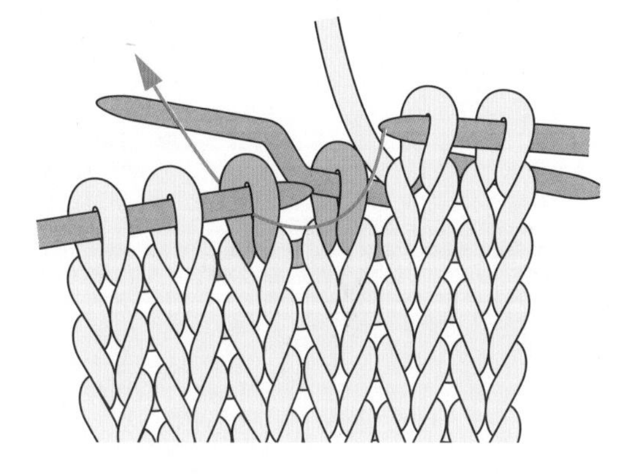

2 再按箭头所示将右针插入左侧的针目，编织下针。

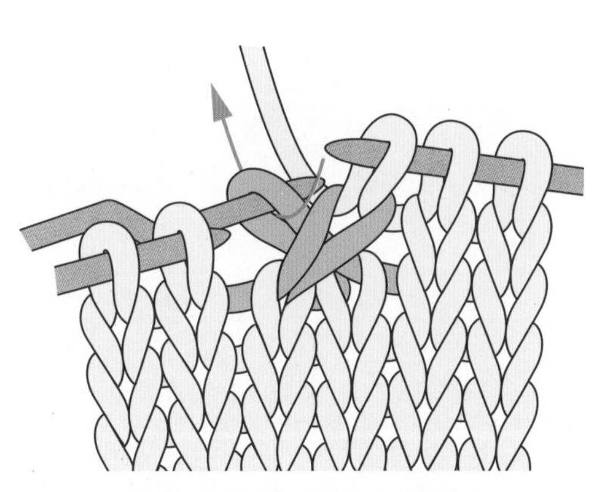

3 按箭头所示将右针插入扭花针上刚才未织的针目中，编织下针。

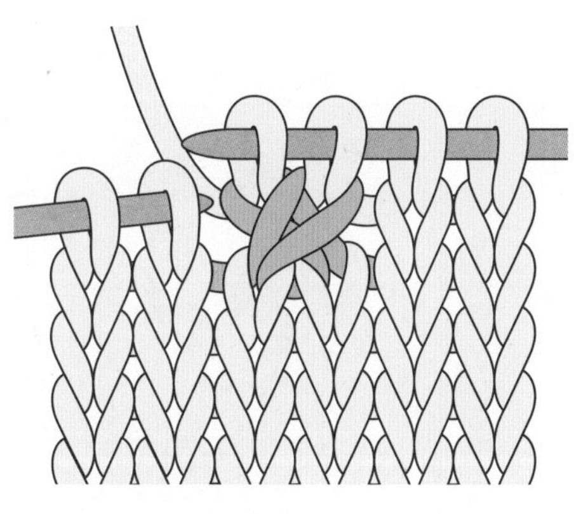

4 左上交叉完成。

右针穿引交叉

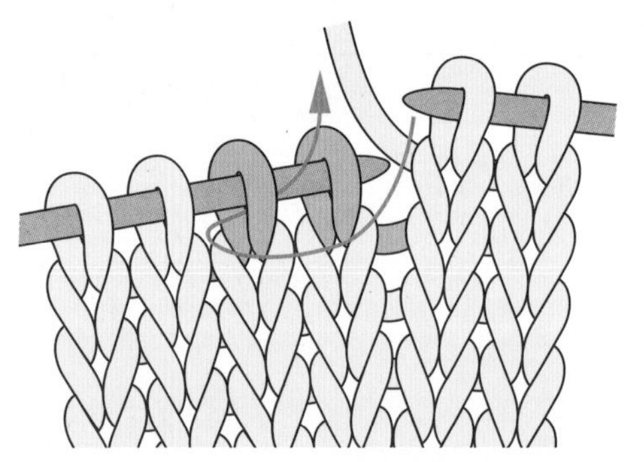

1 按照箭头所示，将右针插入左针左侧的针目中，右侧的针目不变。

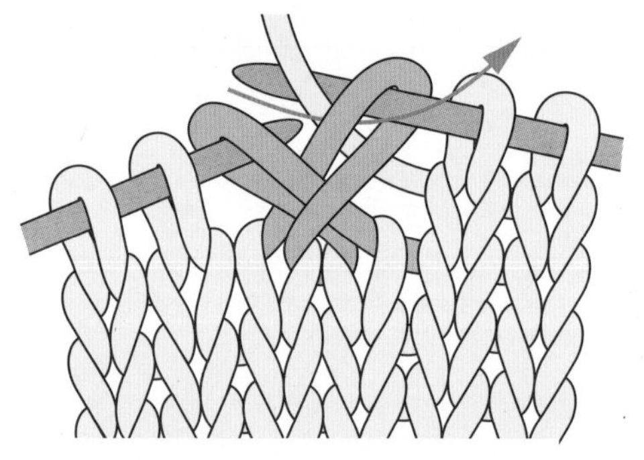

2 右侧的针目从左侧的针目中穿过，左侧的针目编织下针。

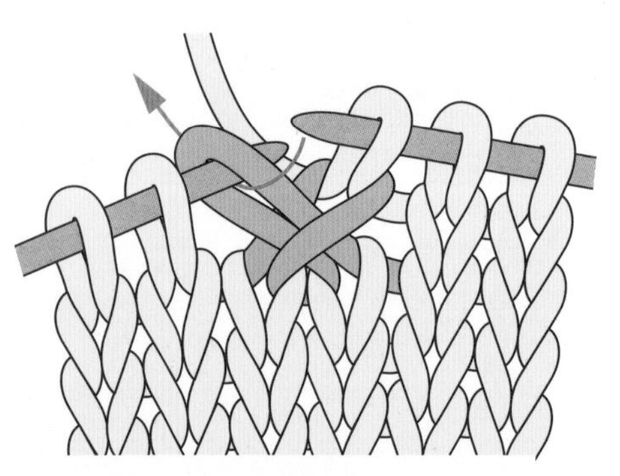

3 右侧的针目也编织下针。

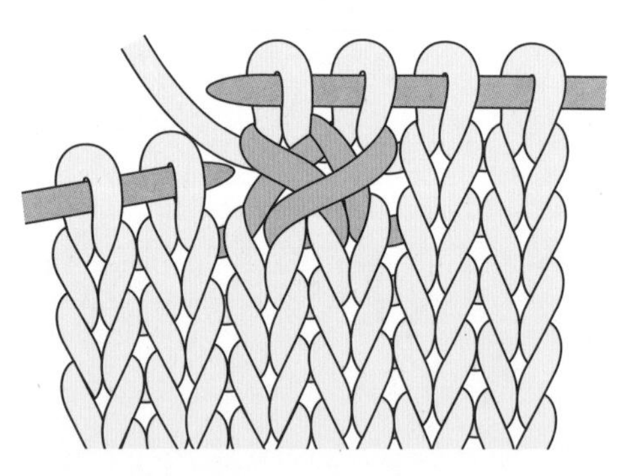

4 右针穿引交叉完成。

左针穿引交叉

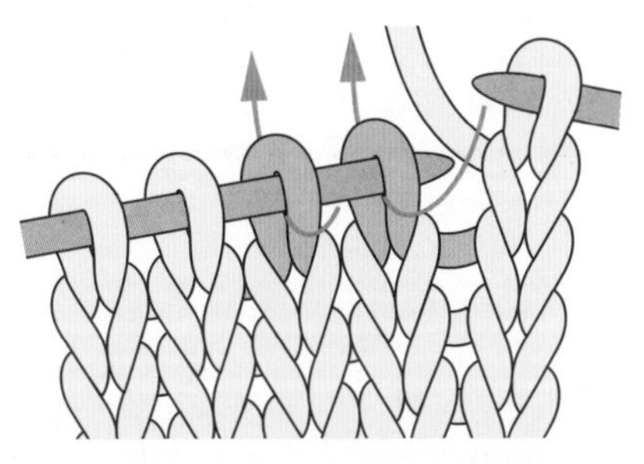

1 按照箭头所示，依次将右针插入左针的两个针目中，不用编织直接移到右针。

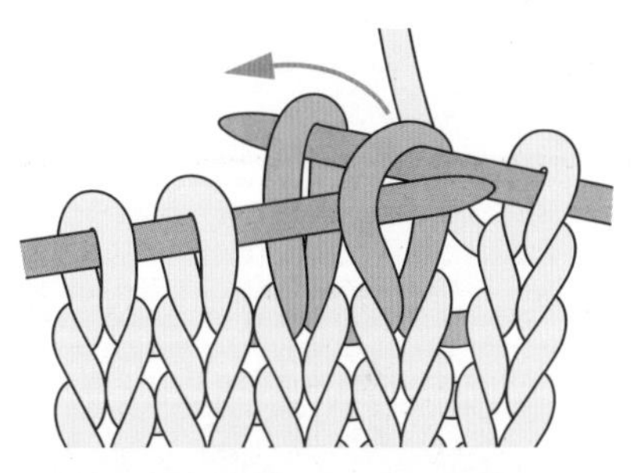

2 再将左针插入移动针目中右侧的一针中，左侧的针目从其中穿过，移回左针。

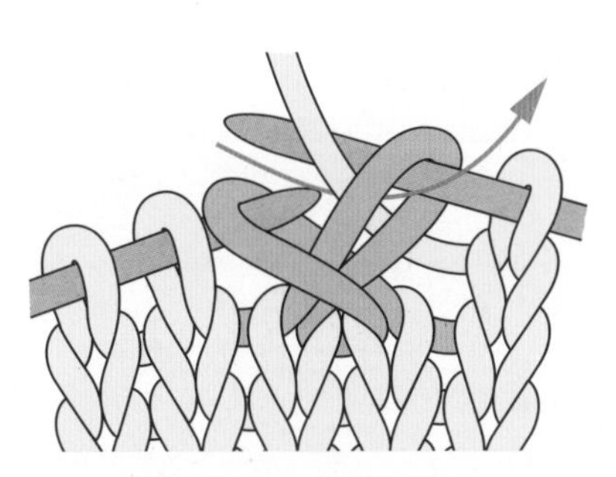

3 右针上剩余的针目编织下针。

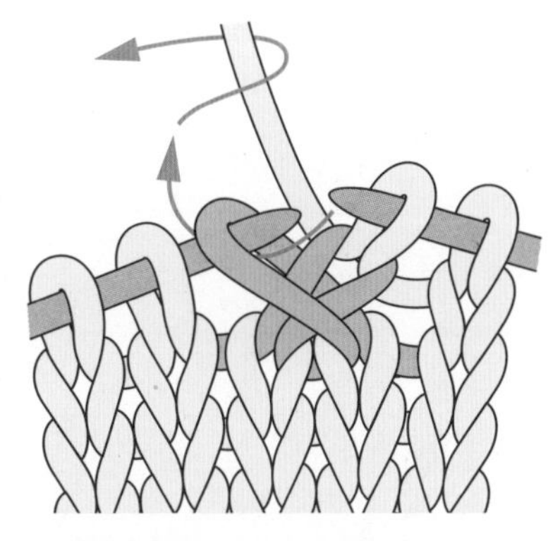

4 移回左针的针目也编织下针。

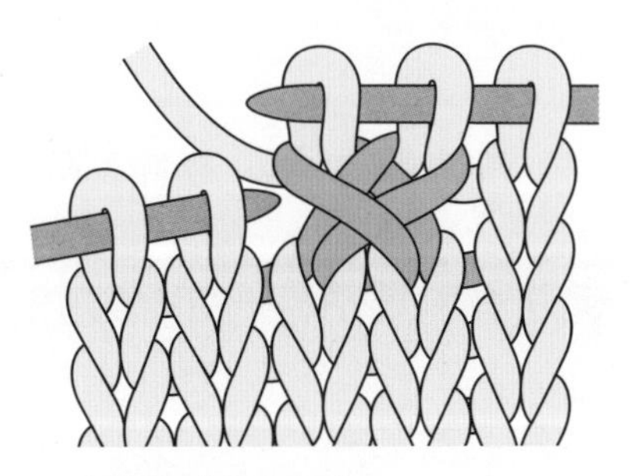

5 左针穿引交叉完成。

V 滑针

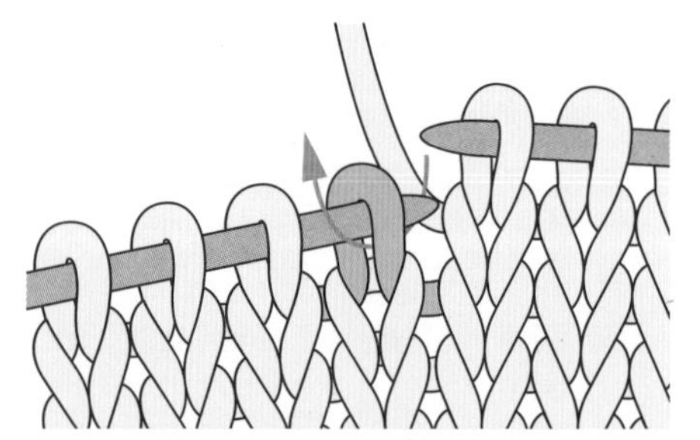

1 按照箭头所示从线圈外侧插入右针，不用编织针目直接移到右针。

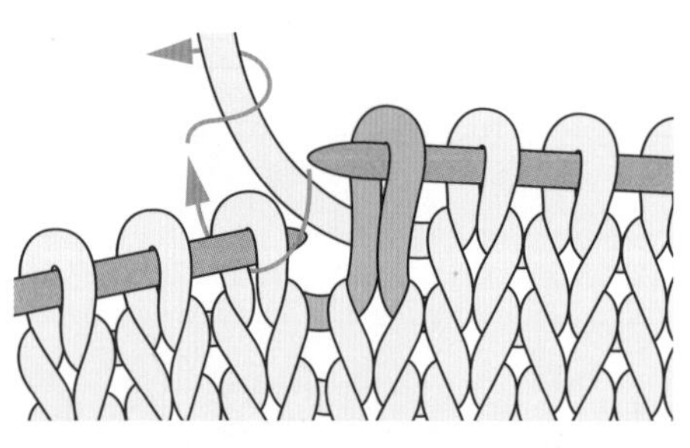

2 下面一针编织下针。

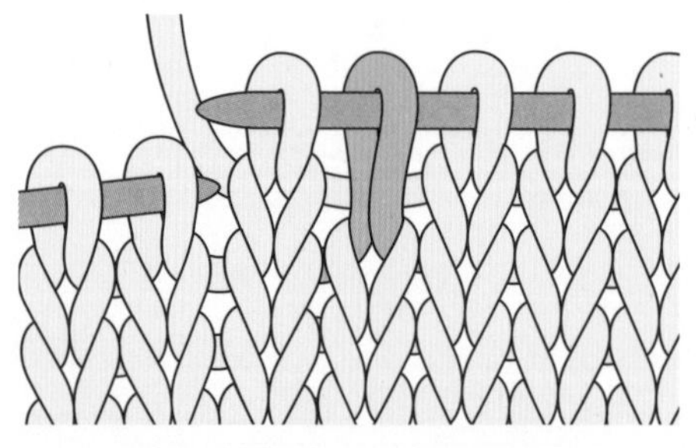

3 编织完滑针和下面1针后如图。

V 滑针（上针）

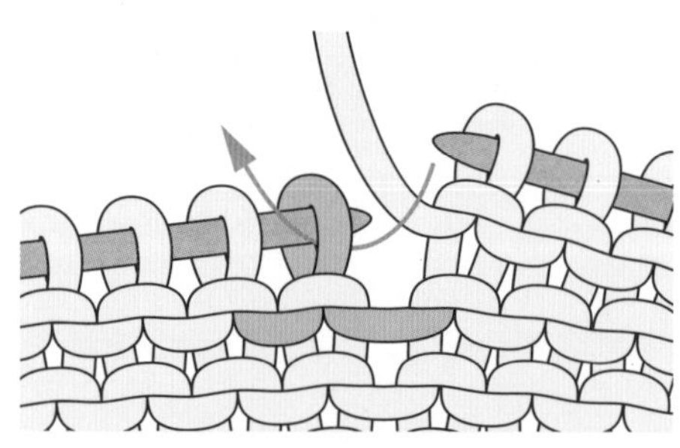

1 按照箭头所示从线圈外侧插入右针，不用编织针目直接移到右针。

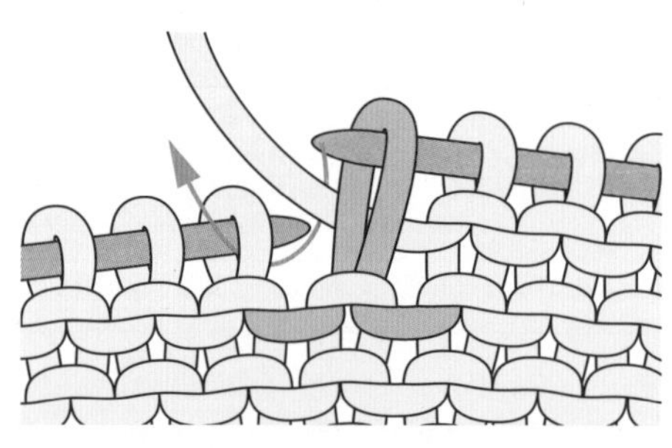

2 下面一针编织上针。

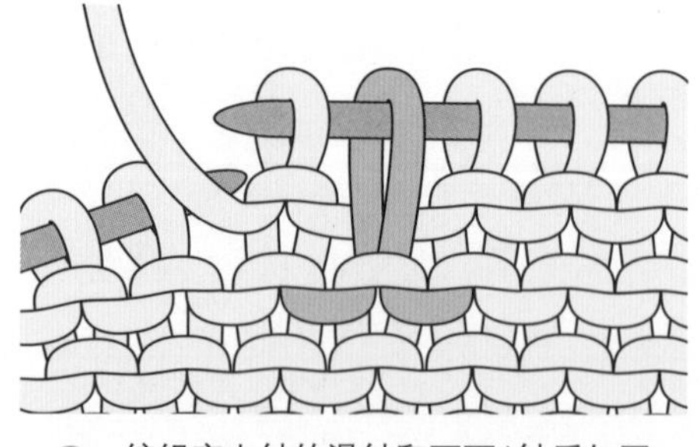

3 编织完上针的滑针和下面1针后如图。

浮针

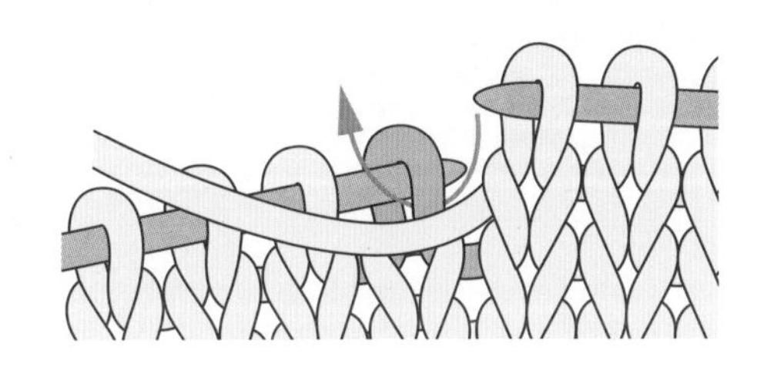

1 把线拉到织片的内侧，按照箭头所示从外侧插入右针，不用编织针目直接移到右针。

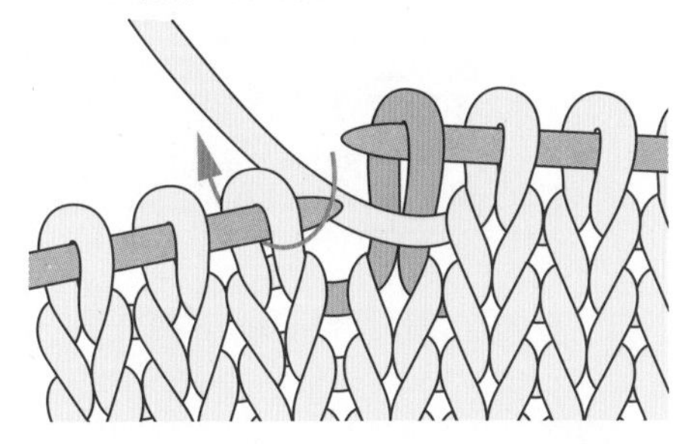

2 线再返回织片的后面，下面一针编织下针。

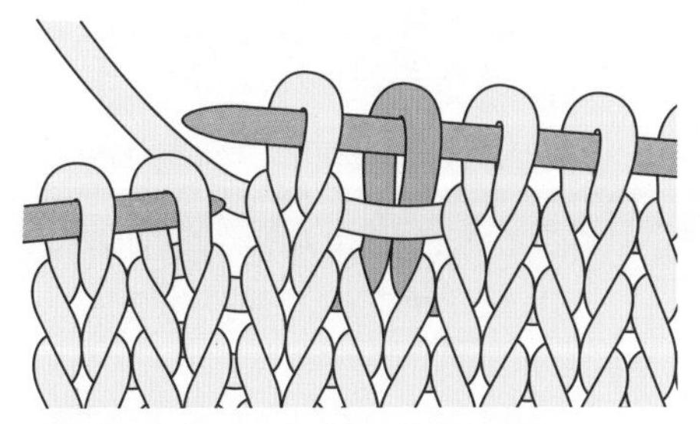

3 编织完浮针和下面1针后如图。

浮针（上针）

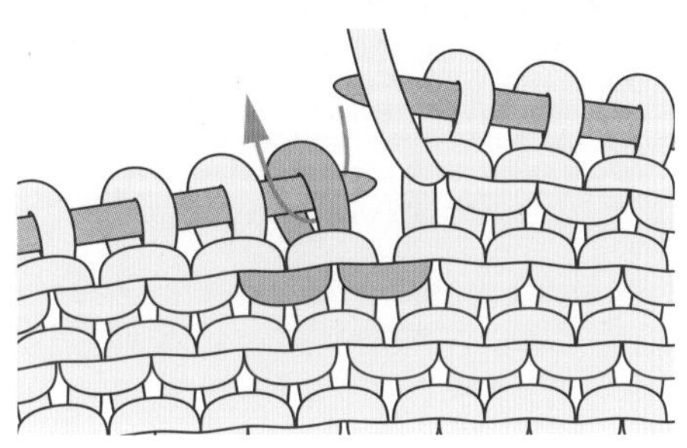

1 把线拉到织片的内侧，按照箭头所示从外侧插入右针，不用编织针目直接移到右针。

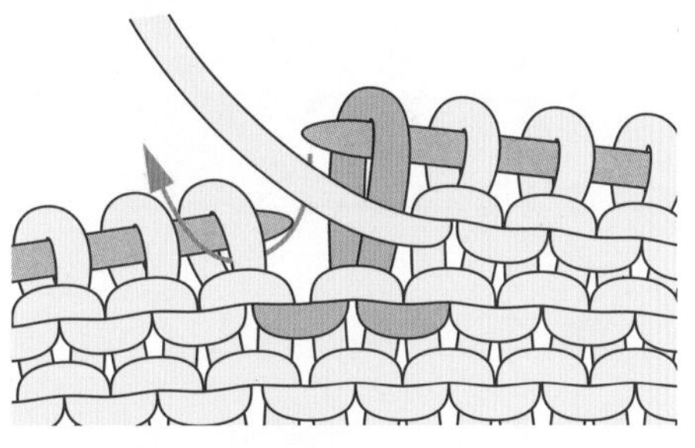

2 下面一针编织上针。

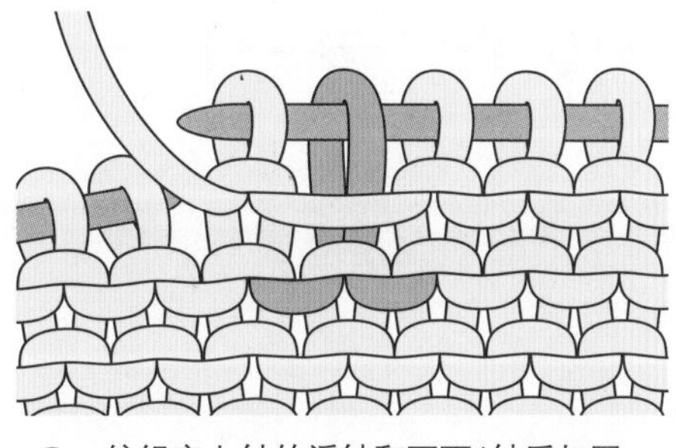

3 编织完上针的浮针和下面1针后如图。

拉针（用挂针编织的方法）

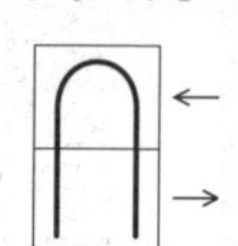

※此处用2行举例说明。

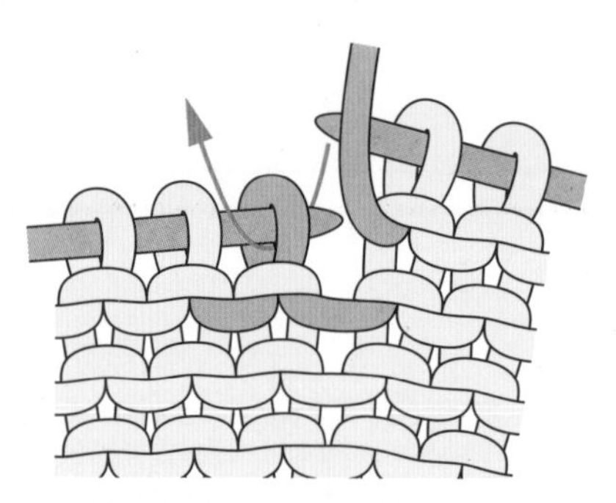

1 按照箭头所示从外侧插入右针，不用编织针目直接移到右针（滑针）。

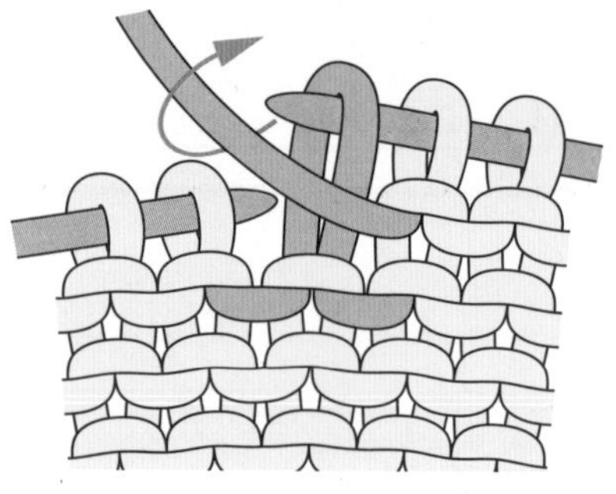

2 再按照箭头所示转动右针，然后在右针上挂线（挂针）。

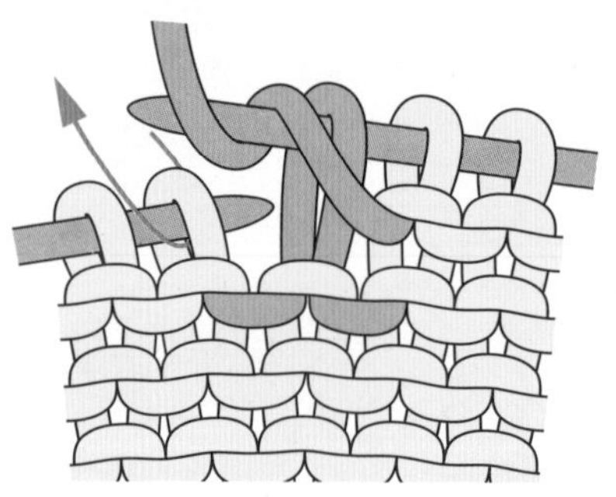

3 下面一针编织上针。

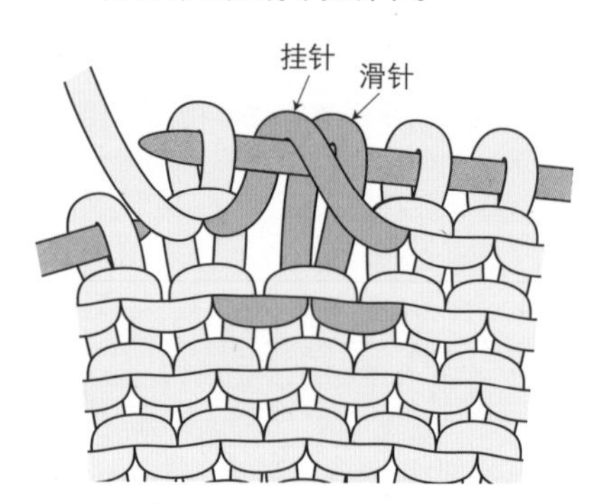

4 步骤3的上针编织完成后如图。

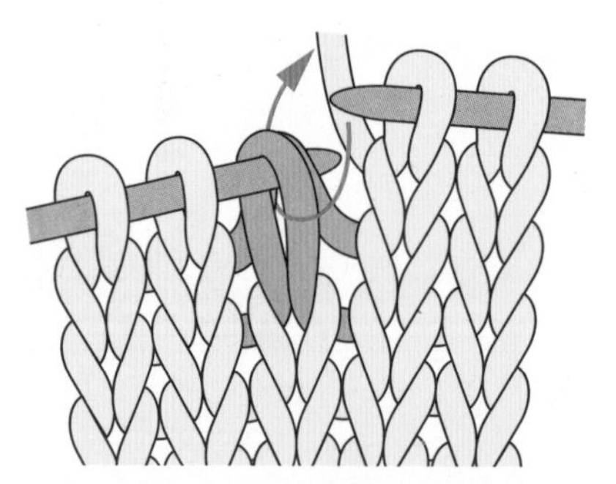

5 编织下一行时，按照箭头所示将右针插入刚才编织滑针和挂针的针目中，然后两针一起编织下针。

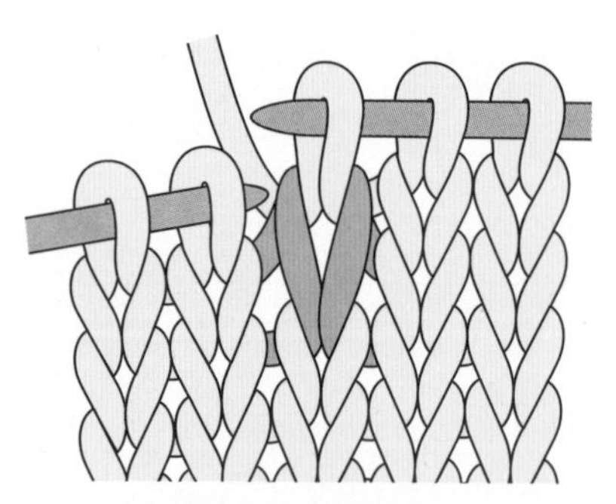

6 完成2行拉针后如图。

拉针（先编织后拆开的方法）

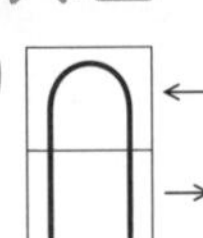

※此处用2行举例说明。

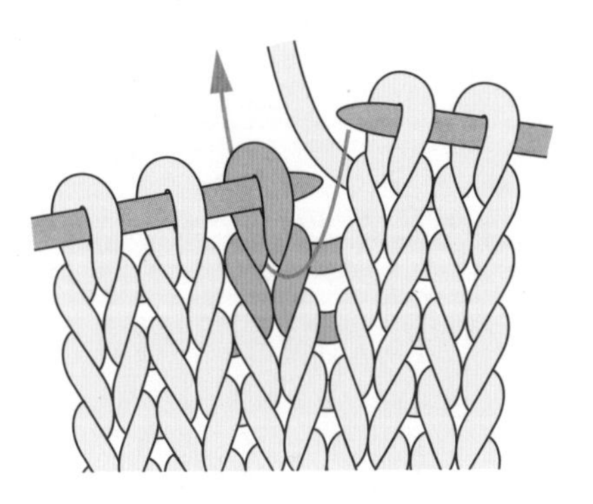

1 按照箭头所示，将右针插入下面一行的针目中，再向上拉。

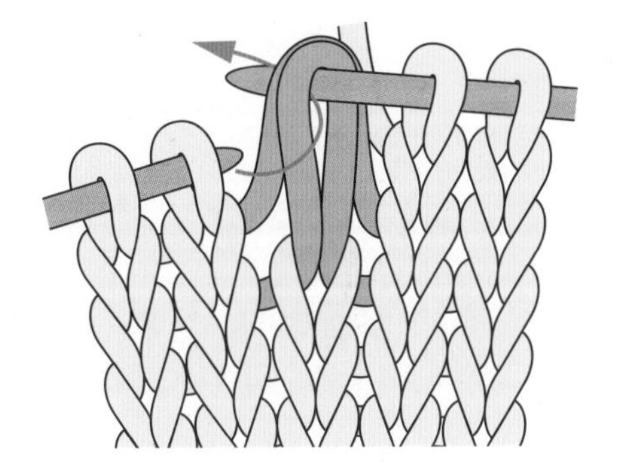

2 然后按照箭头所示将左针插入步骤1拉过的针目中。

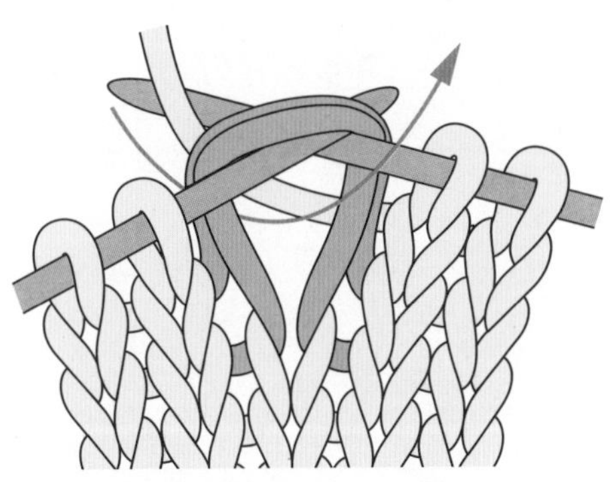

3 右针挂线，两针一起编织下针。

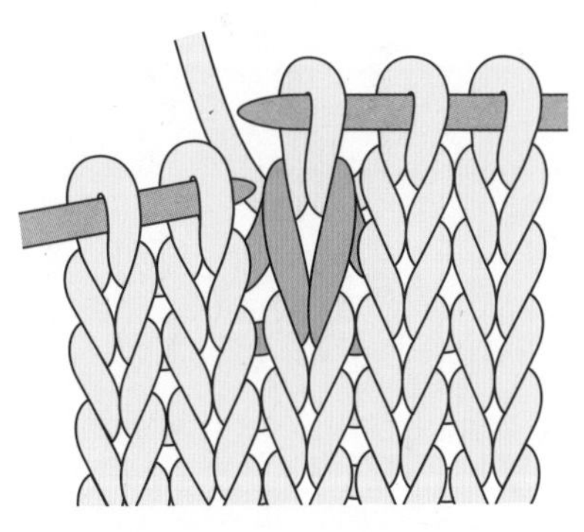

4 完成2行拉针后如图。

扭拉针

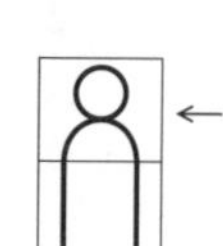

※此处用2行举例说明。

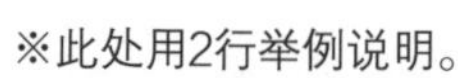

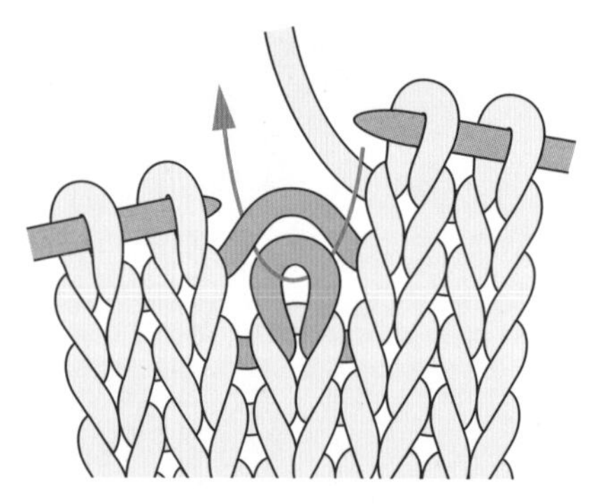

1 按照箭头所示将右针插入下面一行的针目中，然后将上面一行的针目从左针上滑脱，再用右针向上拉。

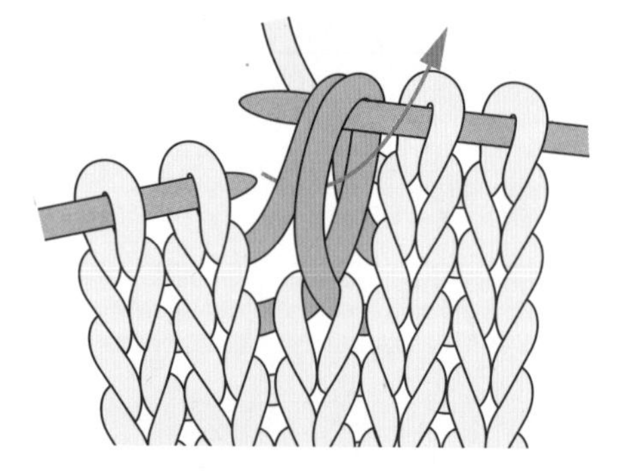

2 接着按箭头所示，将左针插入步骤1拉过的针目中。

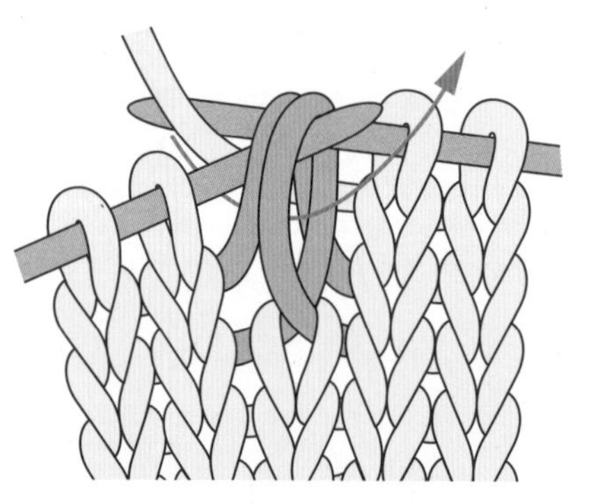

3 右针挂线，两针一起编织下针。

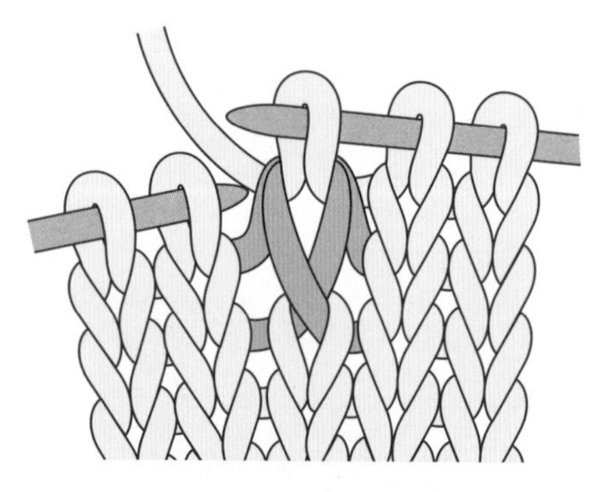

4 完成2行的扭拉针后如图。

扭针

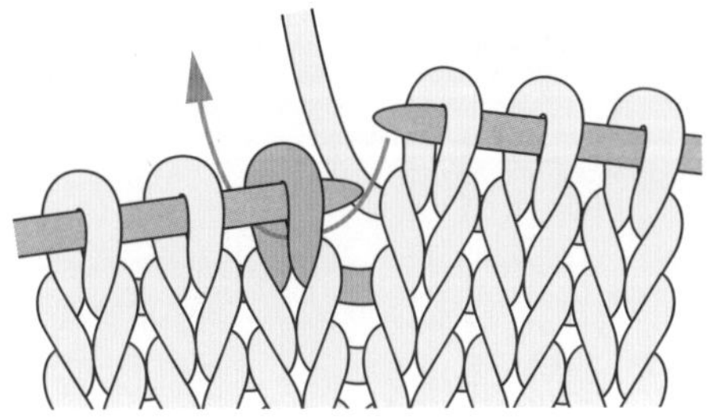

1 按照箭头所示，从外侧插入右针。

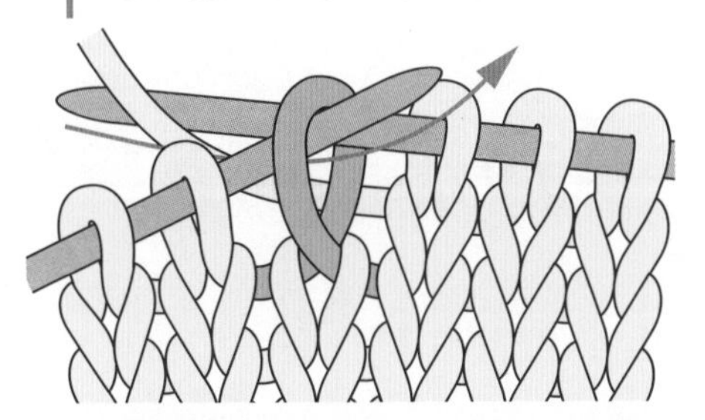

2 按照编织下针的方法，在右针挂线后引拔出。

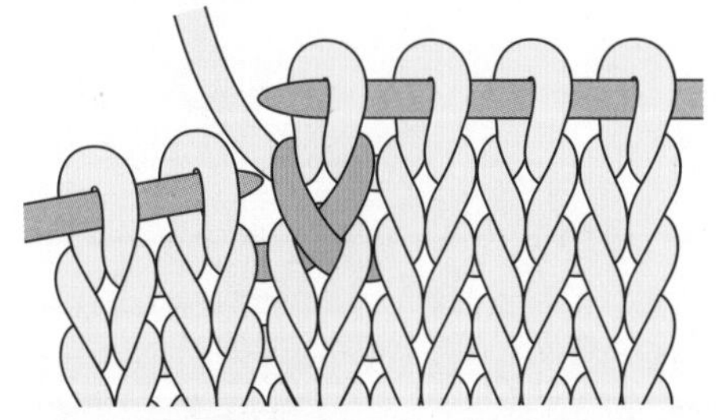

3 扭针编织完成。

扭针（上针）

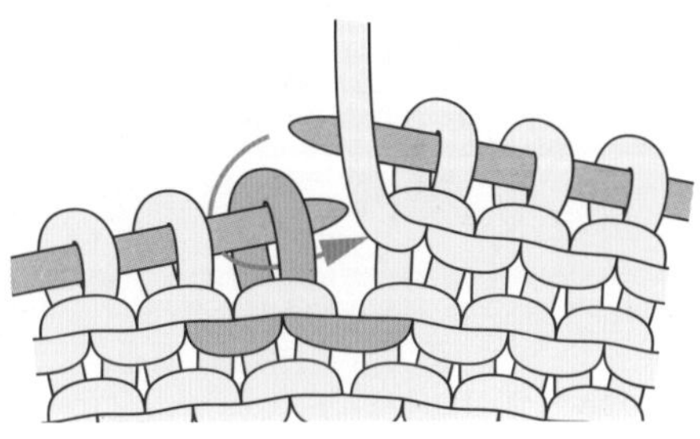

1 按照箭头所示插入右针。

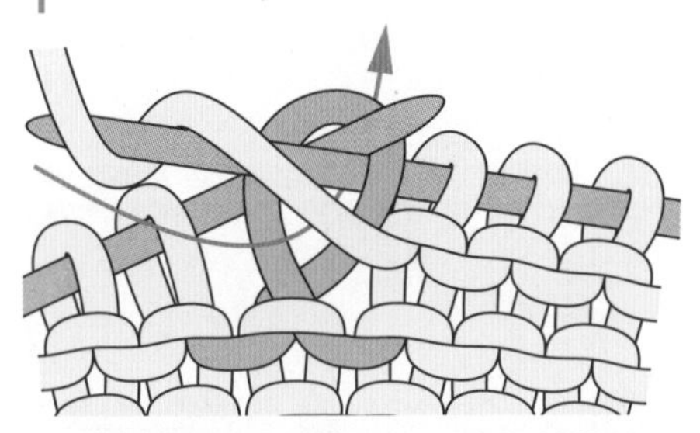

2 按照编织上针的方法，在右针挂线后引拔出。

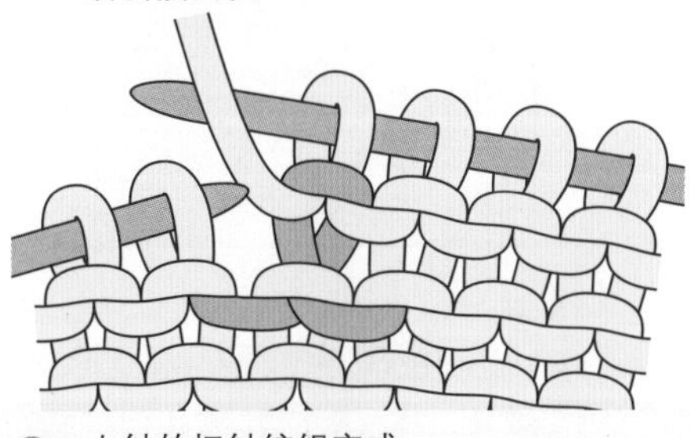

3 上针的扭针编织完成。

重点·建议

“扭针”中“下针”与“上针”的编织方法都相同，但插入右针的方向相反。针目的拧扭状态是由插针的方向决定的。

盖针（右）

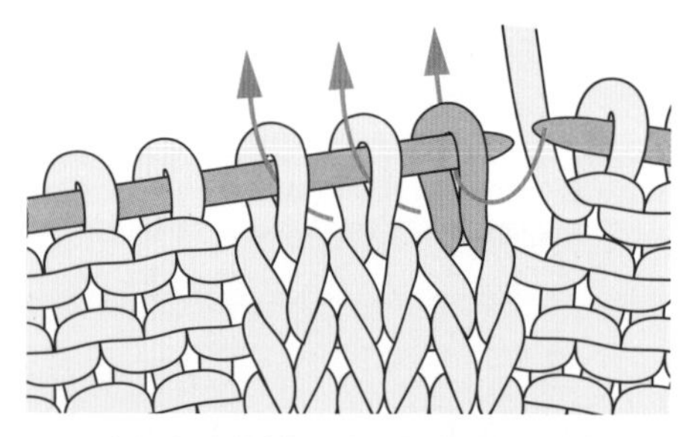

1 编织右端的针目时，依次将右针从外侧插入下面的两针中，不用编织直接移到右针。

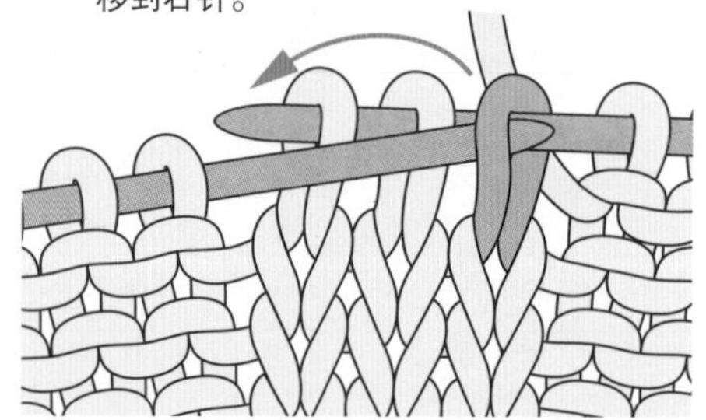

2 左针插入右端的针目中，盖住左侧的两针。

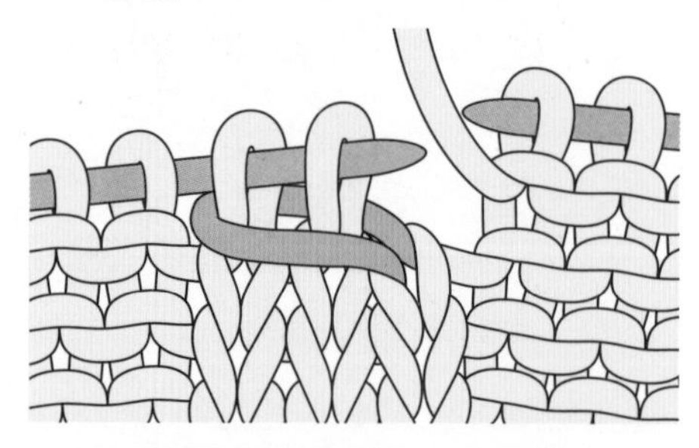

3 剩余的两针移回左针，右侧的盖针完成。

盖针（左）

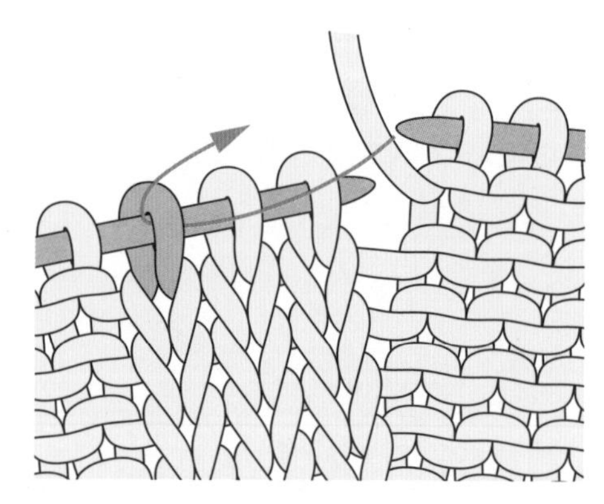

1 按照箭头所示，将右针插入左端的针目中，将右侧的两针盖住。

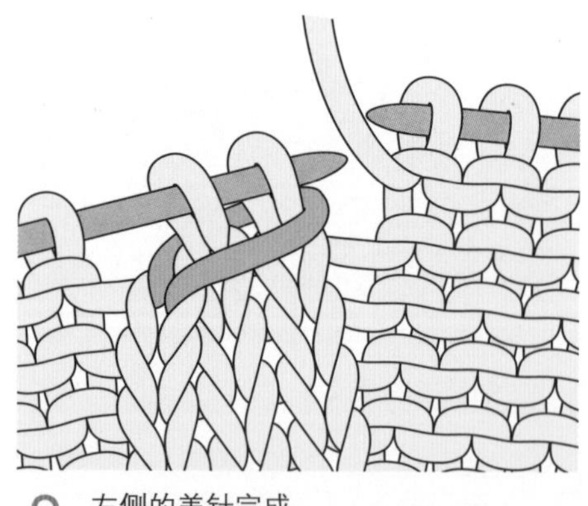

2 左侧的盖针完成。

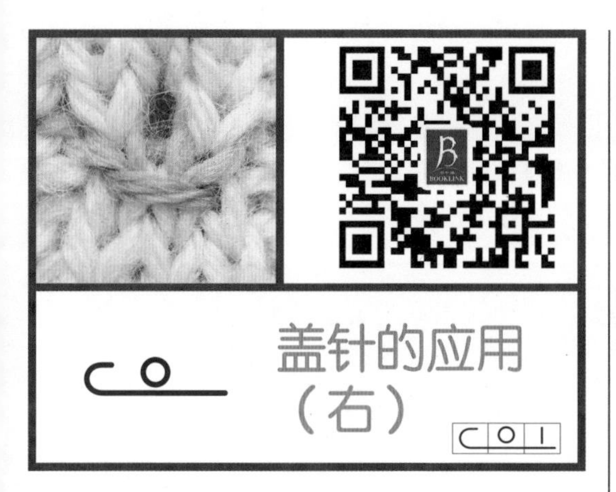

盖针的应用（右）

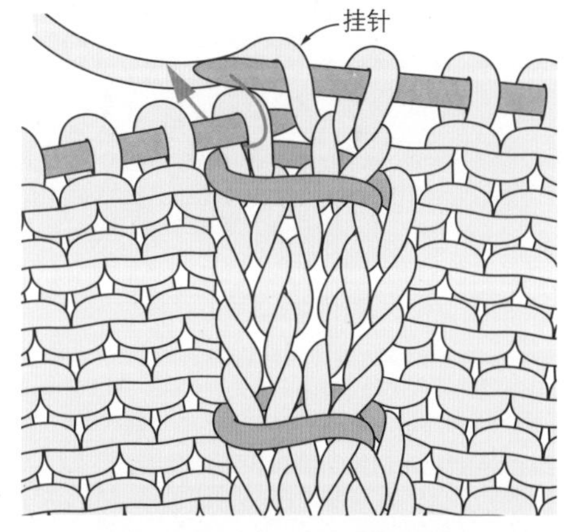

1 按照“盖针”的方法盖住针目后，在右端的针目中织入下针，减过1针的部分用挂针来做加针，下面的针目编织下针。

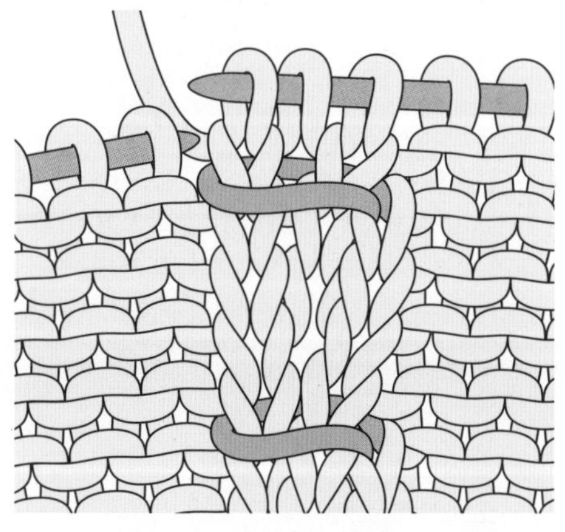

2 右侧盖针的应用编织完成后如图。盖针之后针目会减少，很多时候都是采用这样的挂针方法来加针。

盖针的应用（左）

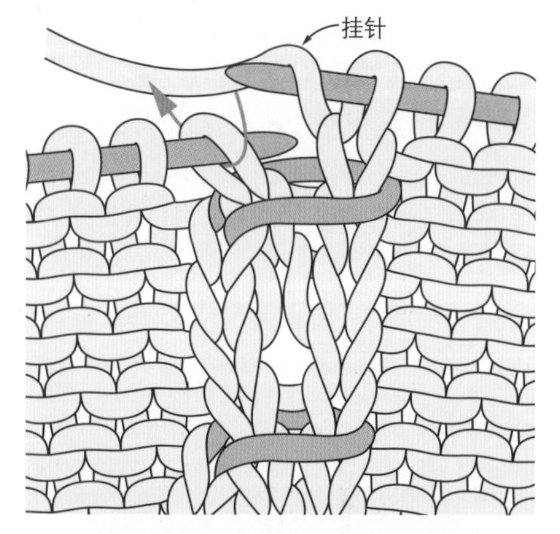

1 按照“盖针”的方法盖住针目后，在右端的针目中织入下针，减过1针的部分用挂针来做加针，下面的针目则编织下针。

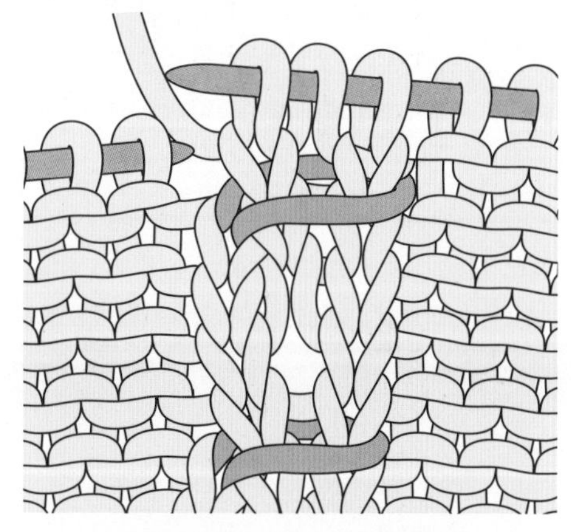

2 左侧盖针的应用编织完成后如图。盖针之后针目会减少，很多时候都是采用这样的挂针方法来加针。

卷针（加针）

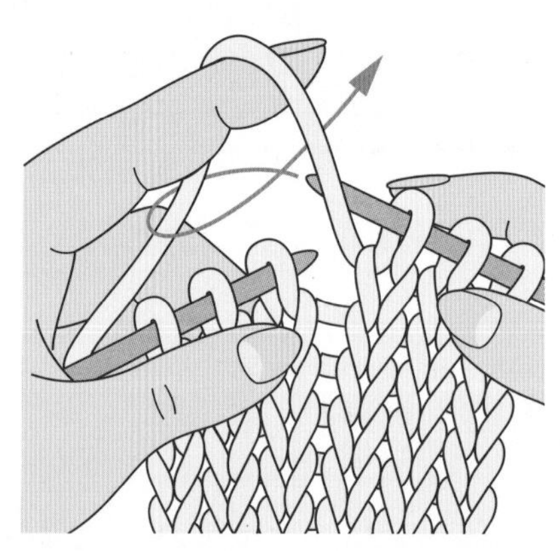

1 按照箭头所示转动右针，然后在右针上挂线。

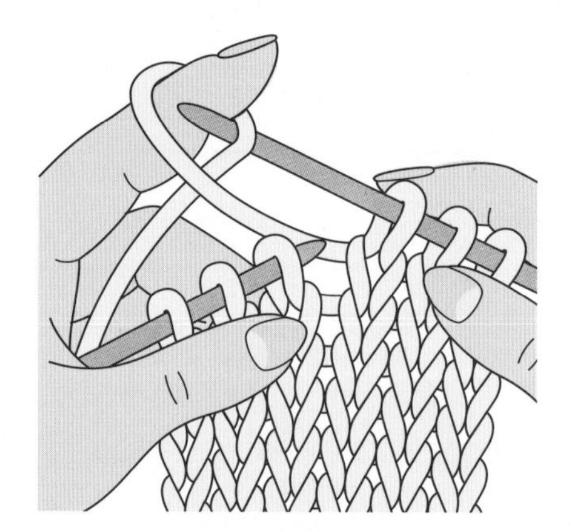

2 步骤1中右针挂线后如图。

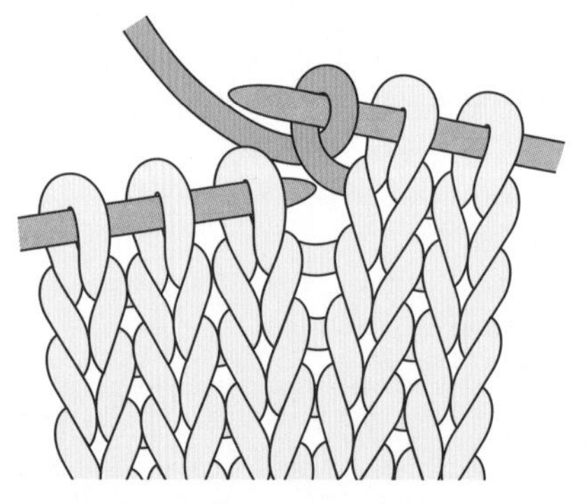

3 将右针上的线卷起，完成卷针。

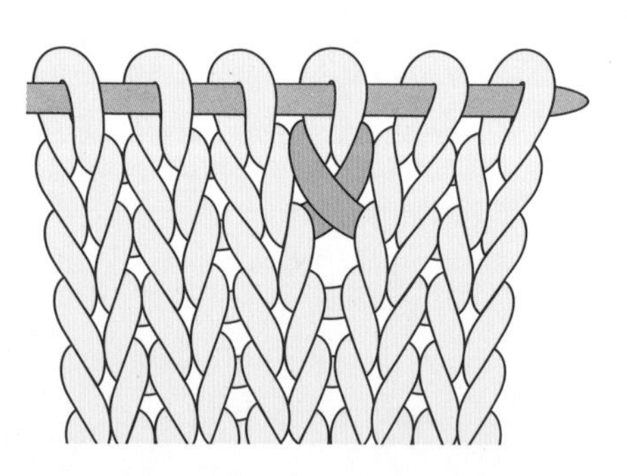

4 步骤3的卷针行编织至顶端后再编织1行。织入卷针后增加了1针。

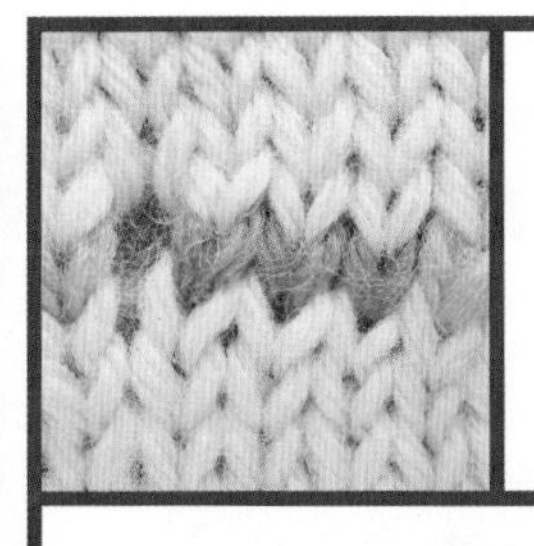

／ 右偏针

挂针后再进行加针，右侧相邻的针目会向右倾斜，形成右偏针（图示）。

减针后，左侧相邻的针目会向右倾斜，形成右偏针。

● 伏针

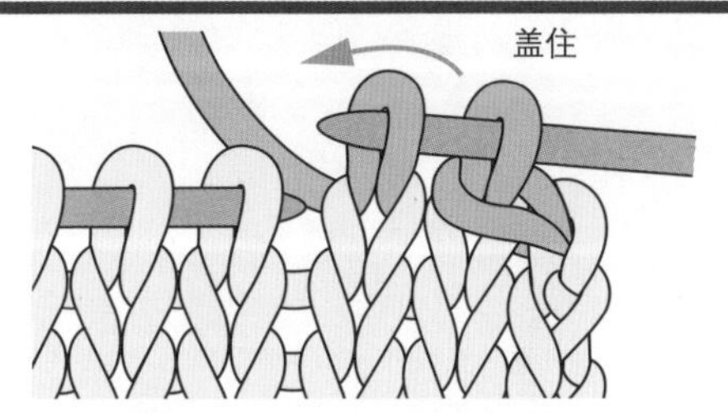

1 织两针下针，再用右侧的针目盖住左侧的针目。

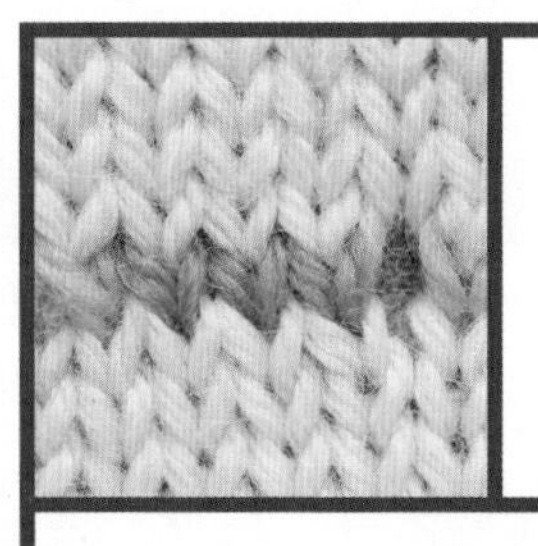

＼ 左偏针

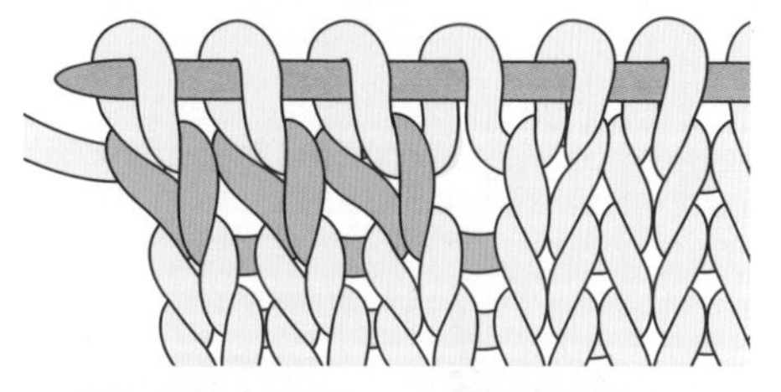

挂针后再进行加针，左侧相邻的针目会向左倾斜，形成左偏针（图示）。

减针后，右侧相邻的针目会向左倾斜，形成左偏针。

● 伏针（上针）

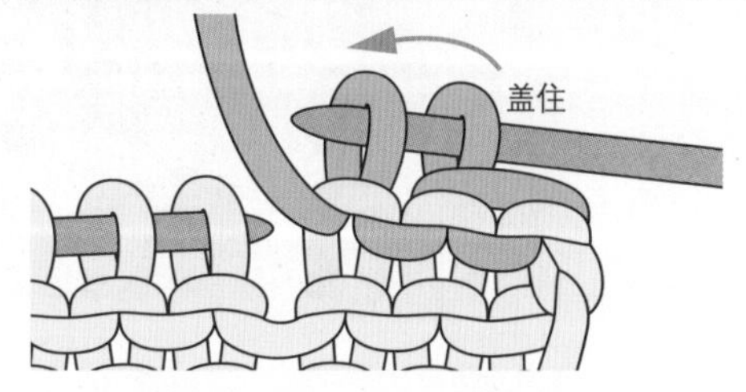

1 织两针上针，再用右侧的针目盖住左侧的针目。

作品篇

学会了每种编织方法后，就试着动手织一织吧！本篇对所列作品的编织方法都有具体介绍。在作品之前，还以图解的形式对编织作品中的常用技法作了详细的介绍。找一件自己喜欢的作品，亲自织织看，这可是通往成功的捷径哦。

阿伦花样贝雷帽（编织方法和编织图见P.166~P.167）

扭花镂空花样短衫（编织方法和编织图见P.168~P.171）

编织作品中的常用技法

以花样编织用到的编织方法组合为例，介绍编织作品中的常用技法。

扭花花样

棒针花样编织的代表性技法之一。

左上2针交叉

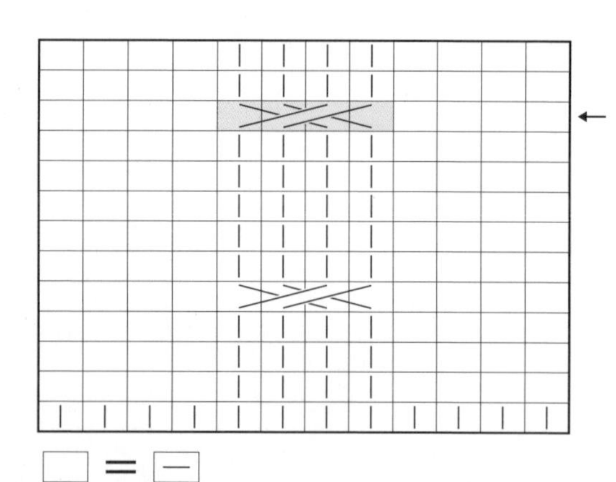

※蓝色部分用图片详细说明，右端的箭头表示编织方向。

1 最初的两针挂到扭花针上，置于外侧暂时不织。

2 接着编织两针下针。

3 两针下针编织完成。

4 扭花针上暂时不织的两针也织下针。

5 左上2针交叉完成。

6 编织至行末后如图。每6行重复一次，编织出拧扭的花样。

右上2针交叉

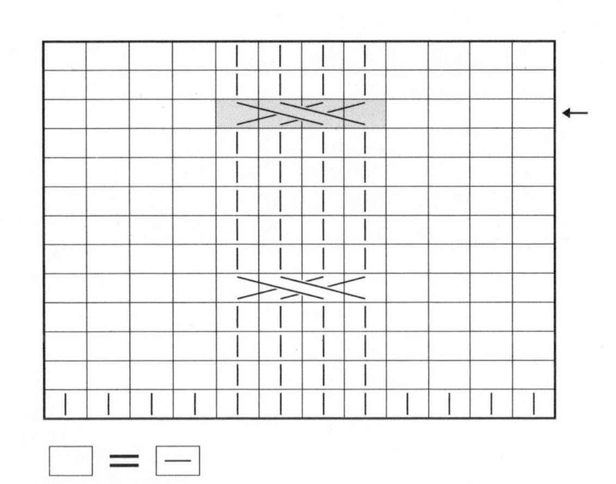

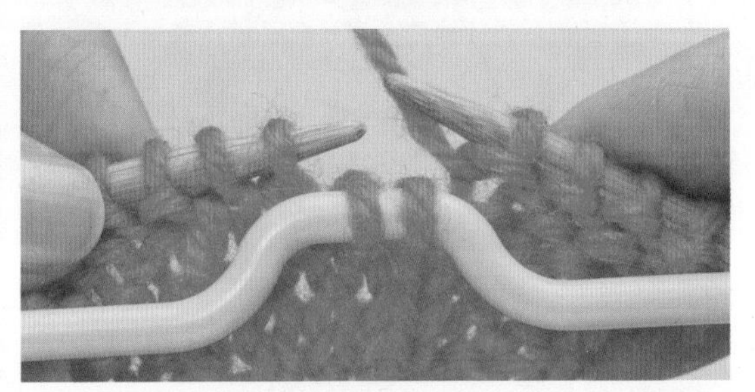

1 将最初的两针挂到扭花针上，置于内侧暂时不织。

2 接着编织两针下针。

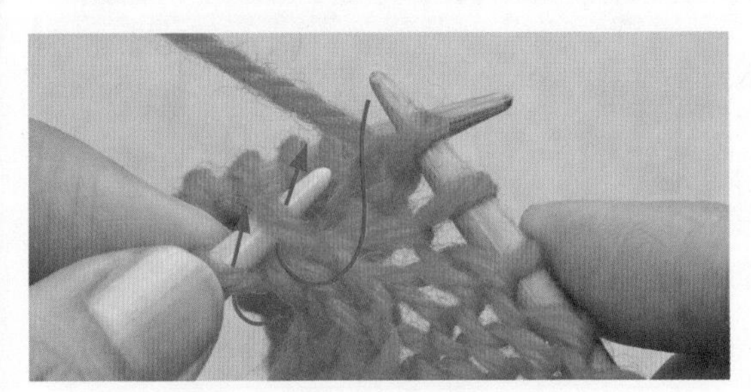

3 扭花针上暂时不织的两针也织下针。

4 右上2针交叉完成。

4

编织至行末后如图。改变针数、行数后，可编织出各式各样的扭花花样。

左上2针交叉（不用扭花针的方法）

1 把编织线拉到内侧，最初的两针不用编织，直接移到右针上。

2 再把编织线拉到外侧，下面两针编织下针。

3 把左针从反面插入步骤1移到右针的两个针目中。

4 用手指压紧针目下方，然后从右针上滑脱4个针目，接着再将织片内侧左边的两个针目移回右针。

5 步骤4的两针移回右针后如图所示。剩余的两针也编织下针。

6 左上2针交叉完成。

右上2针交叉（不用扭花针的方法）

1 把编织线拉到外侧，最初的两针不用编织，直接移到右针上。

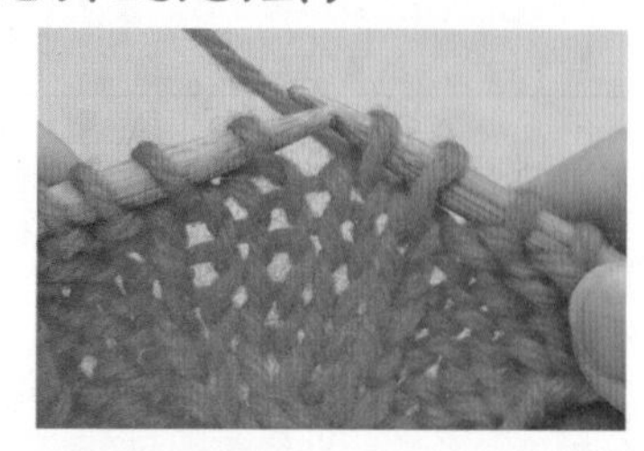

2 下面的两针编织下针。

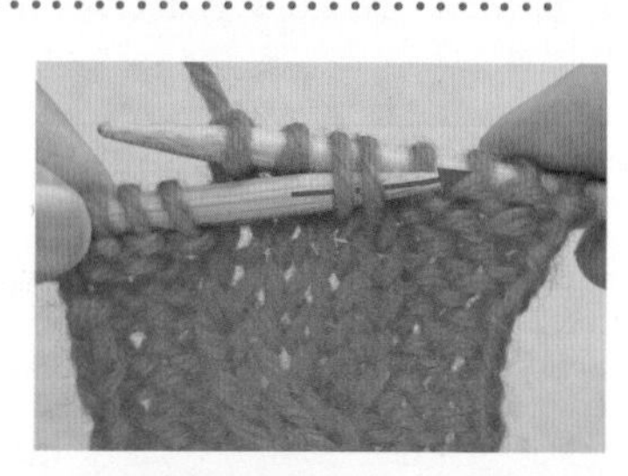

3 把左针从正面插入步骤1移到右针的两个针目中。

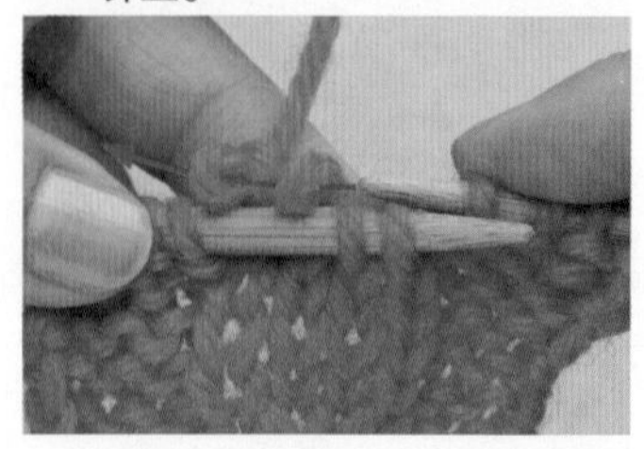

4 用手指压紧针目下方，然后从右针上滑脱4个针目，接着再将织片外侧左边的两个针目移回右针。

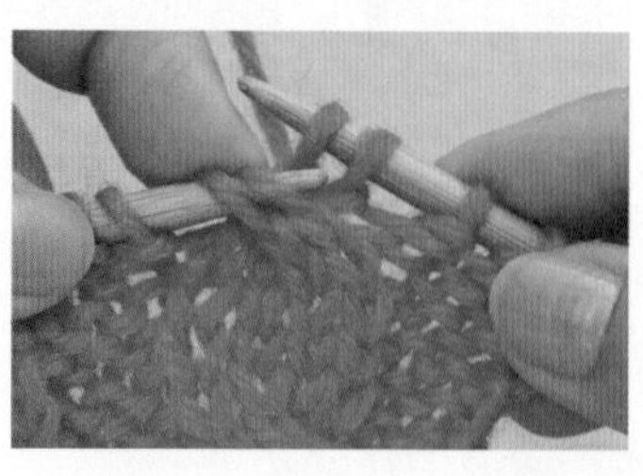

5 步骤4的两针移回右针后如图所示。剩余的两针也编织下针。

6 右上2针交叉完成。

交叉花样（2针下针和1针上针交叉）

爱尔兰传统的阿伦花样等也是常用的花样。

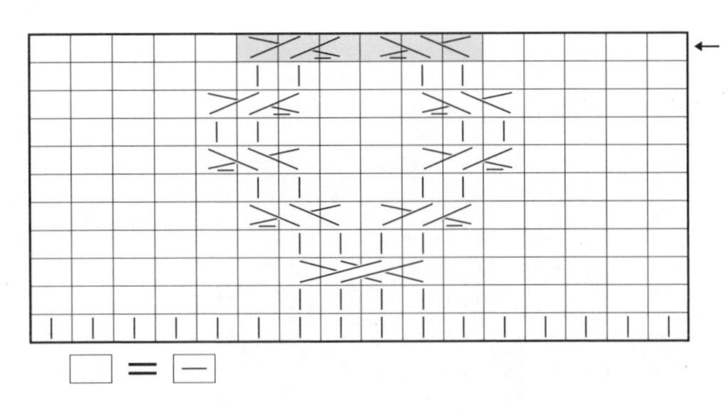

1 把最初的两针挂到扭花针上，置于内侧，下面的1针织上针。

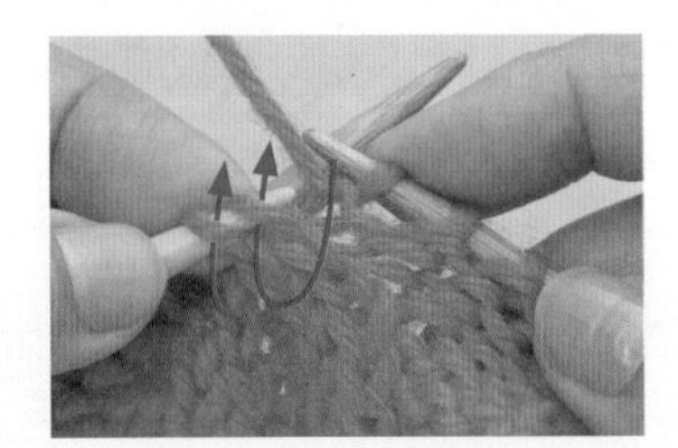

2 挂针扭花针的两针织下针。

3 步骤2的两针下针编织完成。

4 把下面一针再挂到扭花针上，置于外侧，下面的两针则织下针。

5 步骤4的两针下针编织完成。

6 步骤4挂在扭花针上的1针织上针。

7 交叉花样完成。

球状花样（3针5行）

圆球状的可爱装饰花样。

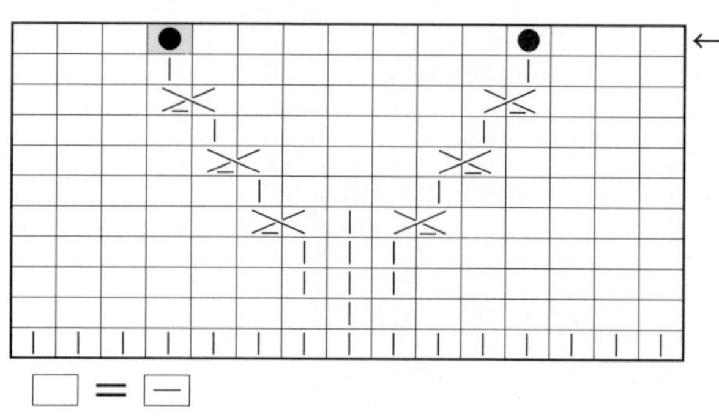

第1行·看着正面编织

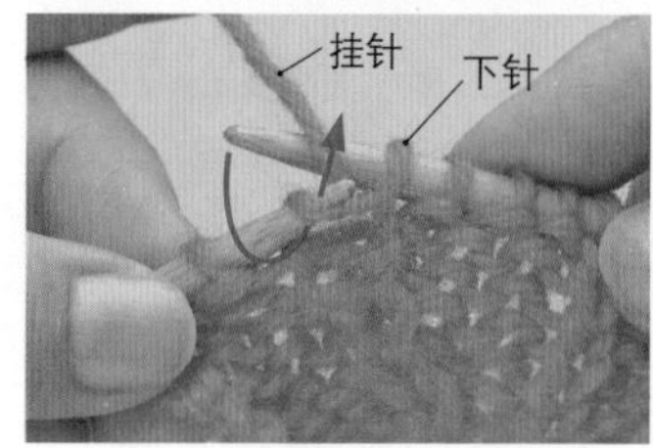

1 最初的1针编织下针，之后不用抽出左针，直接在同一针目处编织挂针、下针。

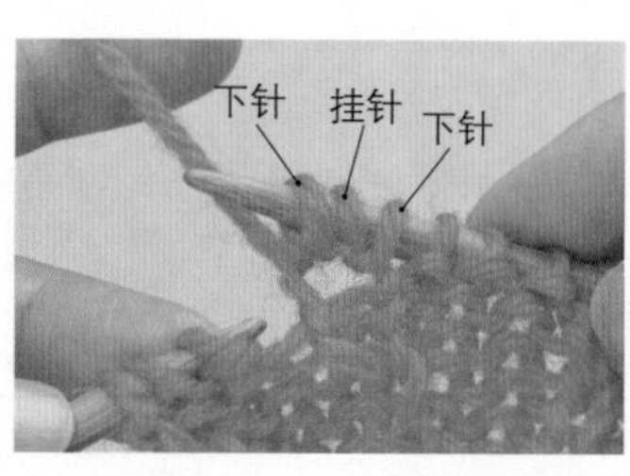

2 在同一针目中织入下针、挂针、下针，3针完成后如图。

第2行·看着反面编织

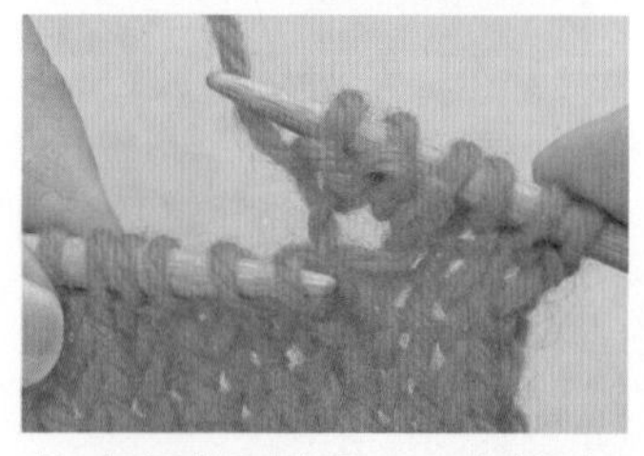

3 把织片翻到反面，刚才织好的3针编织上针。

第3行·看着正面编织

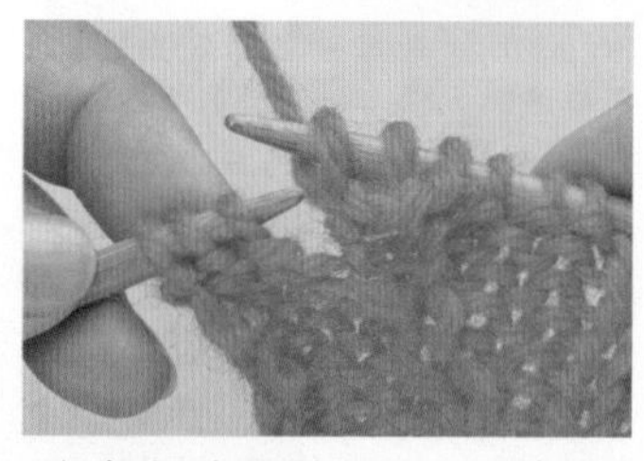

4 把织片翻到正面，之前的3针编织下针。

第4行·看着反面编织

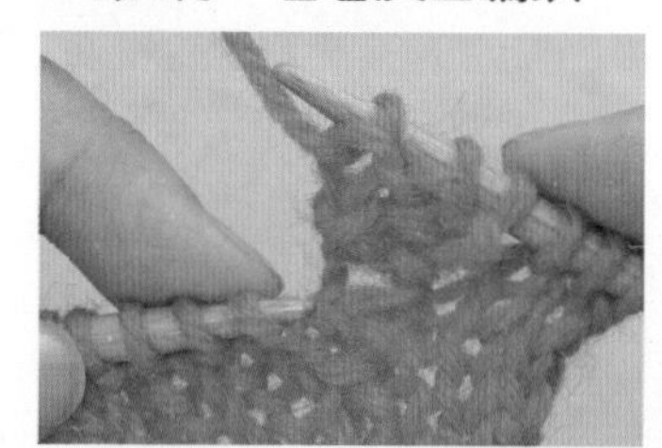

5 把织片再次翻到反面，之前的3针编织上针。

第5行·看着正面编织

6 把织片翻到正面，按照“中上3针并1针”的方法，按照箭头所示，将右针插入之前3针中的右侧2针里，不用编织直接移到右针上。

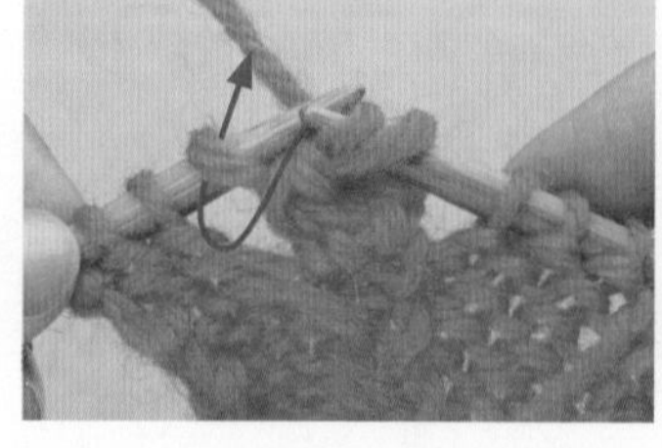

7 步骤6的两针移动后如图。再按箭头所示将右针插入下面的1针中，不用编织直接移到右针上。

8 按照箭头所示，左针一次插入3个针目中。

9 不用抽出右针，直接挂线，3针一起编织下针。

10 球状花样编织完成。

镂空花样（使用挂针）

漂亮的镂空感，使用挂针编织而成的花样。

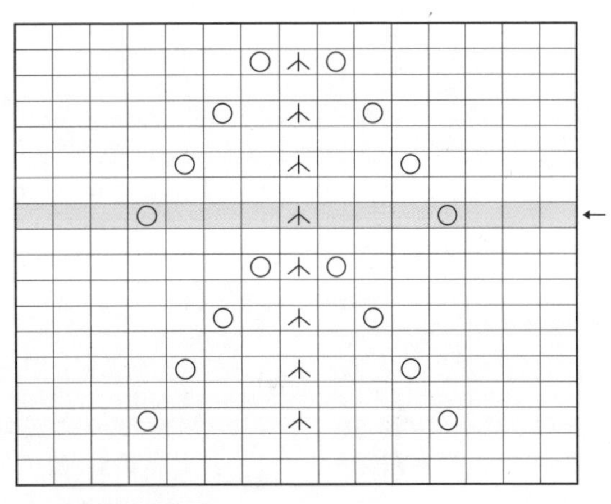

□ = |

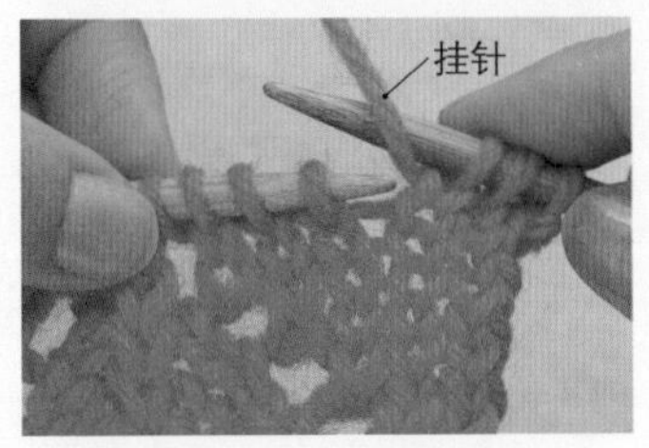

1 编织完3针下针后挂针。

2 接着再编织3针下针。

3 按照“中上3针并1针”的方法，沿箭头所示将右针插入两个针目中，不用编织，直接将它们移到右针上。

4 再按箭头所示将右针插入下面1针中，不用编织，直接将它们移到右针上。

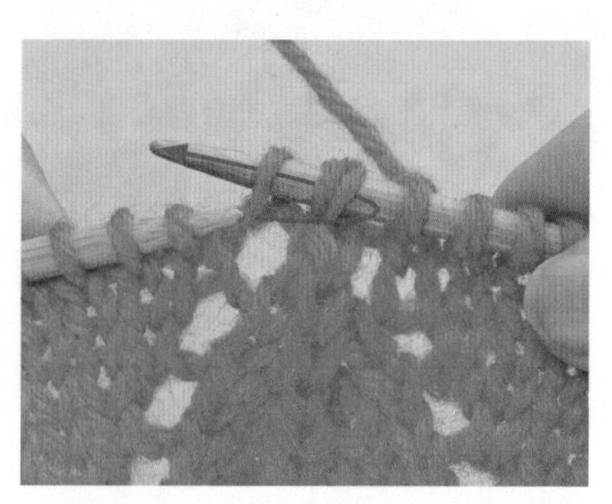

5 按照箭头所示，将左针插入刚才移到右针的3个针目中。

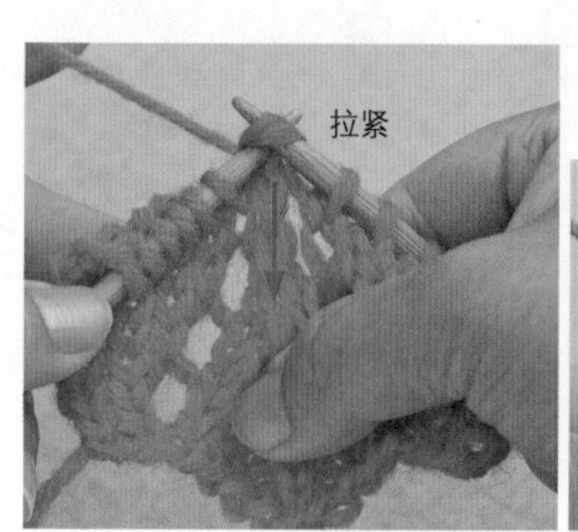

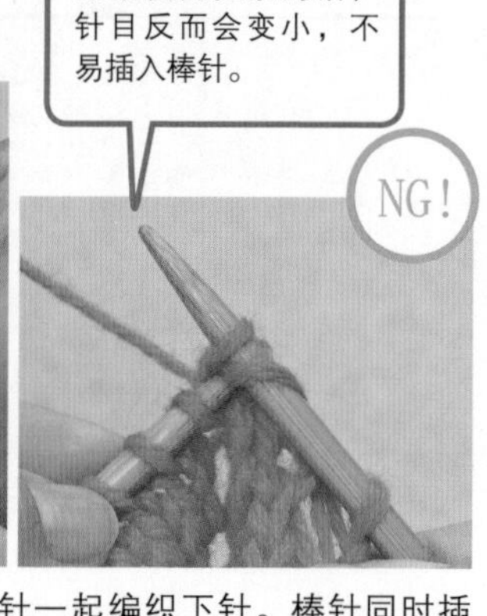

6 不用抽出右针，直接挂线，3针一起编织下针。棒针同时插入3针时，按照图示方法沿纵向拉紧织片，便于棒针插入针目中。

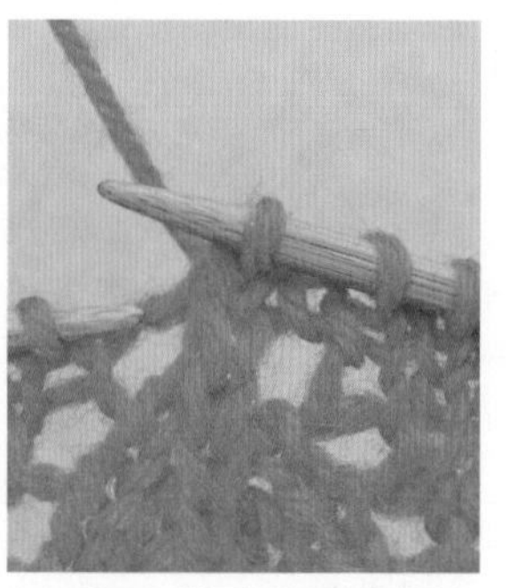

7 中上3针并1针编织完成。

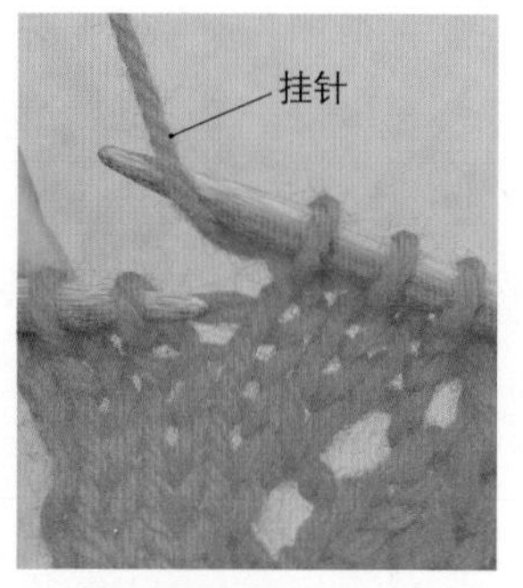

8 接着再编织3针下针，然后进行挂针。

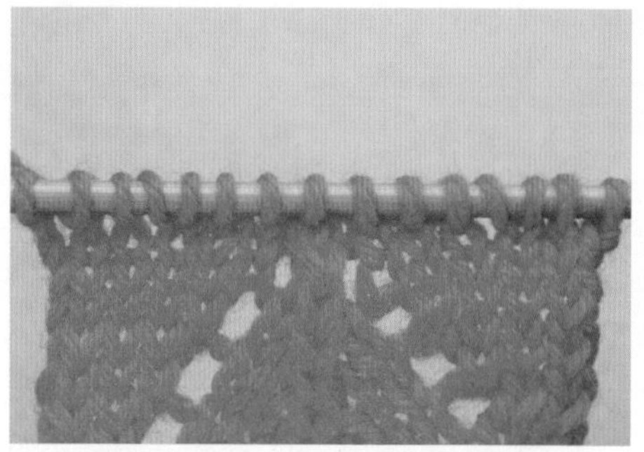

9 再编织3针下针，编织至行末后如图。

10
按照编织图，下面一行全部织上针。下一行编织至行末，从正面看织片的效果如图。镂空花样完成。

蜂窝花样

把罗纹针目拉紧并加入装饰性刺绣。蜂窝花样使用的线可结合整体设计自由选择颜色、材质等。但如果是具有张力的线则要注意系紧，防止其散开，线头也要留得长一些。

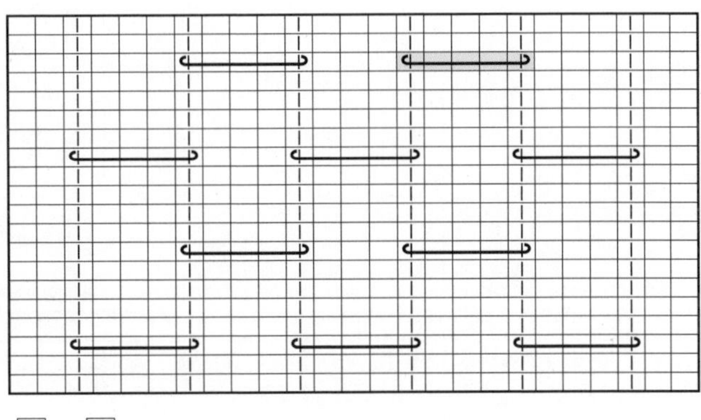

□ = ⊟

1 将缝纫针从织片的反面穿出，挑起两针用于编织蜂窝花样。

2 穿入缝纫线，再次将相同的两针挑起。

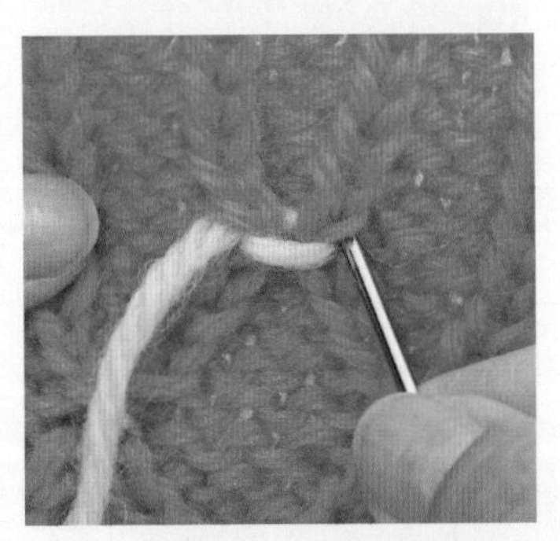

3 拉动线，系紧针目，再贴紧右侧的下针，从正面插入缝纫针，然后从反面抽出。

4 翻到反面，拉紧线。

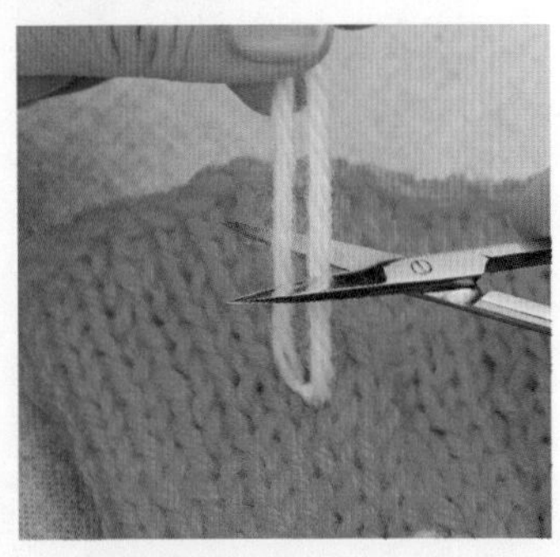

5 打结后留出2cm左右的线头，剪断。

袜子后跟的编织方法

编织袜子后跟时，可以选择剩余针目的往返编织和编织过程中的往返编织两种方法。

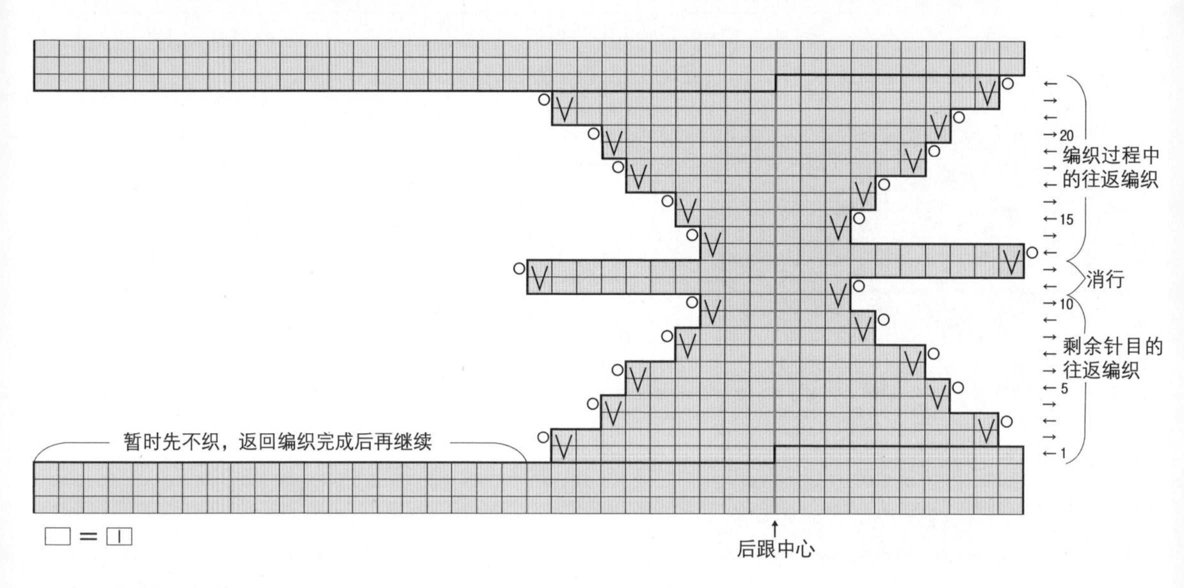

剩余针目的往返编织

第1行·正面

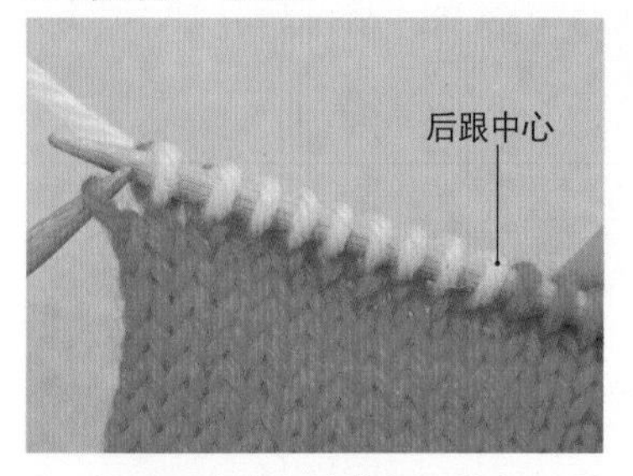

1 从后跟中心开始编织，编织下针至距离顶端内侧的1针处。

第2行·反面

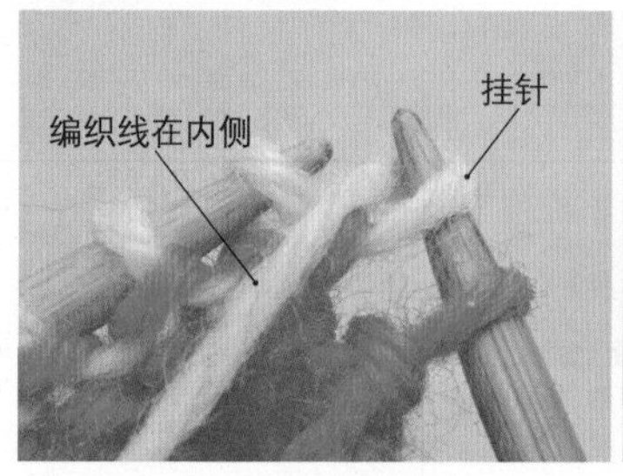

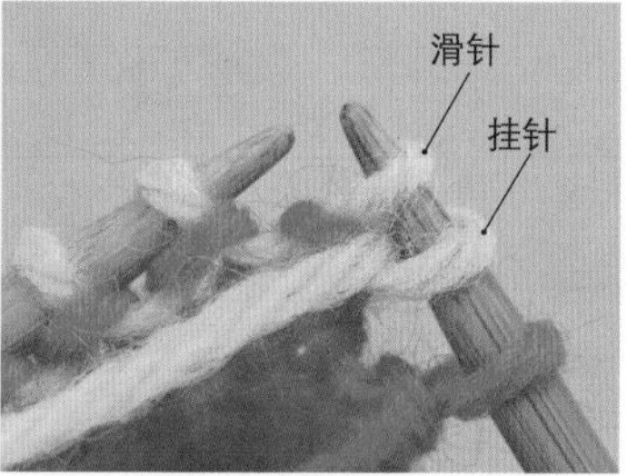

2 翻到反面挂针（左图），然后再编织滑针（右图）。

3 编织上针至与步骤1相反侧距离顶端内侧的1针处。

第3行·正面

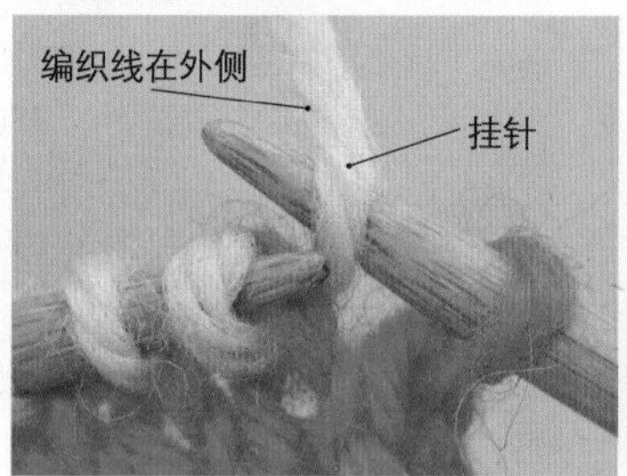

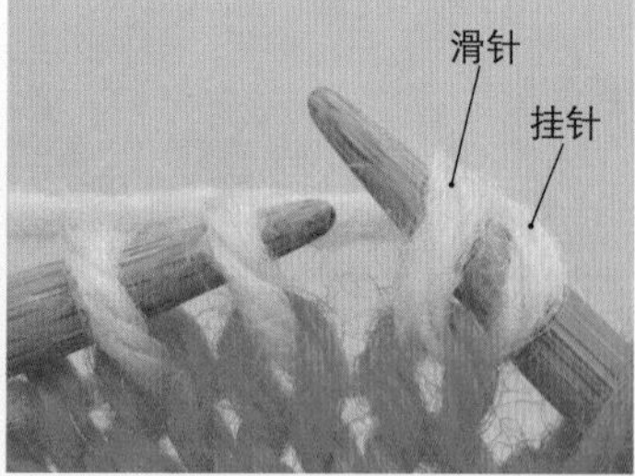

4 翻到正面，挂针（左图），然后再编织滑针（右图）。

5 编织下针至上一行步骤2中织入滑针针目的内侧。

第4行·反面

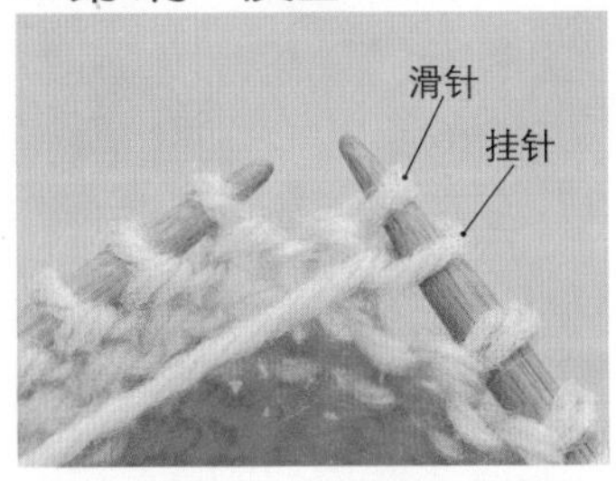

6 翻到反面，织入挂针、滑针。

7 编织上针至上一行步骤4中织入滑针针目的内侧。

第5行·正面

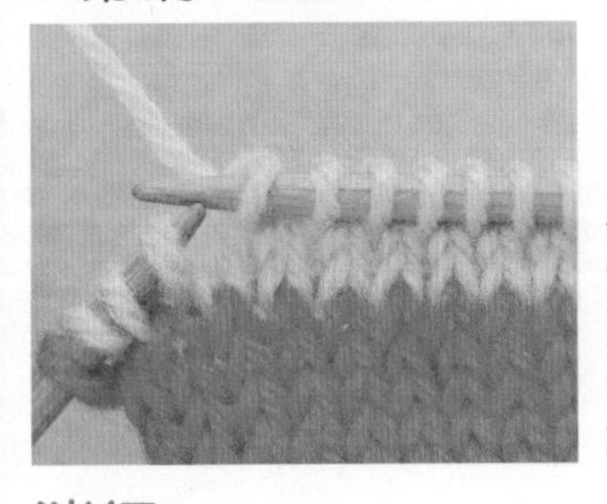

8

再翻到反面，挂针、滑针之后，编织下针至上一行织入滑针的针目处。之后按照步骤4~7重复编织。

第11行·正面

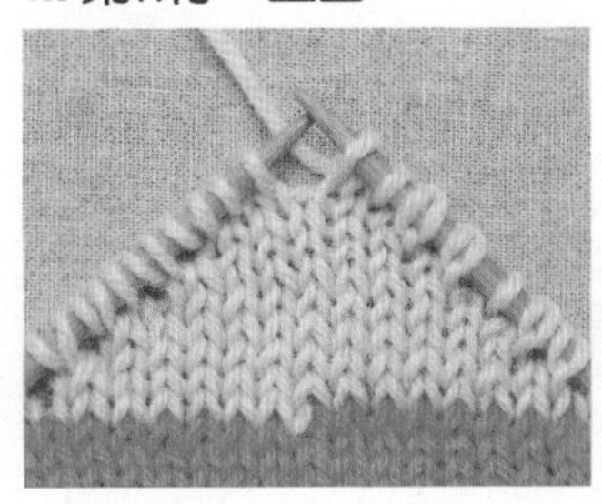

9

编织至第11行的后跟中心后如图。至此“剩余针目的往返编织”完成。

消行

第11行·正面

10 编织下针至上一行织入滑针的针目处。然后将右针从内侧插入挂针和它下面的针目中。

11 右针挂线，两针一起编织下针（左上2针并1针）。

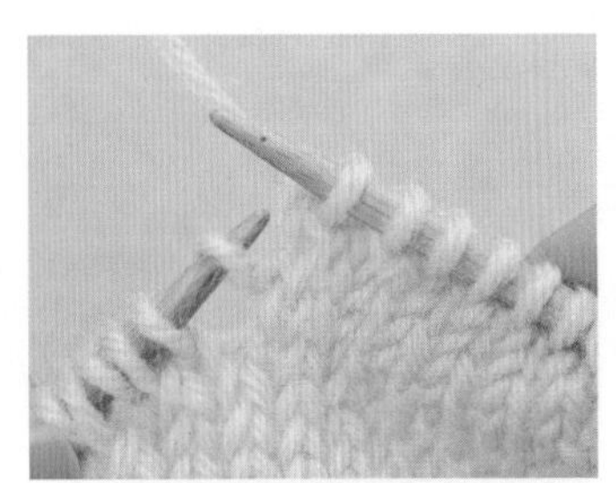

12 完成2针并1针后如图。之后按照步骤10~11的方法，在挂针的位置与下面一针一起编织2针并1针，进行消行。

13 编织至左端，左侧的消行完成。

第12行·反面

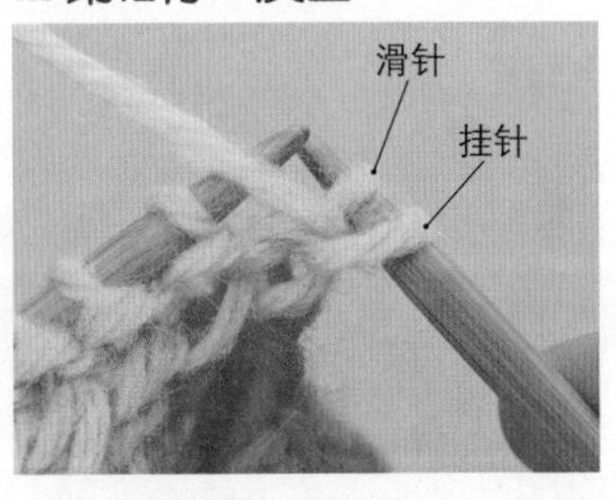

14 翻到反面，编织挂针、滑针。

15 编织上针至上一行织入挂针针目的内侧。

16 按照箭头所示将右针插入挂针和下面的针目中，不用编织直接移到右针上。

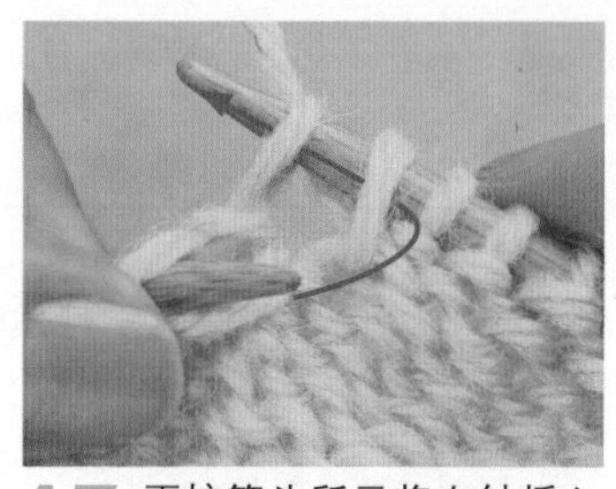

17 再按箭头所示将左针插入移到右针的两个针目中，然后依次交替针目，再移回左针。

18 两针一起编织上针（上针的右上2针并1针）。

19 完成2针并1针后如图。之后在刚才织入挂针的位置依次与下面的针目交替，再按照步骤16~18的方法两针一起编织，进行消行。

20 编织至顶端后，右端的消行完成。

编织过程中的往返编织

第13行·正面

21
翻到正面，织入挂针、滑针之后，编织下针至距离脚跟中心前3针处。

第13行·反面

22
翻到反面，织入挂针、滑针之后，编织上针至距离脚跟中心前3针处。

第15行·正面

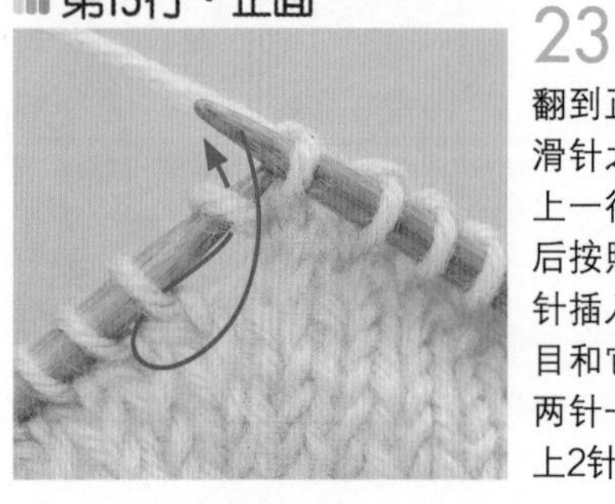

23
翻到正面，织入挂针、滑针之后，编织下针至上一行挂针的内侧。然后按照箭头所示，将右针插入上一行挂针的针目和它下面的针目中，两针一起编织下针（左上2针并1针）。

24
完成2针并1针后如图。编织下针至顶端。

第16行·反面

25 翻到反面，织入挂针、滑针之后，编织上针至上一行挂针针目的内侧。然后按照箭头所示，将右针插入上一行的挂针和它下面一针的针目中，再依次交替，接着两针一起编织上针（上针的右上2针并1针）。

26 完成2针并1针后如图。按照步骤22~25的方法，继续编织的同时重复消行。

第22行·反面

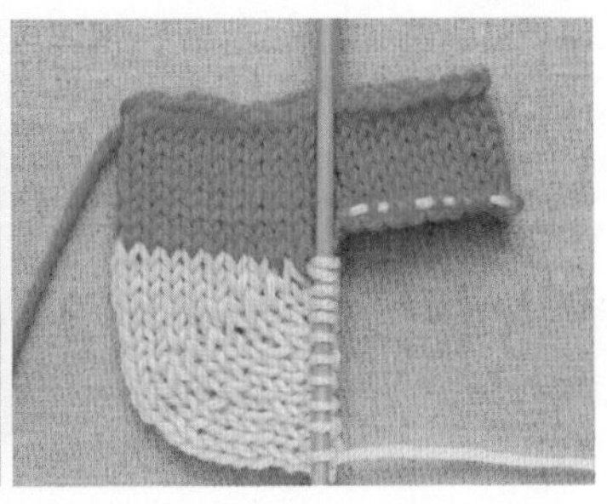

27 编织至第22行的后跟中心，从正面看如图所示（左图）。后跟中心折叠后如右图。后跟基本完成。

28 第22行编织至顶端后，将之前未织的针目移回棒针上，进行环形编织。

第23行·之后都是看着正面进行环形编织

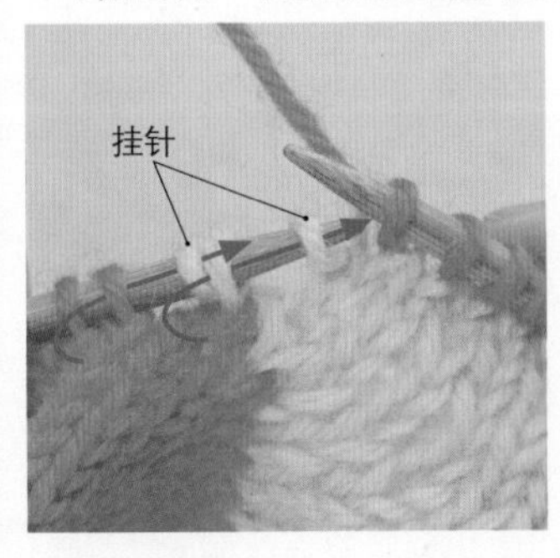

29 翻到正面，织入挂针、滑针后，编织下针至上一行挂针的内侧，然后两针一起编织下针。接着再将下面的挂针与其后面的针目一起编织下针。

30 两次2针并1针完成后如图。然后编织下针至反面挂针的位置。

第24行

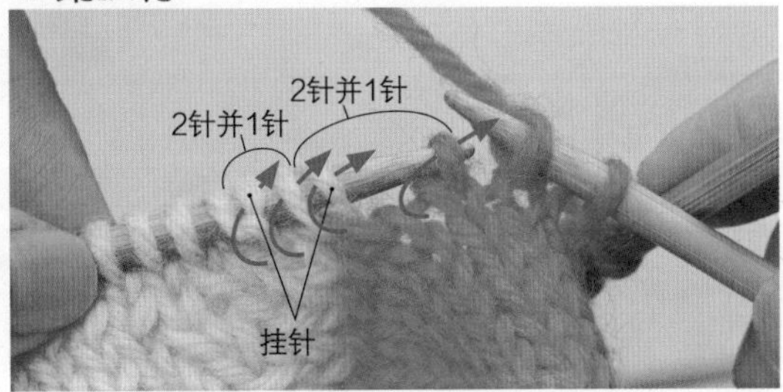

31 挂针与相邻的针目依次交替，然后两针一起编织。之后的挂针也按同样的方法编织。

32 编织完两次2针并1针后如图。至此，编织过程中的往返编织完成。

单桂花针杯垫的编织方法

作品见P.7

准备材料

线：HAMANAKA KAROYAKA棉，黄色10g，红色10g
针：棒针10号

尺寸

10cm×10cm

标准织片

花样编织 18针、27行

编织方法

①用两股线编织。用相同的线编织锁针起针（不用另线编织锁针），织入18针。
②按照编织图，用单桂花针（参照P.26）编织27行。
③编织终点处织入与上一行符号相反的针目（如果上一行是下针的话则织入上针），同时进行伏针收针（参照P.36）。

编织方法图

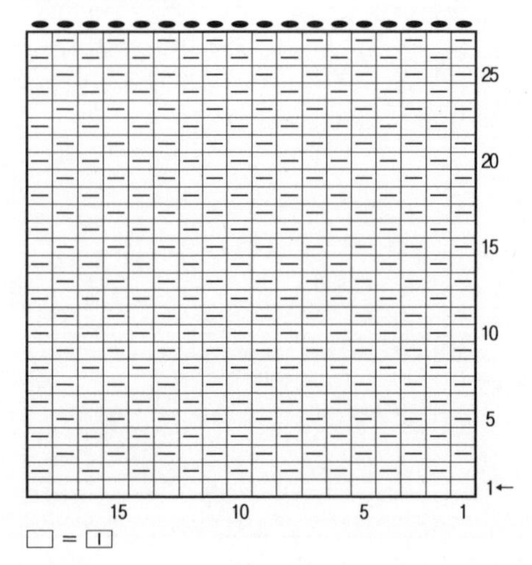

双桂花针餐垫的编织方法

作品见P.6～P.7

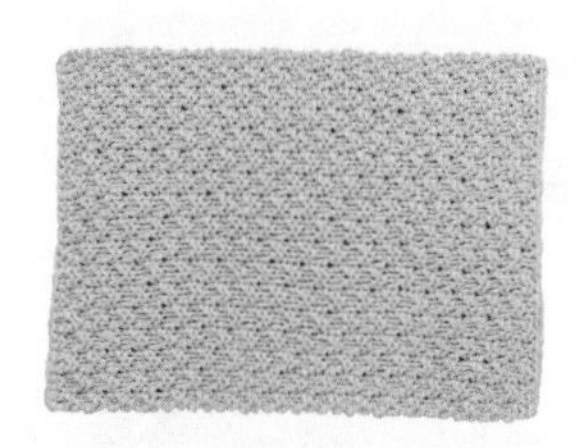

准备材料

线：HAMANAKA KAROYAKA棉，黄色50g，红色 50g
针：棒针10号

尺寸

28cm×20cm

标准织片

花样编织17针、26行

编织方法

①用两股线编织。用相同的线编织锁针起针（不用另线编织锁针），织入34针。
②按照编织图，用双桂花针（参照P.26）编织72行。
③编织终点处织入与上一行符号相同的针目（如果上一行的下针的话则织入下针），同时进行伏针收针（参照P.36）。

编织方法图

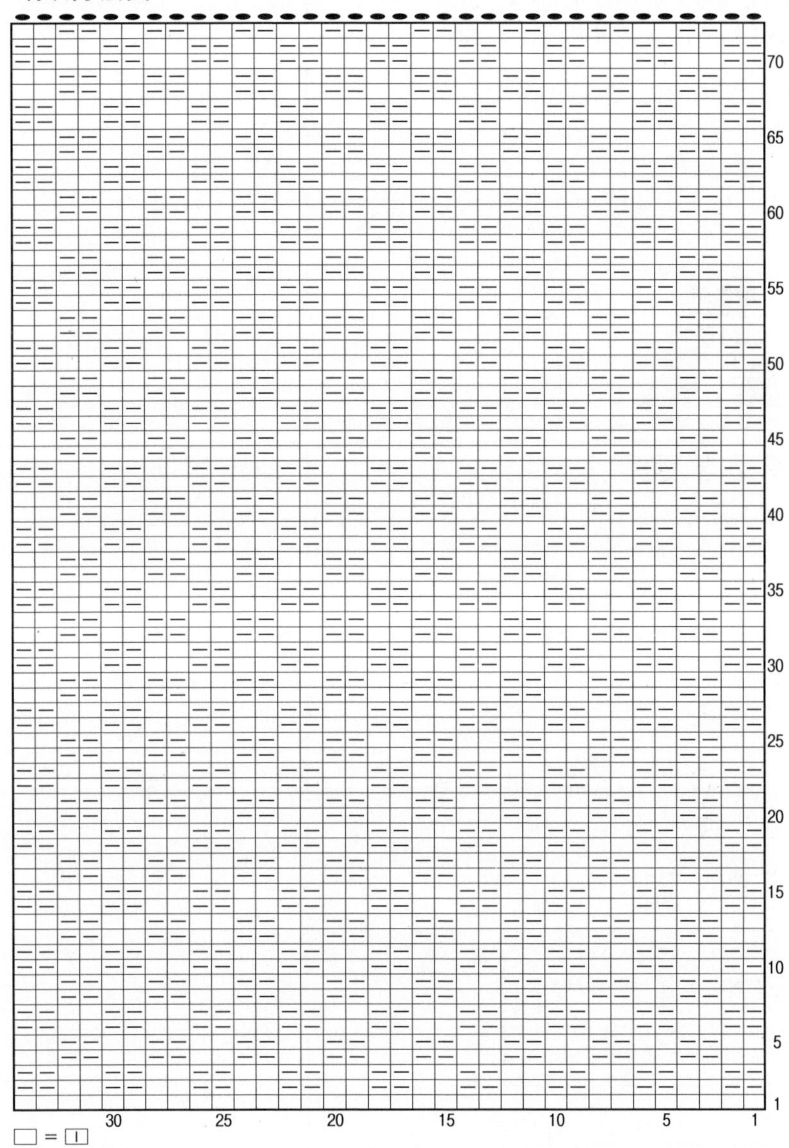

平针和双罗纹针
迷你围巾的编织方法

作品见P.44

准备材料

A线：Puppy Asti Fur……米褐色 35g
B线：Puppy Boboli……摩卡茶色 40g
针：棒针8号、10号

尺寸

15cm×88cm

标准织片

平针编织26.5针、33行
双罗纹针编织40针、25行

编织方法

①用1股线编织。A线使用10号棒针，用一般的起针方法（挂在手指上起针，参照P.12）起40针。
②再用平针编织（参照P.16）编织40行。
③从第41行开始换B线，用8号棒针编织双罗纹针（参照P.24）。
④编织完1团线后再换A线，用10号棒针平针编织，共40行。
⑤编织终点处一边织入下针，一边进行伏针收针（参照P.27）。

制图

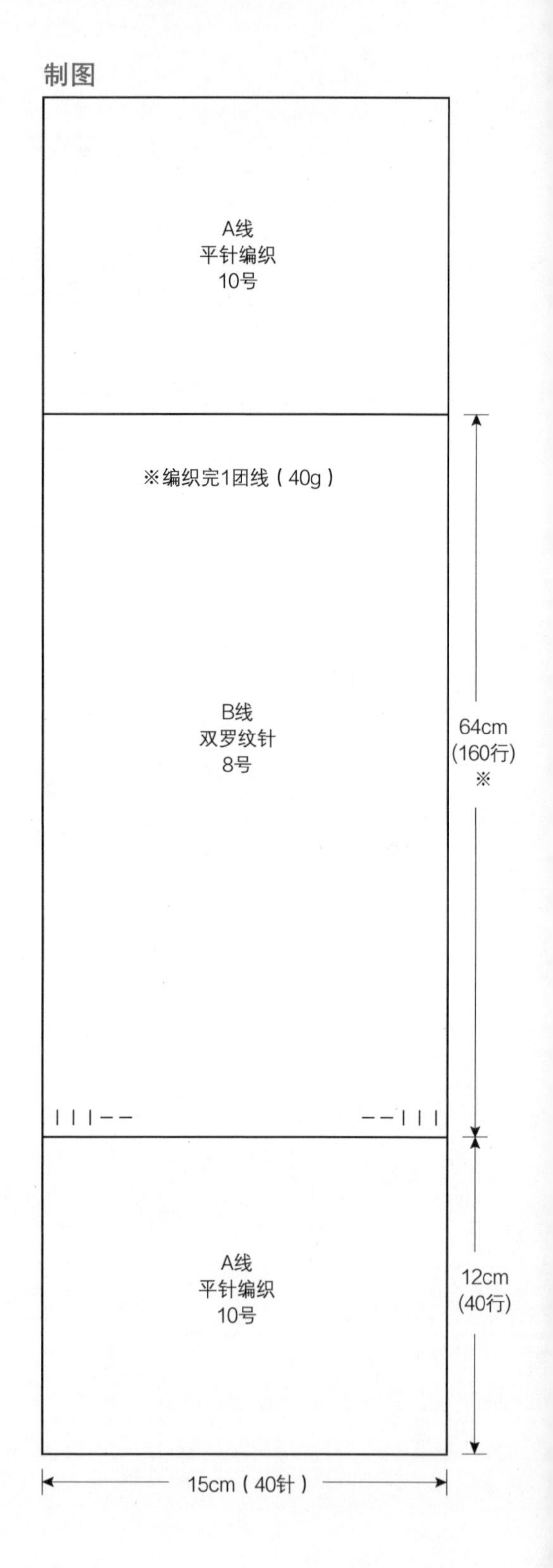

编织方法图

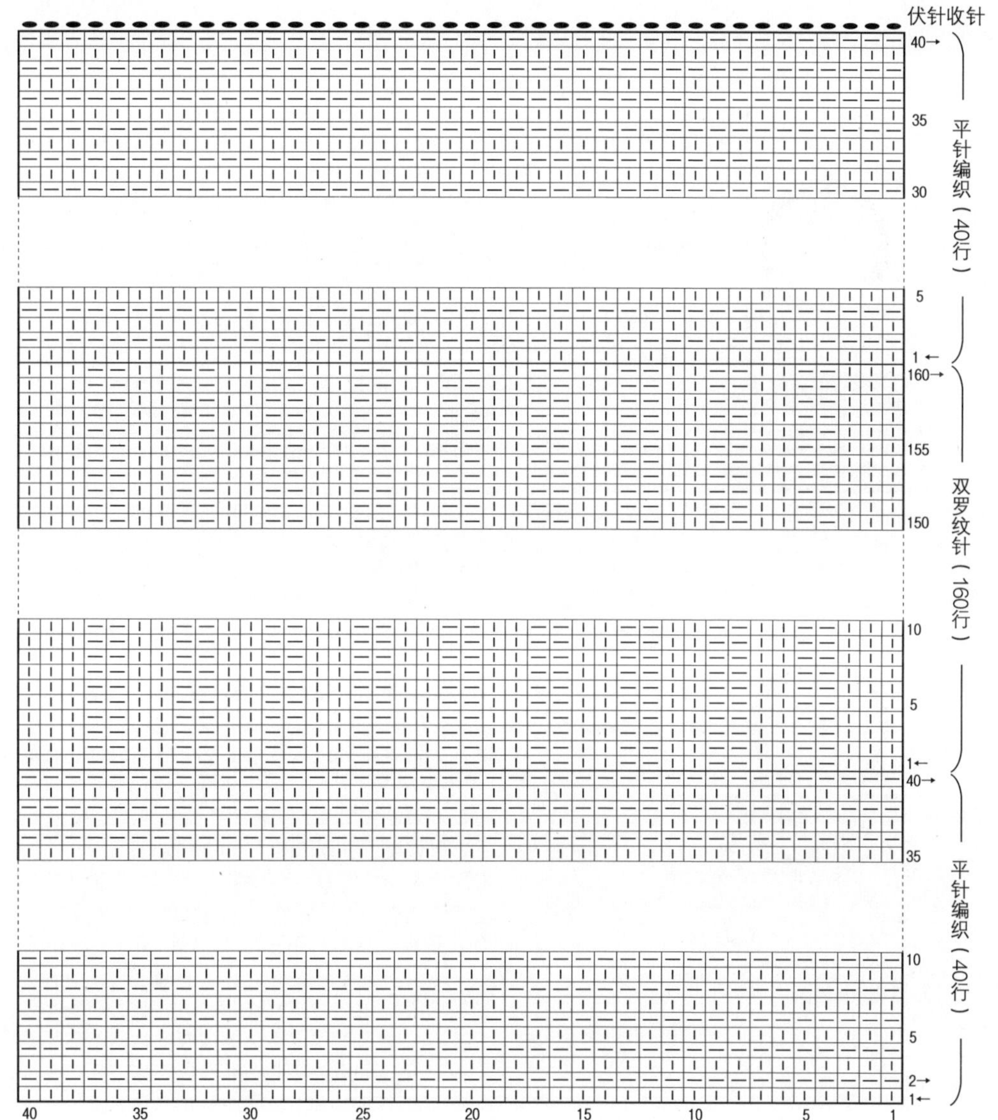
伏针收针
40→
35
30
平针编织（40行）
5
1←
160→
155
150
双罗纹针（160行）
10
5
1←
40→
35
平针编织（40行）
10
5
2→
1←
40
35
30
25
20
15
10
5
1

蜂窝花样手提包的编织方法

作品见P.45

正面

反面

准备材料

线：HAMANAKA SONOMONO羊驼毛，灰褐色 200g
针：棒针8mm、10号
其他：直径17cm的竹质提手 1对
内衬袋用方格棉布70cm×30cm，1块

尺寸

横向30cm，纵向42cm，宽（厚）5cm（包括提手在内）

标准织片

用8mm的棒针进行上下针编织时
11针、16行

编织方法

①用两股线编织。按照一般的起针方法（用手指起针，参照P.12）起26针，然后按照编织方法图（P.160）编织42行后暂时停下。
②从起针处挑针，反面与正面一样编织42行后暂时停下。
③仅表面制作出蜂窝花样（参照P.149）。
④挑针接缝（参照P.90）至两侧收口处。
⑤正面相对，引拔订缝（参照P.86）侧面（将编织方法图中标有★或者☆的位置对齐合拢）。
⑥从剩余行（P.160~P.161编织方法图的第29~42行）接前后挑21针（参照P.76）。然后按照P.161右上方的缘编织方法图织入1行单罗纹针（参照P.22）后，再按照同样的方法编织下一行，同时进行伏针收针（参照P.36）。
⑦将之前停下未织的针目移到10号棒针上，接着从步骤⑥顶端（♣）挑2针，编织提手穿孔。编织终点处织入下针，同时进行伏针收针（参照P.27）。
⑧步骤⑦编织完成后，包住提手，用编织终点处的线头（预留出较长的线头）卷缝。
⑨缝出内衬袋，再用卷针将它缝到步骤⑧的内侧。

制图

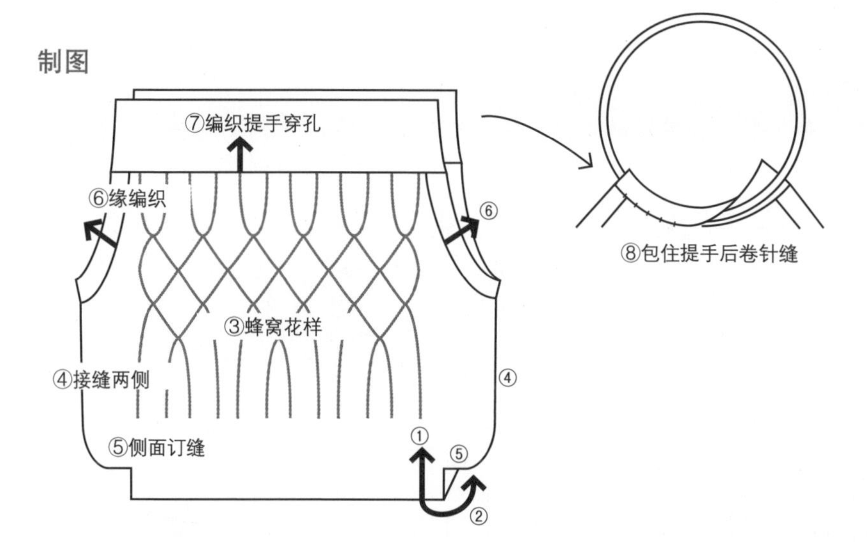

⑨缝出内衬袋

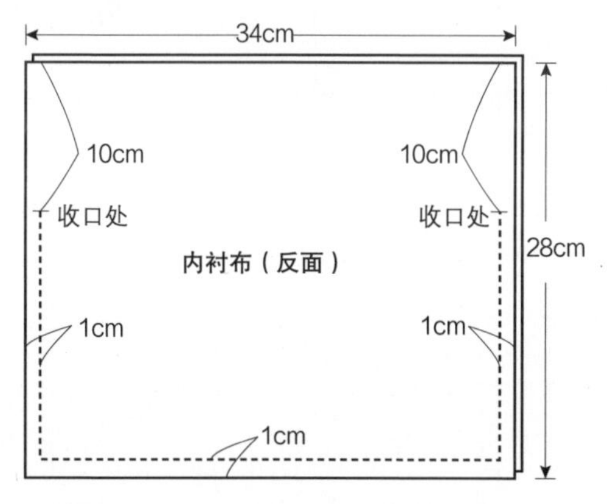

1）内衬布正面相对合拢，缝至距离收口处1cm的位置。

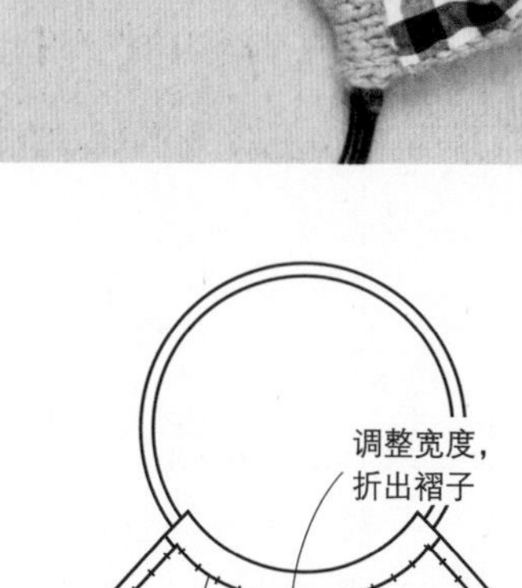

3cm
3cm

2）缝出侧边，剪掉多余的布。

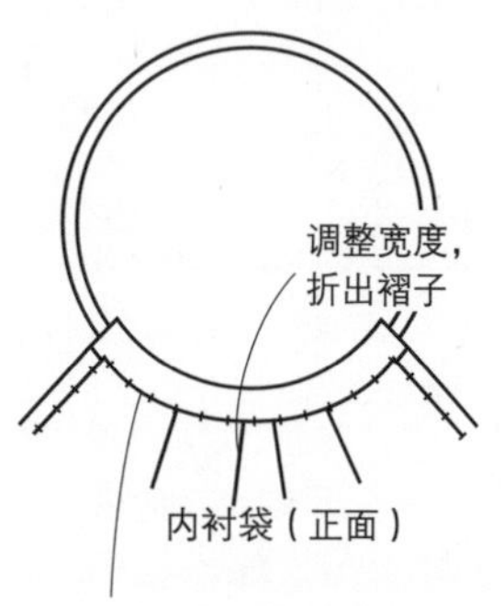

3）袋口布端的缝份往反面折1cm，然后与袋口的织片对齐，折出褶子，同时卷针缝到手提包的内侧。

编织方法图

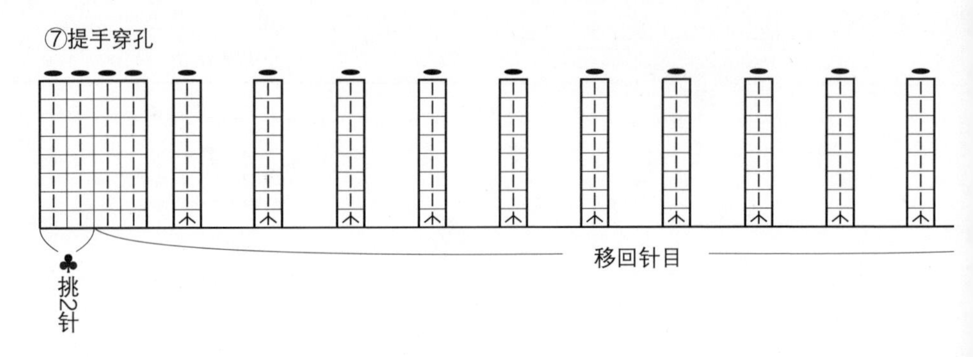
⑦提手穿孔
移回针目
♣挑2针

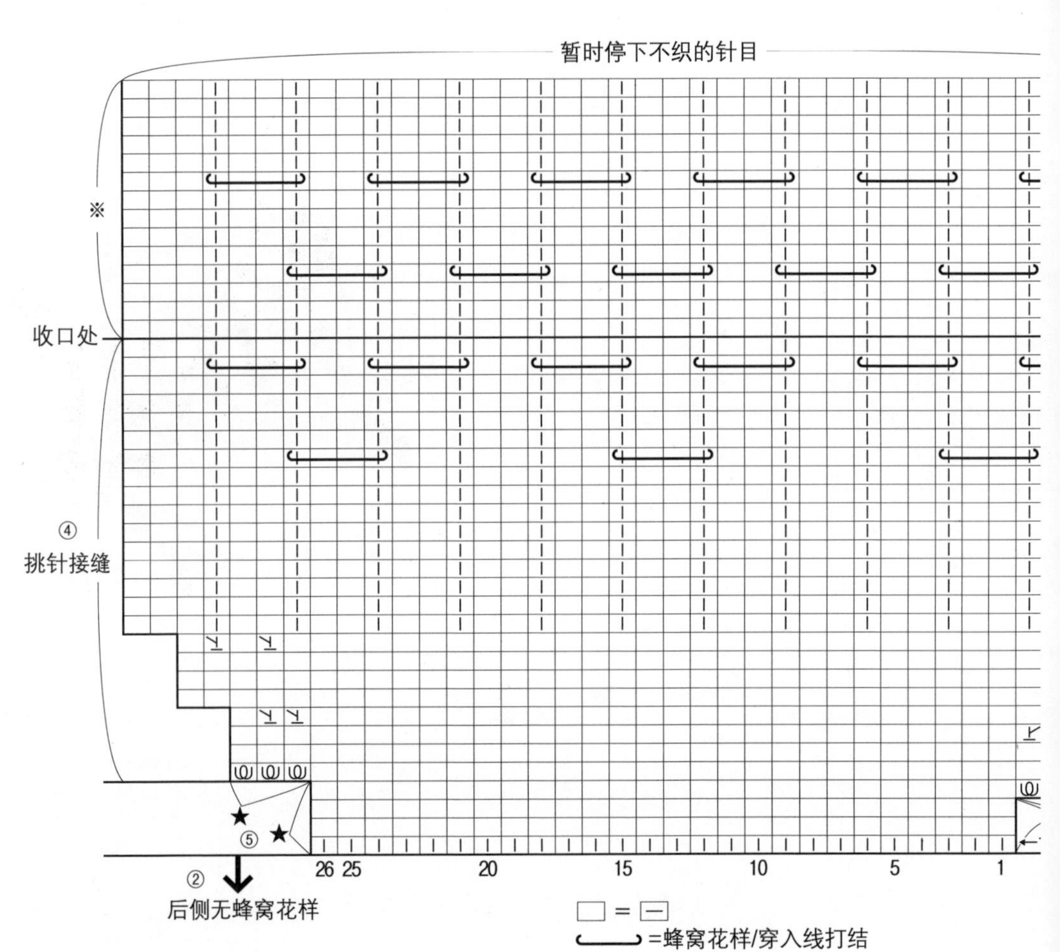
暂时停下不织的针目
※
收口处
④
挑针接缝
★
⑤
★
26 25
20
15
10
5
1
②
后侧无蜂窝花样
□ = ⊟
=蜂窝花样/穿入线打结

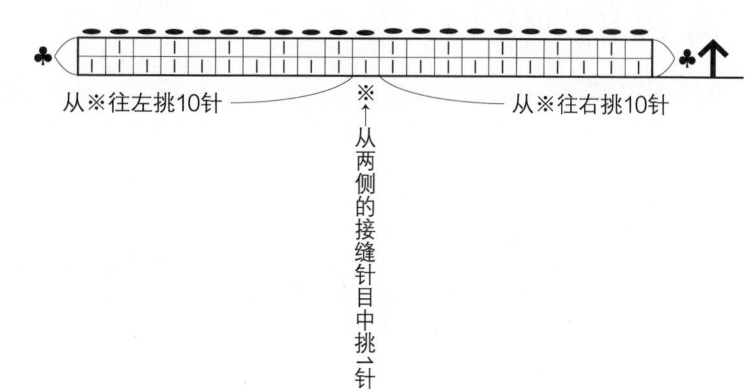

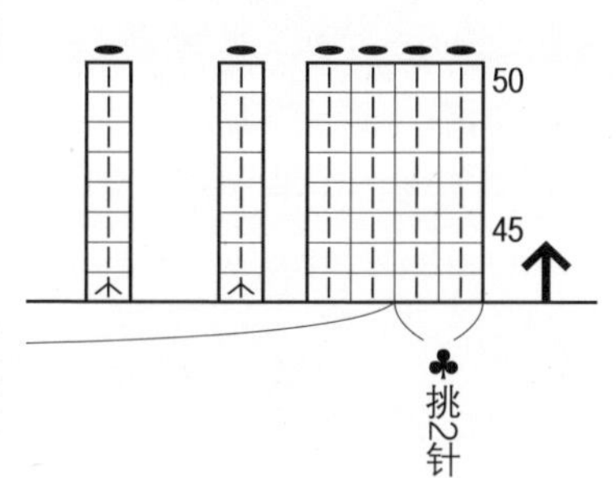

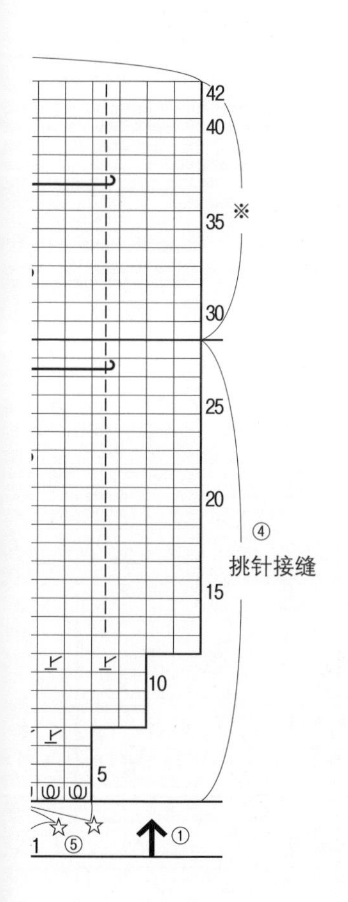

符号	说明
卷针	= 卷针（参照P.138）
右加针	= 右加针（上针）（参照P.123）
左加针	= 左加针（上针）（参照P.124）
中上3针并1针	= 中上3针并1针（参照P.117）

短袜的编织方法

作品见P.108

准备材料

线：SKI CRAFT ROOM TWEED，本白 70g

针：棒针 6号　4根

尺寸

脚尖与后跟间的距离为22cm，后跟与脚腕间的距离为15cm

标准织片

22针、28行

※需要调节尺寸时，可加减脚背的行数。示例袜子为23cm。

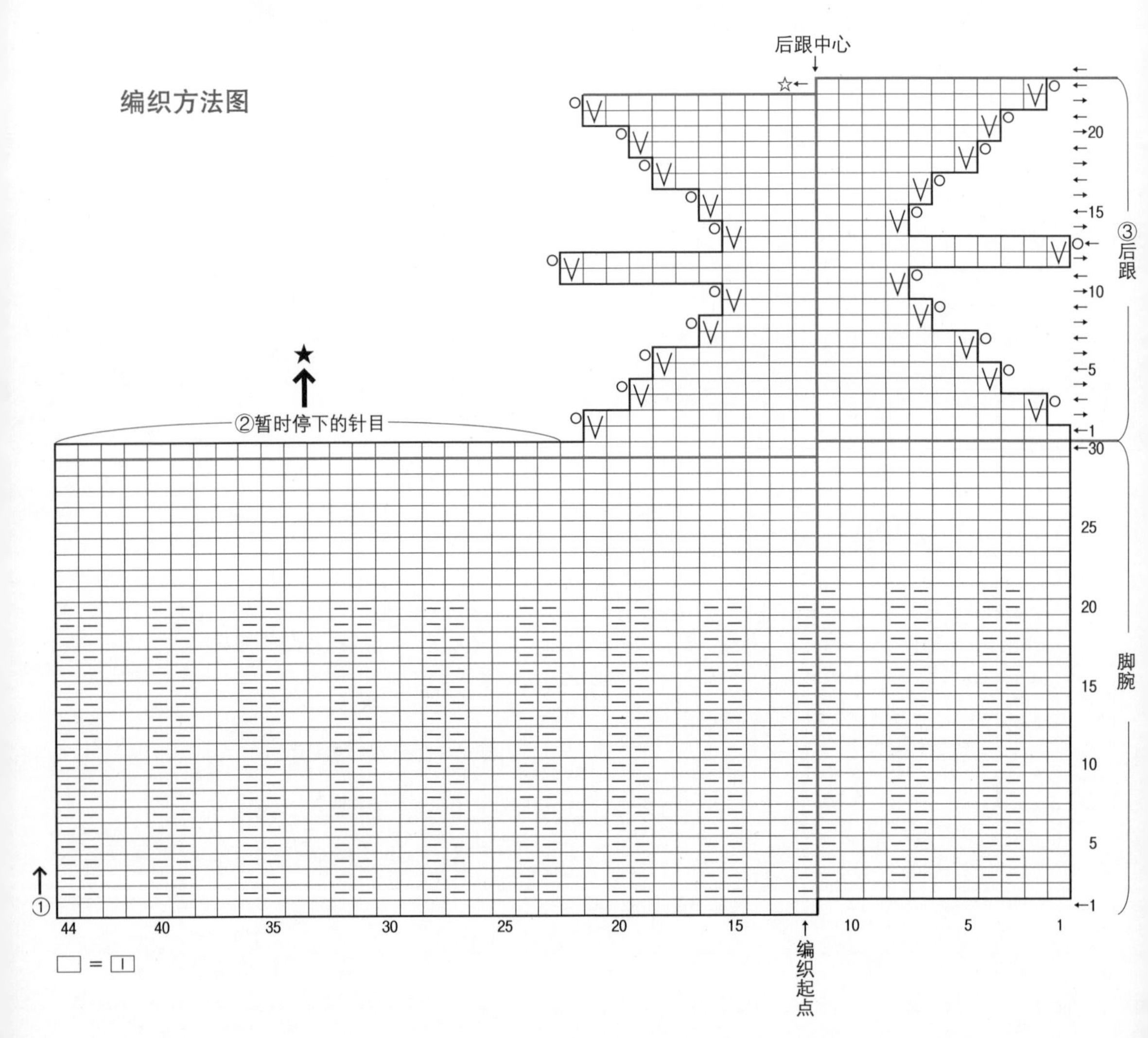

编织方法

①用1股线编织。按照一般起针的方法（用手指挂线后起针，参照P.12）织入44针，3等分均分到棒针上，形成圆环，再开始编织双罗纹针（参照P.24）。

②编织至第30行后，脚背部分的22针先穿到其他线中，暂时停下不织。

③编织后跟的第1行时，从右端开始织入下针，然后按照“剩余针目的往返编织”→“消行”→“编织过程中的往返编织”的顺序，编织后跟（参照P.150~P.153）。

④把步骤②中暂时停下的针目再穿回棒针中，后跟和往返编织完成后，再织入上下针（参照P.18）至脚尖内侧，无加减针。之前行与行的接头处都是在脚腕根部的中心，但之后会错开到右端。

⑤编织脚尖时，在脚背和脚反面的每针中织入“右上2针并1针（P.14）”和“左上2针并1针（P.16）”进行减针，如此反复编织6行。

⑥编织最后剩余的针目时，在左右两侧织入2针并1针，同时进行上下针订缝（参照P.87）。

嵌入花样手提包的编织方法

作品见P.109

正面

反面

准备材料

线：Puppy British Eroika

象牙白……60g　红色…20g
黄色…10g　蓝色……10g
橘色……7g　藏蓝色……7g
粉色……7g　淡蓝色……7g

针：棒针10号　4根

其他：内衬袋用花案棉布 60cm×28cm 1块
皮革提手 2cm×35cm 1对
皮革纽扣 直径21mm 1颗

尺寸

横向26cm，纵向31cm（不含提手）

标准织片

嵌入花样18针、20行

编织方法

①用1股线编织。用象牙白色的线起针，采用一般起针的方法（手指挂线后起针，参照P.12）织入96针，3等分均分到棒针上，形成圆环，再开始编织双罗纹针（参照P.24）。
②按照编织图的方法用花样编织A（双罗纹针）编织20行。花样编织B的第1行（编织方法图第21行）用黄色线编织双罗纹针。
③采用横向渡线编织嵌入花样的方法（参照P.46），按照编织方法图进行花样编织B。
④接着进行缘编织。缘编织终点处一边织入下针，一边进行伏针收针（参照P.27）。
⑤正面相对，用引拔订缝的方法（参照P.86）缝合底面。
⑥缝出内衬袋，再卷针缝到步骤⑤的内侧。编织出30cm的锁针用做纽扣圈，夹到中间后缝好。
⑦用回针缝将提手缝到编织和内衬袋上。
⑧缝上纽扣。

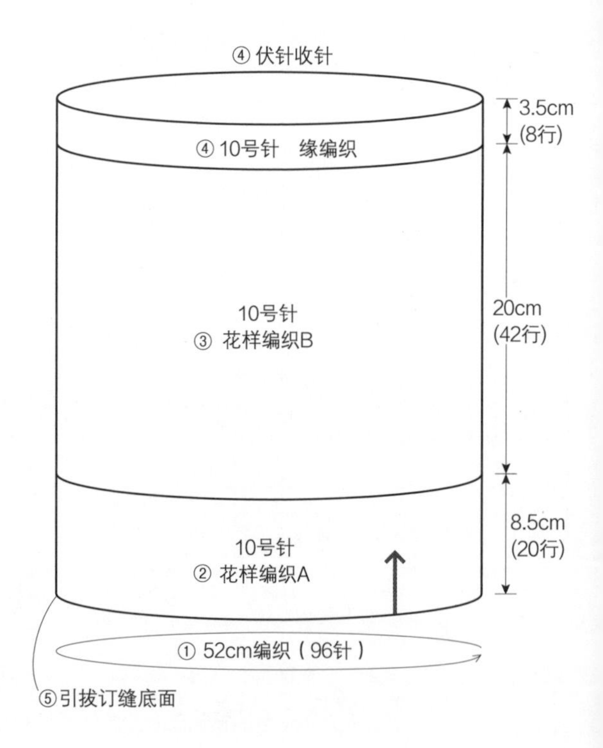

⑥ 内衬袋的制作方法和拼接方法

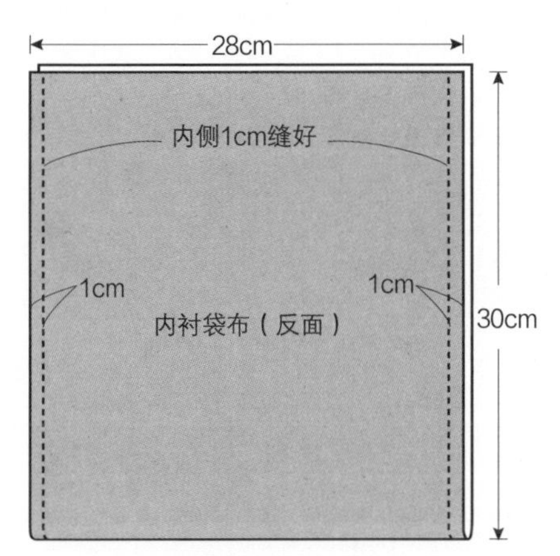

1）内衬袋布正面相对合拢，在内侧1cm处缝好。

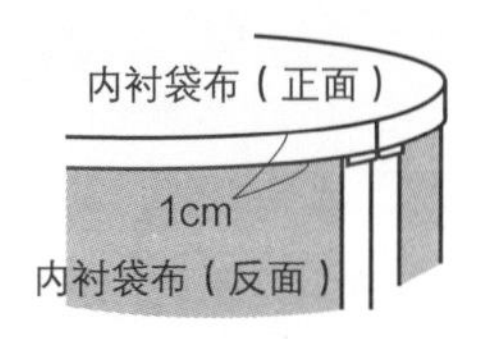

2）上边折叠1cm，放入手提包中。

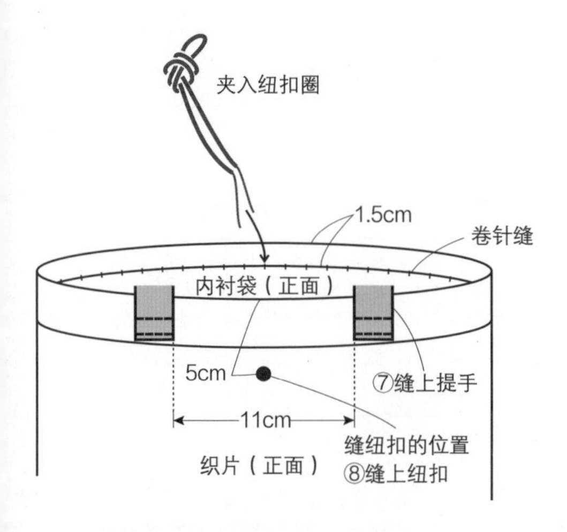

3）纽扣圈夹在中间，内衬袋卷针缝到手提包的内侧。

编织方法图

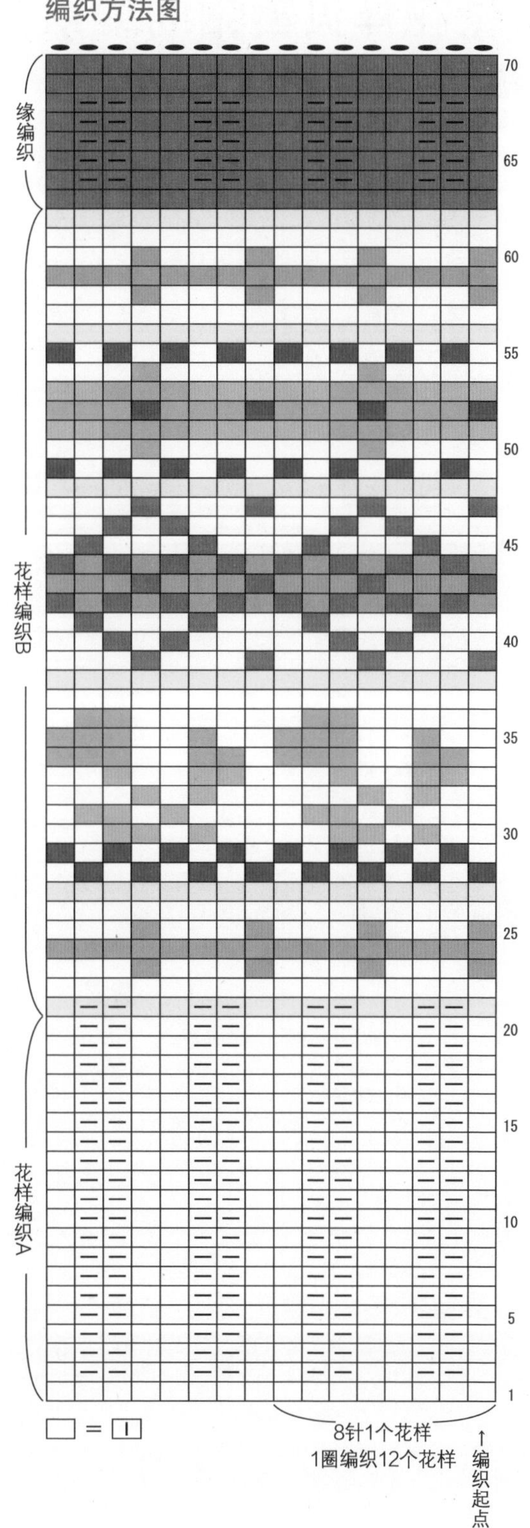

阿伦花样贝雷帽的编织方法

作品见P.140

准备材料

线：Puppy British Eroika，本白100g

针：棒针8号　4根、棒针10号

尺寸

直径28cm

标准织片

用8号棒针编织单罗纹针时

22针、25行

编织方法

①用1股线编织。然后按照一般的起针方法（手指挂线起针，参照P.12）织入104针，3等分均分到棒针上，形成圆环，接着再开始编织单罗纹针（参照P.22）。

②用单罗纹针编织至第9行。

③注意加、减针的位置和交叉花样，按照编织图进行编织。交叉花样分为下针与下针的交叉和下针与上针的交叉，编织时需要注意。（→编织方法图中的的编织符号参照相应页码）

④最后剩余的24针采用扭收针的方法（参照P.40）。

制图

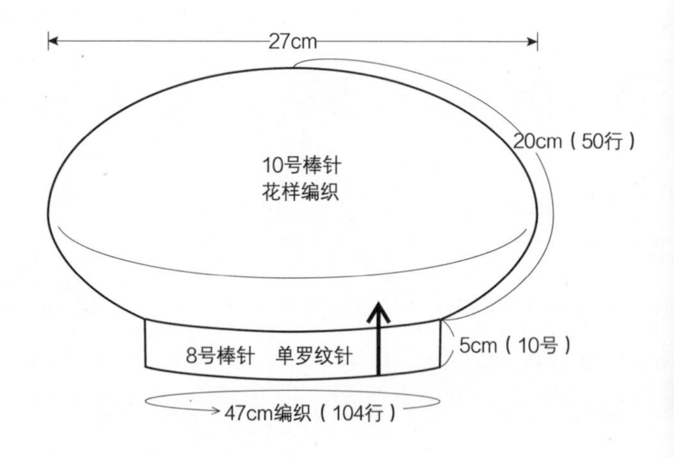

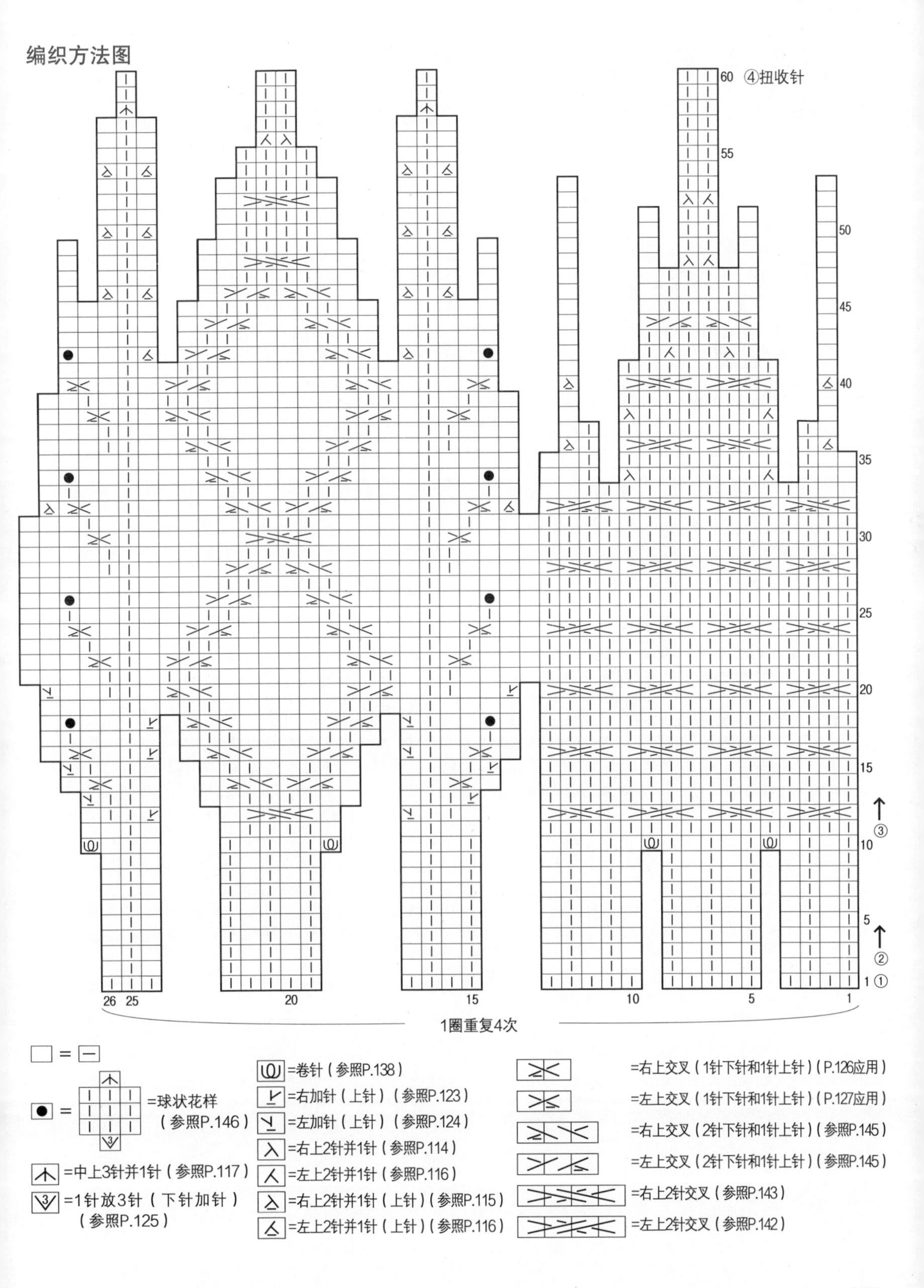
编织方法图
60 ④扭收针
55
50
45
40
35
30
25
20
15
10
5
1 ①
②
③
26 25
20
15
10
5
1
1圈重复4次
□ = −
● = =球状花样（参照P.146）
=中上3针并1针（参照P.117）
=1针放3针（下针加针）（参照P.125）
=卷针（参照P.138）
=右加针（上针）（参照P.123）
=左加针（上针）（参照P.124）
=右上2针并1针（参照P.114）
=左上2针并1针（参照P.116）
=右上2针并1针（上针）（参照P.115）
=左上2针并1针（上针）（参照P.116）
=右上交叉（1针下针和1针上针）（P.126应用）
=左上交叉（1针下针和1针上针）（P.127应用）
=右上交叉（2针下针和1针上针）（参照P.145）
=左上交叉（2针下针和1针上针）（参照P.145）
=右上2针交叉（参照P.143）
=左上2针交叉（参照P.142）

扭花镂空花样短衫的编织方法

作品见P.141

正面

背面

准备材料

线：Puppy Queen Anny，蓝色 280g
针：60cm 环形针　8号

尺寸

胸围86cm，长45cm，下摆宽55cm

标准织片

上下针编织22针、27行
平针编织18.5针、33行
花样编织22针、27行

编织方法

①前、后身片按照一般的起针方法（手指挂线起针，参照P.12）起针后开始编织。前端隔1行织滑针（参照P.130）。然后用平针编织（参照P.16）和上下针编织（参照P.18）至第54行，然后暂时停下。
②用其他线（不包含在用量中）编织2根锁针（75针☆），然后从前、后身片和用其他线编织的锁针中挑针，开始编织领肩。制图中★部分的针目暂时停下不织。
③按照花样编织的方法图（P.170~P.171）进行减针，编织终点处织入下针的同时进行伏针收针（参照P.27）。
④挑针接缝（参照P.90）衣身两侧。
⑤解开☆部分用另线编织的锁针，将针目穿回到棒针上，然后接着★部分的针目进行伏针收针（参照P.27）。
⑥编织两根25cm长的线绳（参照P.103），再缝到指定位置。

制图

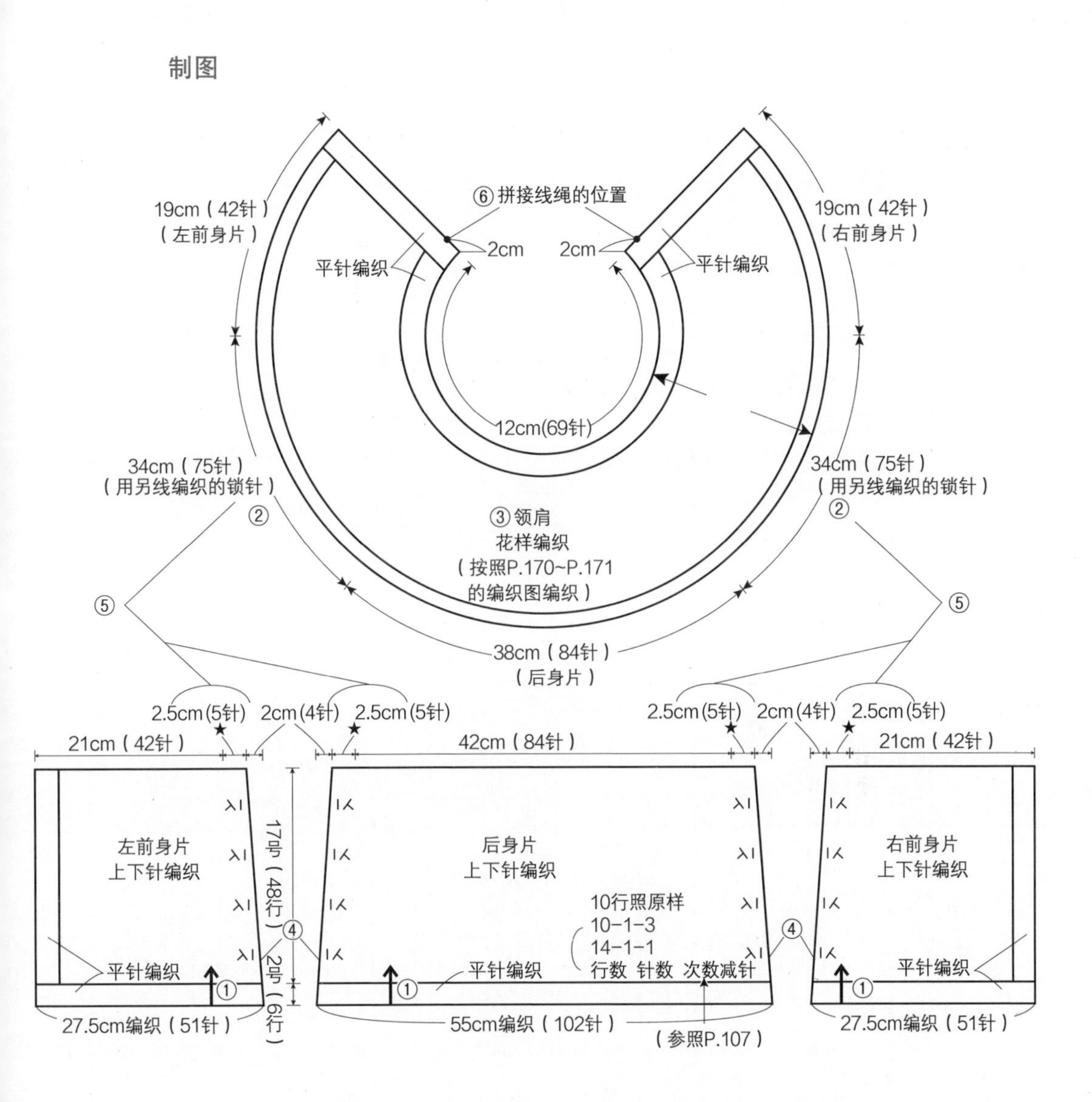
19cm（42针）
（左前身片）
⑥拼接线绳的位置
2cm
2cm
19cm（42针）
（右前身片）
平针编织
平针编织
12cm(69针)
34cm（75针）
（用另线编织的锁针）
②
34cm（75针）
（用另线编织的锁针）
②
③领肩
花样编织
（按照P.170~P.171
的编织图编织）
⑤
⑤
38cm（84针）
（后身片）
2.5cm(5针)
2cm(4针)
2.5cm(5针)
2.5cm(5针)
2cm(4针)
2.5cm(5针)
21cm（42针）
42cm（84针）
21cm（42针）
左前身片
上下针编织
后身片
上下针编织
右前身片
上下针编织
17号（48行）
2号（6行）
④
④
10行照原样
10-1-3
14-1-1
行数 针数 次数减针
平针编织
平针编织
平针编织
①
①
①
27.5cm编织（51针）
55cm编织（102针）
27.5cm编织（51针）
（参照P.107）

编织方法图（领、肩的花样编织）

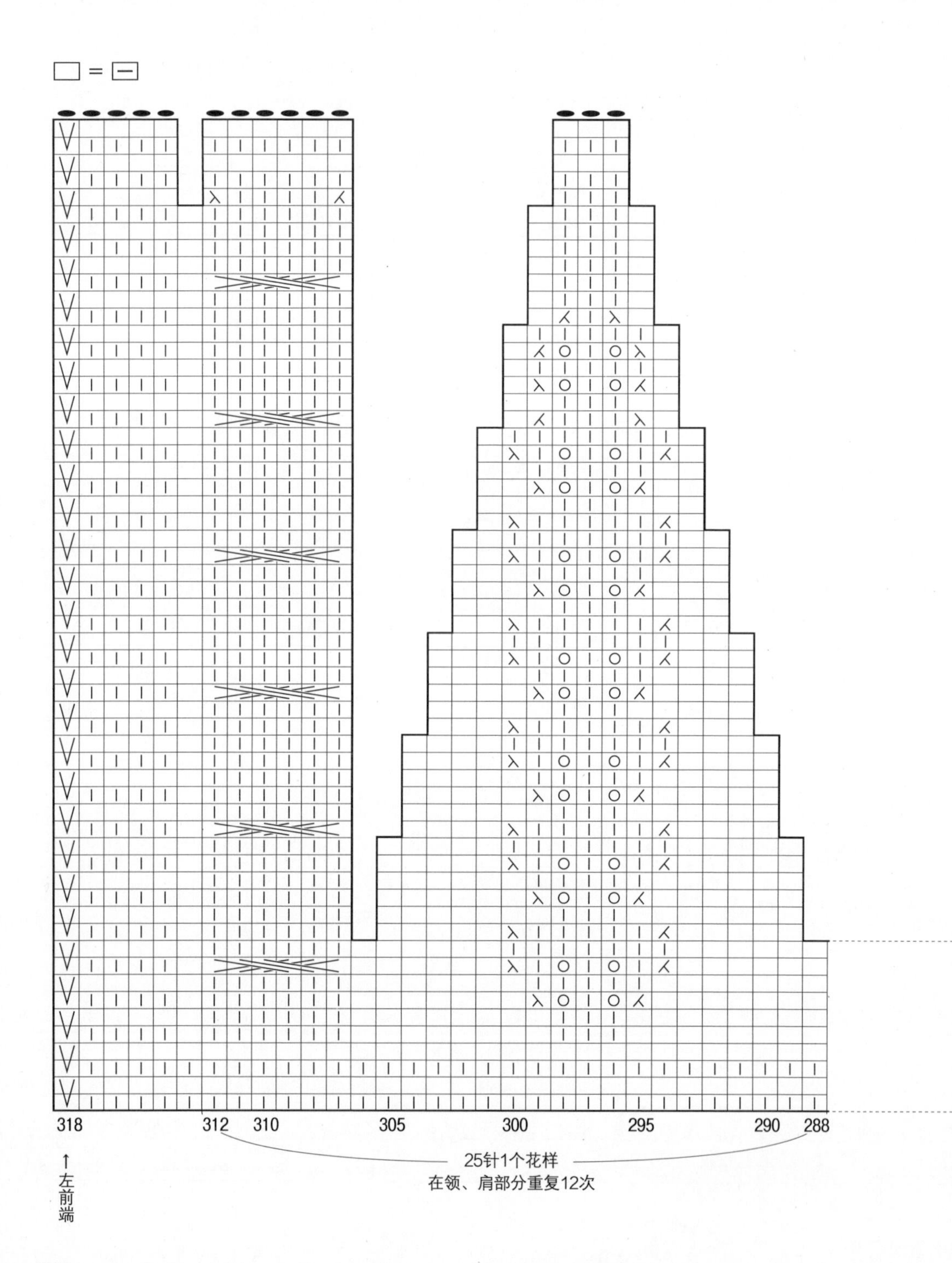

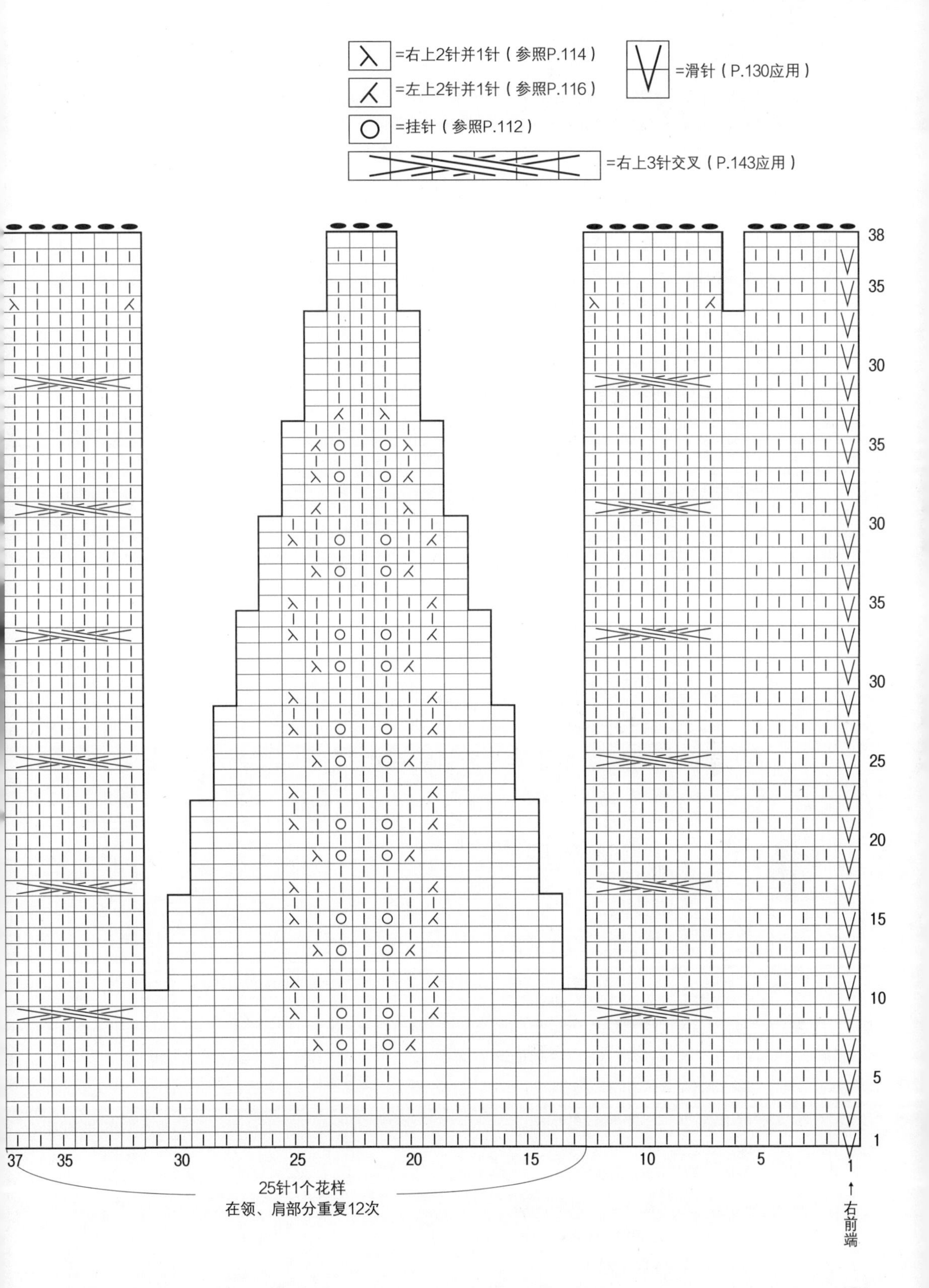

=右上2针并1针（参照P.114）
=左上2针并1针（参照P.116）
=挂针（参照P.112）
=右上3针交叉（P.143应用）
=滑针（P.130应用）
38
35
30
35
30
35
30
25
20
15
10
5
1
37
35
30
25
20
15
10
5
1
25针1个花样
在领、肩部分重复12次
右前端

图书在版编目（CIP）数据

初学者的第一堂手工课．棒针编织教科书 /（日）濑端靖子著；何凝一译．-- 石家庄：河北科学技术出版社，2020.9
ISBN 978-7-5717-0500-8

Ⅰ．①初… Ⅱ．①濑… ②何… Ⅲ．①毛衣针－绒线－编织－图解 Ⅳ．① TS935.52-64

中国版本图书馆 CIP 数据核字 (2020) 第 171235 号

初学者的第一堂手工课：棒针编织教科书

[日] 濑端靖子 著　　何凝一 译

策划制作：北京书锦缘咨询有限公司（www.booklink.com.cn）
总 策 划：陈　庆
策　　划：李　伟
责任编辑：刘建鑫
设计制作：柯秀翠

出版发行　河北科学技术出版社
地　　址　石家庄市友谊北大街 330 号（邮编：050061）
印　　刷　天津市蓟县宏图印务有限公司
经　　销　全国新华书店
成品尺寸　170mm × 240mm
印　　张　11
字　　数　270 千字
版　　次　2020 年 9 月第 1 版
　　　　　2020 年 9 月第 1 次印刷
定　　价　48.00 元